大数据技术与应用丛书

大数据概论

Introduction to big data

高腾刚　程星晶　主编

霍雨佳　王新颖　王佳尧　副主编

王　芮　王　坚　参编

U0360576

清华大学出版社
北京

内 容 简 介

本书理论联系实际,配以大量实例,系统地介绍了大数据有关的基础知识。全书共分 10 章,内容包括大数据概述,大数据、云计算与物联网,大数据架构与 Hadoop,数据采集与预处理,大数据分析与大数据挖掘,数据存储与 HDFS,MapReduce,数据可视化,大数据安全,大数据应用案例。

本书主要作为本科和高职高专相关专业的教材,也可作为相关行业从业人员的读物,还可以作为培训教材。

图书在版编目(CIP)数据

大数据概论＝Introduction to big data/高腾刚,程星晶主编. —北京:清华大学出版社,2022.1(2024.1重印)
(大数据技术与应用丛书)
ISBN 978-7-302-59256-3

Ⅰ.①大… Ⅱ.①高… ②程… Ⅲ.①数据处理 Ⅳ.①TP274

中国版本图书馆 CIP 数据核字(2021)第 192579 号

责任编辑:袁勤勇　杨　枫
封面设计:杨玉兰
责任校对:焦丽丽
责任印制:曹婉颖

出版发行:清华大学出版社
　　　　网　　　址:https://www.tup.com.cn,https://www.wqxuetang.com
　　　　地　　　址:北京清华大学学研大厦 A 座　　　　邮　　编:100084
　　　　社 总 机:010-83470000　　　　　　　　　　邮　　购:010-62786544
　　　　投稿与读者服务:010-62776969,c-service@tup.tsinghua.edu.cn
　　　　质量反馈:010-62772015,zhiliang@tup.tsinghua.edu.cn
　　　　课件下载:https://www.tup.com.cn,010-83470236
印 装 者:三河市龙大印装有限公司
经　　销:全国新华书店
开　　本:185mm×260mm　　　印　　张:17.75　　　字　　数:435 千字
版　　次:2022 年 1 月第 1 版　　　　　　　　　印　　次:2024 年 1 月第 3 次印刷
定　　价:58.00 元

产品编号:083949-01

前　言

近年来大数据越来越火爆,非常多的人转行做大数据或学习大数据。大数据已经被纳入国家战略,从国家层面到地方政府,出台了一系列促进大数据发展的纲要政策,大数据发展前景毋庸置疑。大数据已经被广泛应用到医疗、金融、交通、教育、娱乐等领域,然而,这些领域十分紧缺具有大数据背景的综合型人才。因此,当前很多高校都在大力培养大数据方面的多学科交叉融合的本科和硕士生。目前,适合不同专业的大数据教材相对较少。本书以大数据基础和应用为主导,并配以相关实例,可作为不同专业学生的基础性教材。

本书立足于不同专业背景的读者零基础学习大数据,实例为主导,理论联系实际,循序渐进地介绍了大数据的相关基础知识。

本书共 10 章,内容包括:第 1 章　大数据概述,第 2 章　大数据、云计算与物联网,第 3 章　大数据架构与 Hadoop,第 4 章　数据采集与预处理,第 5 章　大数据分析与大数据挖掘,第 6 章　数据存储与 HDFS,第 7 章　MapReduce,第 8 章　数据可视化,第 9 章　大数据安全,第 10 章　大数据应用案例。其中,第 3～8 章提供了大量的实例,并给出了详细设计步骤、代码详解及程序运行结果。本书既可作为普通高等学校的大数据基础教材,也可以作为大数据培训等相关人员的参考书。

本书主要特色如下。

特色之一:本书根据大学本科的培养计划,学生的需求及课程的特点来编写,按照新课改思想进行构思,基础原理由浅入深,有助于学生理解晦涩的理论。

特色之二:本书以实际应用为目标,将抽象的理论知识融入实例操作中,让学生通过对实例的操作实践,掌握相应的知识点,总结出解决问题的最好方法。

特色之三:为了适应不同层次学生的水平能力和特点,本书内容强调实用性和可操作性,以实例来激发学生的学习兴趣,并注重培养学生多种解决问题的能力和实际动手操作能力。

特色之四:本书作者都是长期从事本科教育的专职教师,从事云计算与大数据专业课教学多年,具有丰富的教学经验和实践经验,本书就是教师们教学经验和实践经验的结晶。

本书由高腾刚、程星晶担任主编,霍雨佳、王新颖和王佳尧担任副主编,参编老师有王芮、王坚,贵州理工学院信息网络中心副主任杨云江教授担任主审,负责目录架构设计和内容架构设计,并负责书稿内容的初审工作。由于时间仓促,加上作者水平有限,书中难免存在疏漏和错误,恳请广大读者批评指正。

编　者

2021 年 10 月

目　录

第1章　大数据概述 ·· 1

1.1　大数据定义和特征 ·· 1

　　1.1.1　大数据定义 ·· 1

　　1.1.2　大数据的特征 ·· 1

　　1.1.3　大数据发展历程 ·· 2

1.2　大数据的影响 ·· 4

1.3　大数据发展趋势 ·· 4

1.4　大数据的关键技术 ·· 8

1.5　大数据的计算模式 ··· 10

1.6　大数据的应用领域 ··· 11

1.7　数据资源化和交易 ··· 13

　　1.7.1　数据资源化 ··· 13

　　1.7.2　大数据交易 ··· 14

1.8　大数据安全与隐私 ··· 15

1.9　本章小结 ··· 16

习题 ·· 17

第2章　大数据、云计算与物联网 ······································ 18

2.1　云计算 ·· 18

　　2.1.1　云计算概述 ··· 18

　　2.1.2　云计算的分类 ··· 19

　　2.1.3　云计算的基本特点 ······································· 20

　　2.1.4　云计算的关键技术 ······································· 21

　　2.1.5　云计算的应用 ··· 24

2.2　物联网 ·· 26

　　2.2.1　物联网概述 ··· 27

　　2.2.2　物联网的发展过程 ······································· 27

　　2.2.3　物联网的特征 ··· 28

　　2.2.4　物联网的关键技术 ······································· 30

　　2.2.5　物联网系统结构 ··· 31

　　　　2.2.6　物联网的应用 ……………………………………………………… 33

　2.3　大数据、云计算与物联网三者之间的关系 …………………………………… 36

　2.4　本章小结 ………………………………………………………………………… 39

　习题 …………………………………………………………………………………… 39

第3章　大数据架构与 Hadoop ……………………………………………………… 40

　3.1　大数据架构 ……………………………………………………………………… 40

　　　3.1.1　大数据架构概述 ………………………………………………………… 40

　　　3.1.2　数据类型 ………………………………………………………………… 41

　　　3.1.3　大数据架构及数据解决方案 …………………………………………… 42

　3.2　Hadoop 概述 …………………………………………………………………… 46

　　　3.2.1　Hadoop 简介 …………………………………………………………… 46

　　　3.2.2　Hadoop 的发展历程 …………………………………………………… 46

　　　3.2.3　Hadoop 的特点 ………………………………………………………… 47

　　　3.2.4　Hadoop 应用现状 ……………………………………………………… 47

　　　3.2.5　Hadoop 的版本 ………………………………………………………… 49

　3.3　Hadoop 的生态系统概述 ……………………………………………………… 50

　　　3.3.1　Hadoop 的生态系统 …………………………………………………… 50

　　　3.3.2　Hadoop 的组成介绍 …………………………………………………… 51

　3.4　Hadoop 的安装 ………………………………………………………………… 55

　　　3.4.1　安装前的准备 …………………………………………………………… 55

　　　3.4.2　安装 VirtualBox ………………………………………………………… 56

　　　3.4.3　安装 Linux 发行版 Ubuntu …………………………………………… 57

　　　3.4.4　创建 Hadoop 用户 ……………………………………………………… 61

　　　3.4.5　设置 SSH 无密码登录 ………………………………………………… 61

　　　3.4.6　安装 Java 环境 ………………………………………………………… 62

　　　3.4.7　安装单机 Hadoop ……………………………………………………… 62

　　　3.4.8　安装伪分布式 Hadoop ………………………………………………… 63

　3.5　本章小结 ………………………………………………………………………… 66

　习题 …………………………………………………………………………………… 66

第4章　数据采集与预处理 …………………………………………………………… 67

　4.1　大数据采集 ……………………………………………………………………… 67

　　　4.1.1　大数据采集概述 ………………………………………………………… 67

　　　4.1.2　大数据采集方法 ………………………………………………………… 70

　4.2　大数据采集工具 ………………………………………………………………… 72

　　　4.2.1　Flume …………………………………………………………………… 73

　　　4.2.2　Kafka …………………………………………………………………… 75

　　　4.2.3　Sqoop …………………………………………………………………… 77

　　　　4.2.4　Scribe ·· 80

　4.3　大数据预处理技术 ··· 81

　　　　4.3.1　预处理意义 ··· 81

　　　　4.3.2　预处理方法 ··· 82

　4.4　本章小结 ··· 91

习题 ··· 92

第 5 章　大数据分析与大数据挖掘 ································· 93

　5.1　大数据分析的基本概念 ·· 93

　　　　5.1.1　数据分析概论 ·· 93

　　　　5.1.2　数据分析的类型 ·· 94

　5.2　大数据分析方法 ··· 95

　　　　5.2.1　数据分析方法概述 ·· 95

　　　　5.2.2　数据分析过程 ·· 97

　　　　5.2.3　数据处理结果分析 ·· 98

　5.3　数据挖掘概述 ··· 105

　　　　5.3.1　数据和知识 ·· 105

　　　　5.3.2　数据挖掘的概念 ·· 106

　　　　5.3.3　数据挖掘过程 ·· 106

　　　　5.3.4　数据挖掘技术 ·· 107

　5.4　分类算法 ·· 108

　　　　5.4.1　朴素贝叶斯分类 ·· 109

　　　　5.4.2　SVM 算法 ··· 114

　5.5　聚类算法 ·· 117

　　　　5.5.1　k-means 算法 ·· 118

　　　　5.5.2　DBSCAN 算法 ··· 121

　5.6　Apriori 频繁项集挖掘算法 ···································· 125

　　　　5.6.1　Apriori 算法原理 ··· 126

　　　　5.6.2　Apriori 算法的基本思想 ··································· 127

　　　　5.6.3　Apriori 算法流程 ··· 128

　　　　5.6.4　Apriori 算法的优缺点 ····································· 128

　　　　5.6.5　Apriori 算法实例 ··· 129

　5.7　常用挖掘工具 ··· 130

　　　　5.7.1　Mahout ·· 130

　　　　5.7.2　Spark MLlib ··· 132

　5.8　本章小结 ·· 135

习题 ··· 135

第6章　数据存储与 HDFS ……………………………………………………………… 136

6.1　大数据存储 …………………………………………………………………… 136
6.1.1　大数据存储概述 ……………………………………………………… 136
6.1.2　分布式存储系统 ……………………………………………………… 137
6.1.3　云存储 ………………………………………………………………… 140
6.2　数据仓库 ……………………………………………………………………… 141
6.2.1　数据仓库概述 ………………………………………………………… 141
6.2.2　数据仓库架构及构建 ………………………………………………… 143
6.2.3　数据集市 ……………………………………………………………… 147
6.3　HDFS 简介 …………………………………………………………………… 148
6.3.1　HDFS 概述 …………………………………………………………… 148
6.3.2　HDFS 的优点和缺点 ………………………………………………… 149
6.4　HDFS 基本技术 ……………………………………………………………… 150
6.4.1　数据块 ………………………………………………………………… 150
6.4.2　名称节点、数据节点和第二名称节点 ……………………………… 151
6.5　HDFS 体系结构 ……………………………………………………………… 154
6.5.1　HDFS 体系结构概述 ………………………………………………… 154
6.5.2　HDFS 命名空间 ……………………………………………………… 155
6.5.3　通信协议和客户端 …………………………………………………… 155
6.5.4　HDFS 1.0 体系结构的局限性 ……………………………………… 155
6.5.5　HDFS 2.0 设计 ……………………………………………………… 156
6.6　HDFS 存储原理 ……………………………………………………………… 156
6.6.1　数据的冗余存储 ……………………………………………………… 156
6.6.2　如何存取数据 ………………………………………………………… 157
6.6.3　如何恢复数据 ………………………………………………………… 158
6.7　HDFS 的文件读写操作过程 ………………………………………………… 159
6.7.1　HDFS 读取数据的过程 ……………………………………………… 159
6.7.2　HDFS 写入数据的过程 ……………………………………………… 161
6.8　HDFS 编程实例 ……………………………………………………………… 163
6.8.1　使用 Shell 命令与 HDFS 进行交互 ………………………………… 163
6.8.2　在 Web 上显示 HDFS ………………………………………………… 165
6.8.3　使用 Java API 与 HDFS 进行交互 …………………………………… 166
6.9　本章小结 ……………………………………………………………………… 170
习题 …………………………………………………………………………………… 170

第7章　MapReduce ……………………………………………………………………… 171

7.1　MapReduce 概述 ……………………………………………………………… 171
7.1.1　MapReduce 的基本概念 ……………………………………………… 171

7.1.2 MapReduce 的思想 ·············· 172

7.1.3 MapReduce 的抽象方法 ·············· 173

7.2 Map 和 Reduce 任务 ·············· 173

7.2.1 函数式编程 ·············· 173

7.2.2 mapper 和 reducer ·············· 174

7.3 MapReduce 执行框架和工作流程 ·············· 176

7.3.1 执行框架 ·············· 176

7.3.2 MapReduce 工作流程概述 ·············· 178

7.3.3 Shuffle 执行过程 ·············· 179

7.3.4 分割器和组合器 ·············· 182

7.4 MapReduce 算法及应用 ·············· 183

7.4.1 概述 ·············· 183

7.4.2 本地聚合 ·············· 183

7.4.3 对和条纹 ·············· 188

7.4.4 相对频率 ·············· 191

7.5 MapReduce 编程实例 ·············· 193

7.6 本章小结 ·············· 197

习题 ·············· 197

第 8 章 数据可视化 ·············· 199

8.1 大数据可视化概述 ·············· 199

8.1.1 何为数据可视化 ·············· 199

8.1.2 大数据可视化方法 ·············· 203

8.2 大数据可视化软件工具 ·············· 213

8.2.1 Excel ·············· 213

8.2.2 Tableau ·············· 214

8.2.3 魔镜 ·············· 214

8.2.4 ECharts ·············· 215

8.2.5 D3 ·············· 215

8.3 数据可视化实例 ·············· 216

8.3.1 用 Tableau 制作一个图表实例 ·············· 216

8.3.2 用魔镜制作一个图表实例 ·············· 222

8.3.3 用 ECharts 制作一个图表实例 ·············· 225

8.4 本章小结 ·············· 226

习题 ·············· 227

第 9 章 大数据安全 ·············· 228

9.1 大数据安全概述 ·············· 228

9.1.1 大数据安全的基本概念 ·············· 228

9.1.2 云安全与大数据安全 ·············· 231

　　　　9.1.3　大数据安全技术分类 ·· 231
　　　　9.1.4　大数据安全管理体系架构 ·· 232
　　9.2　大数据隐私保护 ·· 233
　　　　9.2.1　大数据隐私保护的意义和重要作用 ·························· 233
　　　　9.2.2　大数据隐私保护面临的问题与挑战 ·························· 234
　　　　9.2.3　大数据隐私保护技术 ·· 236
　　9.3　大数据在安全管理中的应用 ·· 239
　　　　9.3.1　大数据在公共安全管理中的应用 ····························· 239
　　　　9.3.2　大数据在煤矿安全管理中的应用 ····························· 241
　　　　9.3.3　大数据在安全管理应急方面的应用 ·························· 242
　　9.4　数据脱敏技术 ·· 247
　　　　9.4.1　数据交互安全与脱敏技术 ·· 247
　　　　9.4.2　静态数据脱敏技术 ·· 247
　　　　9.4.3　动态数据脱敏技术 ·· 248
　　　　9.4.4　数据脱敏实例 ··· 248
　　9.5　本章小结 ·· 249
　　习题 ··· 249

第 10 章　大数据应用案例 ·· 250
　　10.1　大数据在智慧医疗中的应用 ··· 250
　　　　10.1.1　大数据在医疗信息化行业的应用 ···························· 250
　　　　10.1.2　大数据在临床决策支持系统的功能应用 ·················· 252
　　　　10.1.3　大数据在远程医疗方面的应用 ······························· 253
　　10.2　大数据在金融行业中的应用 ··· 256
　　　　10.2.1　民生银行在大数据上的应用 ·································· 256
　　　　10.2.2　大数据在阿里巴巴上的应用 ·································· 258
　　　　10.2.3　大数据时代信用卡的使用 ····································· 259
　　　　10.2.4　Kabbage 用大数据开辟新路径 ······························ 260
　　10.3　大数据在智慧校园中的应用 ··· 261
　　　　10.3.1　大数据在微课方面的应用 ····································· 261
　　　　10.3.2　大数据在慕课方面的应用 ····································· 262
　　　　10.3.3　大数据在智慧教育云下的应用 ······························· 264
　　　　10.3.4　大数据在学习分析及干预中的应用 ························· 266
　　10.4　大数据在智慧城市中的应用 ··· 267
　　　　10.4.1　大数据在智慧城市中应用与管理方面的应用 ············ 267
　　　　10.4.2　大数据在智慧城市中环境方面的应用 ····················· 268
　　　　10.4.3　大数据挖掘技术在智能交通中的应用 ····················· 269
　　10.5　本章小结 ·· 271
　　习题 ·· 272

参考文献 ·· 273

第 1 章

大数据概述

随着信息技术的迅猛发展,人类已经进入大数据时代。世界各国都非常重视大数据技术研究和产业发展,把大数据上升为国家战略,建设数据强国。大数据技术的广泛应用正在深刻影响并改变着人们的生活。本章内容旨在帮助读者更好地认知和了解大数据定义和特征、大数据的影响、大数据预测、大数据的关键技术、大数据计算模式以及大数据安全等。

1.1 大数据定义和特征

1.1.1 大数据定义

大数据(big data)也称海量数据和巨量数据,是指数据量规模巨大到无法利用传统数据技术进步处理,也被用来命名与之相关的技术、创新与应用。

1.1.2 大数据的特征

大数据具有数据规模海量(volume)、数据流转快速(velocity)、数据类型多样(variety)和价值密度低(value)四大特征(简称 4V,见图 1-1)。

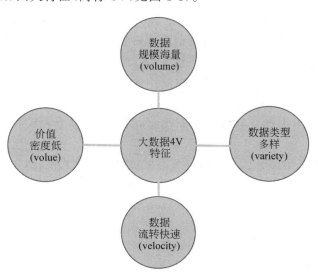

图 1-1　大数据 4V 特征

• 数据规模海量(volume)。2004 年,全球数据总量为 30EB,2005 年达到 50EB,2015 年

达到 7900EB(即 7.7ZB)。根据国际数据资讯(IDC)公司监测,全球数据量大约每两年翻一番,2020 年,全球数据已达 35 000EB(即 34ZB)。

- 数据流转快速(velocity)。指数据产生、流转速度快,而且越新的数据价值越大。这就要求对数据的处理速度也要快,以便能够及时从数据中发现、提取有价值的信息。
- 数据类型多样(variety)。指数据的来源及类型多样。大数据的数据类型除传统的结构化数据外,还包括大量非结构化数据。其中,10%是结构化数据,90%是非结构化数据。
- 价值密度低(value)。指数据量大但价值密度相对较低,挖掘数据中蕴藏的价值数据犹如沙里淘金。

1.1.3　大数据发展历程

从大数据概念的起源慢慢发展演变,人类对大数据的探索经历了大数据突破时期、成熟时期以及完善发展时期 3 个阶段。

1. 突破阶段(2000—2006 年)

进入 21 世纪初期,大数据已被明确地定义下来,这一时期,社交网络开始建立,大量的非结构化数据开始爆发式增长。由于传统的结构化数据易于处理,非结构化数据的出现使人类开启了对非结构化数据的研究探索处理时代。在大数据处理技术上,这一时期的主要关键字有 system(系统)、networks(网络)、evolution(演化)等。这一时期的大数据聚焦在企业界、学术界,但是还未形成对数据处理系统、数据库架构的共知。

2000 年,彼得·莱曼与哈儿·R.瓦里安在加州大学伯克利分校网站发布了一项研究成果《信息知多少》。这是在计算机存储方面第一个综合性地量化研究世界上每年产生并存储于 4 种物理媒体(纸张、胶卷、光盘和磁盘)中新信息以及原始信息(不包括备份)总量的成果。研究发现,1999 年,世界上产生了 1.5EB 独一无二的信息,或者说为地球上每个男人、每个女人以及每个孩子都产生了 250MB 信息。研究同时发现,"大量唯一的信息是由个人创造和存储的"(被称为"数字民主化")、"数字信息产品不仅数量庞大,而且以最快的速度增长"。作者将这个发现称为"数字统治"。莱曼和瓦里安指出,"即使在今天,大多数文本信息都是以数字形式产生的,在几年之内,图像也将如此"。2003 年,莱曼与瓦里安发布了最新研究成果:2002 年世界上产生了约 5EB 新信息,92%的新信息存储在磁性介质上,其中大多数存储在磁盘中。

2001 年 2 月,梅塔集团分析师道格·莱尼发布了一份研究报告,题为《3D 数据管理:控制数据容量、处理速度及种类》。10 年后,3V 作为定义大数据的三个维度而被广泛接受。2005 年 9 月,蒂姆·奥莱利发表了《什么是 Web 2.0》一文,在文中,他断言"数据将是下一项技术核心"。奥莱利指出:"正如哈儿·瓦里安在去年的一次私人谈话中所说,'结构化查询语言是一种新的超文本链接标记语言'。数据库管理是 Web 2.0 公司的核心竞争力,以至于有些时候将这些应用称为'讯件',而不仅仅是软件。"

2. 成熟阶段(2006—2009 年)

历史在不断进步,人类对大数据的研究不断深入。大数据发展的形成时期,其主要体现在：这个阶段，互联网、信息技术、物联网得到了快速的发展，使得数据源源不断地以海量的形式产生，大数据处理的技术如 Performance（性能）、CloudComputing（云计算）、MapReduce（大规模数据集并行运算算法）、Hadoop（开源分布式系统基础架构）等形成。大数据的辐射应用范围也从最初的商业和学术领域开始大幅度、大规模地向人类社会和自然科学领域的扩散。

2008 年，英国的《自然》杂志 9 月刊收集了一组有关大数据的发展所带来的机遇和威胁的文章。该期杂志的发行引起了社会各界的关注，对大数据的研究和探讨热情一时间空前高涨。

2009 年 4 月，美国政府开始设置以公开政府数据为平台的政府数据网站，尽管开放此网站最初是为了打造阳光透明型政府，但也在一定程度上打造了跨部门数据资源共享共用格局，发挥了向公众共享政府公共数据的意义。

3. 完善发展阶段（2010 年至今）

从 2010 年至今，智能终端的普及、互联网的日臻完善、物联网的广泛应用、社交网站的迅猛发展，每天都会有海量的数据产生。这一时期大数据的发展体现在大数据的技术领域和行业边界逐渐变得模糊不定，处理大数据的技术和创新日益完善。大数据渗透范围更广，成为各行各业颠覆性创新的原动力和助推器。

2010 年 2 月，*The Economist* 杂志发表了一篇题为 *The Data Deluge* 的文章。该文所谈论的内容经常在欧美各界以大数据为题的论坛、报告、会议中出现，它最先系统地从内容上阐述了在新时期如何处理海量数据这一问题。自该文发表以后，其题名 *The Data Deluge* 便被世人以"海量数据"进行诠释，"大数据"名词出现雏形。同年，《自然》杂志除了探讨研究大数据所涉及的行业领域发展现状、发展前景和存在的问题外，还讨论了如何从技术上更进一步地挖掘大数据的潜在价值。

2011 年 5 月，全球著名的咨询公司麦肯锡举办了主题为 BigData：The Next Frontier for Innovation，Competition and Productivity 的全球年度 EMC 会议。在此次会议报告中，麦肯锡公司首次提出了"大数据"这一概念，并首次认为大数据具有与生产要素等同的价值，这也意味着，大数据作为一种新的生产要素，将会在生产领域和消费领域带来新的理念、方法和思维。

2012 年，世界经济论坛发布了题名为 *BigData*，*BigImpact*：*New Possibilities for Internation Development* 的报告。该报告详细地阐述了大数据在金融、教育、健康、交通等多个领域所发生的重大作用以及所带来的新的机遇和挑战，重在说明大数据所引起的经济效益不可小觑。同年 3 月，美国奥巴马政府在白宫网站发布了主题为"大数据大事业"的《大数据研究和发展倡议》，明确表示要投资大量的资金在大数据上，通过对海量而纷繁复杂的数据信息资料的处理，获取知识信息和提升工作效率，并要在科学、工程、环境等领域获取重大突破。

2013 年 5 月，麦肯锡发布了一份名为《颠覆性技术：技术进步改变生活、商业和全球经济》的研究报告。该报告认为，大数据未来改变生活、商业和全球经济的 12 种新兴技术（包括移动互联网、知识工作自动化、物联网、云计算等）的基石，这些技术的发展都离不开大数据。大数据的发展对这些技术所能够产生的经济效益具有基础性的作用。

2014 年 5 月，在美国白宫发布的关于大数据的 *Bigdata*：*Seize the Opportunity*，*the*

Guardian Value 报告中，明确了大数据对社会进步的重要性，特别强调现有的机构与市场是以独立的方式来支持推动大数据领域的发展。为保护美国人个人隐私、防止歧视、公平自由等，需要有具体的模式、分析研究等。同年，世界经济论坛也相应发布了《全球信息技术报告(第 13 版)》，根据报告显示，数据与人们生活息息相关，如何加强对数据的保护、有效地管理网络需进一步讨论。随着大数据趋势的蔓延，各种产业技术的进步，应用的革新，各国政府意识到了大数据对经济发展、人民生活、各种服务业甚至国家安全都相当重要。

1.2　大数据的影响

大数据将改变人们的思维方式，影响人类生活的方方面面。

1. 大数据对思维方式的改变

过去，由于数据获取的困难程度，人们在分析数据时倾向于使用抽样数据，并通过不断改进抽样方法来提升样本的精确性，从而对整体数据进行推算，并竭力挖掘数据间的因果关系。但当前数据处理思维方式正逐步向全体性、混沌性以及相关性演变，以适应数据量的爆发式增长。

2. 大数据对未来各个行业的影响

2015 年的"两会"期间，李克强总理在政府工作报告中首次提出"互联网＋"，即互联网与其他行业结合的概念。

- 互联网＋传媒广告业：传媒广告可以利用大数据分析广告受众群体的喜好，从而精准投放广告。
- 互联网＋制造业：制造业可以邀请客户全程参与到生产环节当中，由用户共同决策来制造他们想要的产品。
- 互联网＋酒店和旅游业：通过大数据分析，酒店为客户预订独特房间，旅游公司制定独特旅行计划。

3. 大数据对未来生活的影响

- 医疗：大数据可以通过利用各种采集人们身体健康指数的设备采集数据，对数据进行分析，对医疗技术产生帮助。
- 教育：可以通过学习者在互联网上访问查询的问题去挖掘学习者在学习上的欠缺并对其进行帮助。

大数据时代已经来临，它已经渐渐地改变了人们的生活，在未来的几十年，它很有可能会渗入生活中的点点滴滴，这对于技术研究人员是一个很大的机会。

1.3　大数据发展趋势

作为继移动互联网和云计算后的一大热点关键词，大数据作为一种资源、一种工具，其发展趋势为各个行业领域所关注。根据 IDC 预测，大数据行业每年以 40％的速度高速增长,其发展所引起的相关行业市场规模以每年翻一番的速度扩大。对于大数据的话题讨论逐渐从最初大数据的内涵、特征转移到如何利用、挖掘大数据背后巨大的潜在价值。

未来的大数据发展具有哪些趋势?行业领域如何把握新的机遇,实现可持续发展?中国计算机学会(CCF)大数据专家委员会(TFBD)自 2012 年 10 月开始,每年 12 月都会对即将来临的一年的大数据发展趋势进行一个较为全面、权威的预测。

2020 年 12 月,TFBD 对 2021 年大数据发展趋势进行预测,其十大发展趋势如下。

1. 趋势一:数据融合与数据价值挖掘

数据融合对于数据价值挖掘来说,具有重要的意义。数据融合的利用需要标准规范先行,实现数据可见性、数据易理解性、数据可链接性、数据可信性、数据互操作性、数据安全性。数据挖掘和 AI 分析需要面对海量处理能力、云边端协同、建模、人与数据融合、数据自身安全、隐私与商业机密保护等挑战,需要从基础理论与工程实践多方面研究数据要素价值挖掘的问题,开发出更多的大数据和 AI 分析技术。

2. 趋势二:知识图谱与决策智能

随着大数据的发展,企业和公共机构越来越需要将不同的数据进行有效链接,从而形成新的动态知识,以辅助企业和公共机构的决策。这就需要运用图数据库、图计算引擎和知识图谱,而知识图谱是图数据库和图计算引擎的重要应用场景。根据 DB－Engines 排名分析,图数据库关注热度在 2013—2020 年间增长了 10 倍,远远高于其他数据库或数据引擎。其中,用户画像和信用档案则是知识图谱的新应用场景。

目前,国内众多大型云厂商以及一些初创企业都在布局图数据库、图计算引擎和知识图谱,特别是知识图谱已经开始深入应用到金融、工业、能源等多个行业和领域,成为企业决策的重要技术平台与工具。

3. 趋势三:数据处理实现"自治与自我进化"

随着云计算的发展、数据规模持续指数级增长,传统数据处理面临存储成本高、集群管理复杂、计算任务多样性等巨大挑战;面对海量暴增的数据规模以及复杂多元的处理场景,人工管理和系统调优捉襟见肘。因此,通过智能化方法实现数据管理系统的自动优化成为未来数据处理发展的必然选择。人工智能和机器学习手段逐渐被广泛应用于智能化的冷热数据分层、异常检测、智能建模、资源调动、参数调优、压测生成、索引推荐等领域,有效降低数据计算、处理、存储、运维的管理成本,实现数据管理系统的"自治与自我进化"。

数据管理系统一直以来都是企业 IT 架构的重要组成部分,随着物联网、云计算技术的深入发展和开源生态的不断完善,传统数据管理的局限性日益凸显,存储容量有限导致公司无法长时间存储和管理海量数据集,元数据来源广泛、种类繁多,具有多源、异构的特点,这使其在管理上面临数据汇聚、集成、存储和检索成本高的问题;另外,计算资源匮乏,缺乏统一管理接口和大数据处理环境所需的可伸缩、可拓展的灵活性和高效性。数据管理系统需要承担更加复杂的多租户、多任务下的执行工作,人工手动管理和运维再也无法有效应对海量多源异构的数据规模和丰富复杂的数据处理场景带来的问题和挑战。

传统模式下,系统超载、资源消耗过多不仅影响其他正常运行的系统作业,而且需要大量的人力资源进行系统排查和纠正,难以确保系统有效率的运行状态。因此,通过智能化方式实现数据管理系统的升级优化将成为未来数据计算与处理的必然趋势。将系统技术与人工智能技术相结合,利用机器学习算法在数据仓库与数据库系统管理、资源调度、引擎优化、压测生成等各方面进行数据系统的自我管理,人工智能将充分嵌入数据处理的整个生命周期,帮助提高数据查询的效率,提升整体资源调度的优化性。

同时,系统技术也将更多地辅助人工智能的深度发展,在大规模多样化数据集上进行高效的数据挖掘和机器学习优化分析的模型选择、元参数搜索、自动化的元数据学习、非结构化数据与结构化数据融合处理等工作,从而帮助系统变得更加智能、安全和可靠。

4. 趋势四:数据中台成未来发展热点

2020 年,纳斯达克涨幅较大的企业,多集中在 Big Five 中谷歌、Facebook、苹果等五大数字化企业,其他企业基本没有变化。可见,在今天所有巨大的不确定中,只有数字化是确定的。而利用好大数据技术,掌握以数据为驱动的理念,则成为企业走上数字化道路的必然选择,因为高效的商业模式必将取代低效的商业模式。

企业想要通过数字化运营制定出更好的竞争与运营策略,帮助其在激烈的竞争中取得优势,并在此过程中为企业创造出真正的价值。数据中台则能够帮助企业提升运营模式和实现数据驱动 IT 构架,即时洞察经营过程,快速反应市场变化,实现精准营销,快速推出适应市场需求的产品,从而实现数字化顺利且快速的转型。

5. 趋势五:云原生重塑 IT 技术体系

在传统开发环境里,漫长的产品开发、测试和上线周期,不稳定的产品研发效能是企业 IT 领导者和开发人士面临的核心问题和挑战,同时在应用程序的部署过程中,软硬件环境等基础设施的技术复杂性很大程度束缚开发人员对于业务实现的生产力,受制于数据库、数据中心、操作系统等传统架构的局限性,制定的业务解决方案需要不断妥协与折中,效能也可能大打折扣。

以容器、k8s、ServiceMesh、Severless 为代表的云原生技术将充分沿用云计算的设计理念,全面利用分布式、可拓展、灵活性的云计算架构,达到毫秒级别的极致弹性能力,从而应对业务突发场景;同时基于云原生平台系统高度自动化的资源编排调度机制,实现应用的可拓展和易维护,通过微服务助力应用敏捷开发,进而大幅降低业务的试错成本,提升业务应用的部署和迭代速度。另外,云原生将网络、服务器、操作系统、业务流程等基础架构层高度抽象化,更高效地应用和管理异构硬件和异构环境下的各类云计算资源,向上支撑多种负载,包括大数据计算、区块链、人工智能等创新性服务,高效解决部署一致性问题,并极大地降低云服务的使用门槛,让开发者只须关注业务逻辑本身并最大程度回归到应用程序的开发环节,专注于用户服务和商业价值的创造过程,从而帮助企业实现快速创新。

云原生将重塑 IT 技术的全链路体系,在开发、测试、上线、运维、监控和升级等环节中形成新的技术标准,通过技术生态推动整个云计算的标准化,使大规模、可复制的跨区域、跨平台和跨集群的部署能力成为可能,将更多敏捷、分布式、可扩展的技术红利带给企业和开发者。

6. 趋势六：大数据推动健康革命

新冠肺炎的流行作为导火索,需要更多的技术手段来解决健康这一课题。一场由大数据推动的健康革命即将到来,在新的一年里,它将开始发挥更多实际价值。

由此,大数据逐渐成为解决健康相关问题的切实方法,人们欣喜地看到这些努力正在变成积极的成果。

Google 的深度学习项目 Deepmind 的重大技术飞跃,将对医疗健康行业进行彻底变革。Deepmind 的 AlphaFold 项目,能够解决生物学的最大挑战:它成功地从蛋白质氨基酸序列中,确定了蛋白质的三维形状,解决了一个 50 余年的生物学难题,比科学家预想的解决方案提早了几十年,而且超过了其他一百多个研发小组。

此项突破意味着医学的突破性进展,可能会给药物制造带来突破性解决方案。

7. 趋势七：增强数据分析已经成为主流

数字化与增强数据分析的趋势越发明显,一个主流挑战是大数据市场正在不断增长,数据集合变得如此之大,处理和解释它是现在的一项重大挑战。

增强分析通过使用机器学习与人工智能技术,对数据进行自动化准备、清洗、共享以及分析,并解决问题。其本质是将海量数据转换拆分为小颗粒度并可分析的数据集合。

增强分析在 2021 年正式成为主流技术趋势,到 2025 年,增强数据分析市场的复合年增长率将达 31.2%。Gartner 数据表示,在 2021 年,增强分析会成为商业智能(BI)的主流驱动力量。

8. 趋势八：增加对图表的关注

据 Gartner 表示,知识图谱作为五大新兴技术趋势之一,它可以弥合人与机器之间的鸿沟。Dataversity 对知识图谱的定义为帮助捕获很多不同概念的数据资产,协调捕获数据并标准化数据分类,通过统一捕获数据来显示关系。

随着数据集的不断扩大,数据也变得越来越难以分析和理解,知识图谱因此显示出其价值所在。知识图谱是将对象、概念和事件彼此关联描述的集合,这些描述通过链接和语义元数据方法,为创建数据提供更良好的上下文体系,这样可以更方便地分析、集成、共享和统一数据。在资源描述框架中,知识图谱提供了一个框架,可以方便地表示各种类型的数据,并具有互操作性和标准化。

9. 趋势九：数据安全热度持续上升

大数据、数字经济要通过相应的法律制度以及相关措施来保障健康发展。

一是改变计算方式,边计算边保护;

二是构建免疫系统,改变安全体系结构;

三是网络系统安全要构建"安全办公室""警卫室""安全快递"三重防护框架;

四是对人的操作访问策略四要素(主体、客体、操作、环境)进行动态可信度量、识别和控制;

五是对"风险分析、准确定级""评审备案、规范建设""感知预警、应急反制""严格测评、整顿完善"等环节进行全程管控,技管并重;

六是达到非授权者重要信息拿不到、系统和信息改不了、攻击行为赖不掉、攻击者进不去、窃取保密信息看不懂、系统工作瘫不成"六不"防护效果。

10. 趋势十：数据控制备受关注

现在企业生成、存储和移动的数据比以往任何时候都要多。AI(人工智能)和ML(机器学习)等相关技术需要大量数据进行分析和关联,以开发业务和IT智能。但是,企业必须谨慎管理这些不断增长的海量数据,以限制容量,确保及时性,防止更改或删除,以及最大程度地减少跨网络的移动。专家预计,到2022年70%的数据将源自数据中心外,这是艰巨的挑战。这里的问题不在于数据量,真正的问题在于数据管理、数据保护(需要遵循业务和法规要求)以及数据移动,从数据源到应用程序,可处理数据以为业务获得有意义的结果。

目前有两种主要方法可以解决数据管理问题。第一,企业必须投资于更大、更快的网络连接,以便根据需要在主数据中心之间来回移动远程数据。第二,IT团队应部署数据精简工作流,并在边缘执行更多的数据分析和处理,并且仅将经过预处理或分析的数据集返回给主数据中心。

1.4 大数据的关键技术

大数据技术是指用非传统的方式对大量结构化和非结构化数据进行处理,以挖掘数据中蕴含价值的技术。根据大数据的处理流程,可将其关键技术分为数据采集、数据预处理、数据存储与管理、数据分析与挖掘、数据可视化展现等技术。

1. 数据采集

对于网络上各种来源的数据,包括社交网络数据、电子商务交易数据、网上银行交易数据、搜索引擎点击数据、物联网传感器数据等,在被采集前都是零散的,没有任何意义。数据采集就是将这些数据写入数据仓库中并整合在一起。

就数据采集本身而言,大型互联网企业由于自身用户规模庞大,可以把自身用户产生的交易、社交、搜集等数据充分挖掘,拥有稳定、安全的数据资源。而对于其他大数据公司和大数据研究机构而言,目前采集大数据的方法主要有如下4种。

(1)系统日志采集。

可以使用海量数据采集,如Hadoop的Chukwa、Cloudera的Flume、Facebook的Scribe等进行用于系统日志采集。这些工具均采用分布式架构,能满足海量的日志数据采集和传输需求。

(2)互联网数据采集。

可以通过网络爬虫或网站公开API(应用程序接口)等方式从网站上获取数据信息。该方法可以将数据从网页中抽取出来,并将其存储为统一的本地数据文件,它支持图片、音频、视频等文件或附件的采集,而且附件与正文可以自动关联。

(3)App移动端数据采集。

App是获取用户移动端数据的一种有效方法。App中的SDK(软件开发工具包)插件可以将用户使用App的信息汇总给指定服务器,即便在用户没有访问App时,服务器也能获知用户终端的相关信息,包括安装应用的数量和类型等。

（4）与数据服务机构进行合作。

数据服务机构通常具备规范的数据共享和交易渠道，人们可以在其平台上快速、准确地获取自己所需要的数据。

2. 数据预处理

由于大数据的来源和种类繁多，这些数据有残缺的、虚假的、过时的，因此，想要获得高质量的数据分析结果，必须在数据准备阶段提高数据的质量，即对大数据进行预处理。大数据预处理是指将杂乱无章的数据转化为相对单一且便于处理的结构，或者去除没有价值甚至可能对分析造成干扰的数据。

3. 数据存储与管理

大数据存储是指用存储器把采集到的数据存储起来，并建立相应的数据库，以便对数据进行管理和调用。目前，主要采用 Hadoop 分布式文件系统（HDFS）和非关系型分布式数据库（NoSQL）来存储和管理大数据。常用的 NoSQL 数据库包括 HBase、Redis、Cassanda、MongoDB、Neo4j 等。

4. 数据分析与挖掘

大数据分析与挖掘是指通过各种算法从大量的数据中找到潜在的有用信息，并研究数据的内在规律和相互间的关系。常用的大数据分析与挖掘技术包括 Spark、MapReduce、Hive、Pig、Flink、Impala、Kylin、Tez、Akka、Storm S4、MLlib 等。

5. 数据可视化展现

大数据可视化展现是指利用可视化手段对数据进行分析，并将分析结果用图表或文字等形式展现出来，从而使读者对数据的分布、发展趋势、相关性和统计信息等一目了然，如图 1-2 所示。常用的大数据可视化工具有 Echarts 和 Tableau 等。

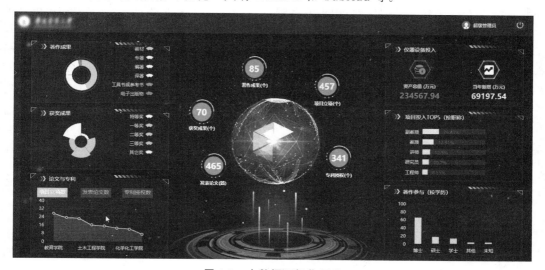

图 1-2　大数据可视化展现

1.5   大数据的计算模式

所谓大数据计算模式,是指根据大数据的不同数据特征和计算特征,从多样性的大数据计算问题和需求中提炼并建立的各种高层抽象(abstraction)和模型(model)。MapReduce计算模式的出现有力推动了大数据技术和应用的发展,使其成为目前大数据处理最成功的主流大数据计算模式。

然而,现实世界中的大数据处理问题复杂多样,难以用一种单一的计算模式涵盖所有不同的大数据计算需求。研究和实际应用中发现,由于 MapReduce 主要适于进行大数据线下批处理,在面向低延迟和具有复杂数据关系和复杂计算的大数据问题时有很大的不适应性。因此,近几年来学术界和产业界不断研究并推出了多种不同的大数据计算模式,如表 1-1所示。

表 1-1   大数据计算模式及其代表产品

计算模式	解决问题	代表产品
批处理计算	针对大规模数据的批量处理	MapReduce、Spark 等
流计算	针对流数据的实时计算	Storm、S4、Flume、Streams、Puma、DStream、银河流数据处理平台等
图计算	针对大规模图结构数据的处理	Pregel、Giraph、Trinity、GraphX Hama、PowerGraph 等
查询分析计算	超大规模数据的存储管理和查询分析	Dremel、Hive、Cassandra、Impala 等

1. 批处理计算

批处理计算主要解决针对大规模数据的批量处理,也是人们日常数据分析工作中非常常见的一类数据处理需求。MapReduce 是最具有代表性和影响力的大数据批处理技术,可以并行执行大规模数据处理任务,用于大规模数据(大于 1TB)的并行运算。MapReduce 极大地方便了分布式编程工作,它将复杂的、运行大规模集群上的并行计算过程高度地抽象到了两个函数——Map 和 Reduce,编程人员在不会分布式并行编程的情况下,也可以很容易将自己的程序运行在分布系统上,完成海量数据集的计算。

Spark 是一个针对超大数据集合的低延迟的集群分布式计算系统,它启用了内存分布数据集,除了能够提供交互式查询外,还可以优化迭代工作负载。在 MapReduce 中,数据流从一个稳定的来源,进行一系列加工处理后,流出到一个稳定的文件系统(如 HDFS)。而对于 Spark 而言,则使用内存替代 HDFS 或本地磁盘来存储中间结果,因此,Spark 要比MapReduce 的速度快许多。

2. 流计算

流数据也是大数据分析中的重要数据类型。流数据(或数据流)是指在时间分布和数量上无限的一系列动态数据集合体,数据的价值随着时间的流逝而降低,因此,必须采用实时计算的方式给出秒级响应。流计算可以实时处理来自不同数据源的、连续到达的流数据,经过实时分析处理，给出有价值的分析结果。

目前业内已涌现出许多流计算框架与平台：第一类是商业级的流计算平台，包括 IBM InfoSphere Streams 和 IBM StreamBase 等；第二类是开源流计算框架，包括 TwitterStorm、Yahoo! S4（Simple Scalable Streaming System）等；第三类是公司为支持自身业务开发的流计算框架，如 Facebook 使用 Puna 和 HBase 相结合来处理实时数据，百度开发了通用实时流数据计算系统 DStream，淘宝开发了通用流数据实时计算系统"银河流数据处理平台"。

3. 图计算

在大数据时代，许多大数据都是以大规模图或网络的形式呈现的，如社交网络、传染病传播途径、交通事故对路网的影响等。此外，许多非图结构的大数据也常常会被转换为图模型后再进行处理分析。MapReduce 作为单输入、两阶段、粗粒度数据并行的分布式计算框架，在表达多迭代、稀疏结构和细粒度数据时，往往显得力不从心，不适合用来解决大规模图计算问题。因此，针对大型图的计算，需要采用图计算模式。

目前市场上已经出现了不少图计算产品。Pregel 是一种基于 BSP（Bulk Synchronous Parallel）模型实现的并行图处理系统。为了解决大型图的分布式计算问题，Pregel 搭建了一套可扩展、有容错机制的平台，该平台提供了一套非常灵活的 API，可以描述各种各样的图计算。Pregel 主要用于图遍历、最短路径、PageRank 计算等。其他代表性的图计算产品还包括 Facebook 针对 Pregel 的开源实现 Giraph、Spark 下的 GraphX、图数据处理系统 PowerGraph 等。

4. 查询分析计算

针对超大规数据的存储管理和查询分析，需要提供实时或准实时的响应，才能很好地满足企业经营管理需求。谷歌公司开发的 Dremel 是一种可扩展的、交互式的实时查询系统，用于只读嵌套数据的分析。通过结合多级树状执行过程和列式数据结构，它能做到几秒内完成对万亿张表的聚合查询。系统可以扩展到成千上万的 CPU 上，满足谷歌上万用户操作 PB 级的数据，并且可以在两三秒内完成 PB 级别数据的查询。此外，Cloudera 公司参考 Dremel 系统开发了实时查询引擎 Impala，它提供 SQL 语义，能快速查询存储在 Hadoop 的 HDFS 和 HBase 中的 PB 级大数据。

1.6　大数据的应用领域

随着大数据应用越来越广泛，应用的行业也越来越多，每天都可以看到大数据的一些新奇的应用，帮助人们从中获取真正有用的价值。很多组织或者个人都会受到大数据分析的影响，但是大数据如何帮助人们挖掘出有价值的信息呢？下面介绍 7 个价值非常高的大数据应用，这些都是大数据在分析应用上的关键领域，如图 1-3 所示。

1. 电商行业

电商行业最早利用大数据进行精准营销，它根据客户的消费习惯提前进行商品生产、物流管理等，有利于精细化社会大生产。由于电商的数据较为集中，数据量足够大，数据种类

图 1-3　大数据应用领域

较多,因此未来电商数据应用将会有更多的想象空间,包括预测流行趋势、消费趋势、地域消费特点、客户消费习惯、各种消费行为的相关度、消费热点、影响消费的重要因素等。

2. 金融行业

大数据在金融行业应用范围广泛,它更多应用于交易,现在很多股权的交易都利用大数据算法进行,这些算法现在越来越多地考虑了社交媒体和网站新闻来决定在未来几秒内是买入还是卖出。

3. 医疗行业

医疗机构无论是在病理报告、治愈方案还是在药物报告等方面都拥有庞大的数据。由于众多病毒、肿瘤细胞都处于不断进化的过程中,因此诊断时会发现对疾病的确诊和治疗方案的确定是很困难的。而未来,可以借助大数据平台收集不同病例和治疗方案,以及病人的基本特征,来建立针对疾病特点的数据库。

4. 农牧渔

未来大数据应用到农牧渔领域,可以帮助农业降低菜贱伤农的概率,也可以精准预测天气变化,帮助农民做好自然灾害的预防工作,也能够提高单位种植面积的产出;牧农也可以根据大数据分析安排放牧范围,有效利用农场,减少动物流失;渔民也可以利用大数据安排休渔期、定位捕鱼等,同时,也能减少人工消耗、人员损伤。

5. 生物技术

基因技术是人类未来挑战疾病的重要武器,科学家可以借助大数据技术,加快自身基因和其他动物基因的研究过程,这将是人类未来战胜疾病的重要武器之一。未来生物基因技术不但能够改良农作物,还能利用基因技术培养人类器官和消灭害虫等。

6. 方便城市生活

大数据为城市生活提供方便,例如基于城市实时交通信息,利用社交网络和天气数据来优化最新的交通情况。目前很多城市都在进行大数据的分析和试点。

7. 改善安全和执法

大数据现在已经广泛应用到安全执法的过程当中,美国安全局利用大数据进行反恐活动,甚至监控人们的日常生活;企业应用大数据技术防御网络攻击;警察应用大数据工具捕捉罪犯;信用卡公司应用大数据工具监测欺诈性交易。

在传统领域,大数据同样发挥了巨大作用:帮助农业根据环境气候土壤作物状况进行超精细化耕作;在工业生产领域全盘把握供需平衡,挖掘创新增长点;在交通领域实现智能辅助乃至无人驾驶,堵车与事故将成为历史;在能源产业将实现精确预测及产量实时调控。

个人的生活数据将被实时采集上传,在饮食、健康、出行、家居、医疗、购物、社交等方面,大数据服务将被广泛应用并对用户生活质量产生革命性的提升,一切服务都将以个性化的方式为每一个"你"量身定制,为每一个行为提供基于历史数据与实时动态所产生的智能决策。

1.7 数据资源化和交易

大数据逐渐成为我们生活的一部分,它既是一种资源,又是一种工具,让人们更好地探索世界和认识世界。大数据提供的并不是最终答案,而是参考答案,它为人们提供的是暂时帮助,以便等待更好的方法和答案出现。

1.7.1 数据资源化

2015 年 9 月,经国务院总理签批,国务院印发《促进大数据发展行动纲要》,明确要"加快政府数据开放共享,推动资源整合"。几年来,社会各界通过对数据资源的整合、利用,加速了数据的流通共享以及数据资源化进程。

从大数据发展趋势来看,数据资源化正在逐步扩展至国民经济的各个领域。数据要素将像以往的人口要素、土地要素一样,日益发挥出促进国民经济增长的重要支柱作用。

当然,数据资源化的本质是实现数据共享与服务,而数据共享是数据资源化的基础。现阶段,构建数据共享服务体系,促进数据与业务应用快速融合,是助力中国经济从高速增长转向高质量发展,推动数字中国建设的重中之重。

大数据走向资源化是大势所趋,在数据资源化的过程中,必须建立高效的数据交换机制,实现数据的互联互通、信息共享、业务协同,以成为整合信息资源,深度利用分散数据的有效途径。资源化是指大数据成为企业和社会关注的重要战略资源,并成为大家争抢的新焦点,数据逐渐成为最有价值的资产。

随着大数据应用的发展,大数据资源成为重要的战略资源,数据成为新的战略制高点。资源不仅是只看得见、摸得着的实体,而且如同煤、石油、矿产等一样演变成不可或缺的资源。《华尔街日报》在题为《大数据,大影响》的报告中提到,数据就像货币或者黄金一样,已经成为一种新的资产类别。

大数据作为一种新的资源,具有其他资源所不具备的优点,如数据的再利用、开发性、可扩展性和潜在价值。数据的价值不会随着它的使用而减少,而是可以不断地被处理和利用。

1.7.2　大数据交易

大数据交易是将数据本身视为一种可买卖的资源,将对数据的挖掘能力视为一种核心竞争力,在大数据交易市场中进行的交易活动。例如我国成立的第一家以大数据命名的交易所——贵阳大数据交易所,这是一个面向全国提供数据交易服务的创新型交易场所,以"开放、规范、安全、可控"为原则,采用"政府指导,社会参与、市场化运作"的模式,旨在促进数据流通,规范数据交易行为,维护数据交易市场秩序,保护数据交易各方合法权益,向社会提供完整的数据交易、结算、交付、安全保障、数据资产管理和融资等综合配套服务。大数据交易中应注意以下 3 个问题。

1. 大数据交易主体的信息安全问题

大数据交易的主体主要分为 3 类:大数据交易平台、大数据买方、大数据卖方。贵阳大数据交易所禁止个人购买交易所的数据,同时在监管不健全的情况下,外资数据买方购买数据之前需要进行资格审查。但大部分大数据交易平台为了增加交易次数是允许自然人作为交易主体进行交易的,交易面更加宽泛可能会导致信息泄露,在信息安全保护方面存在重大隐患。

2. 大数据交易客体的信息安全问题

大数据交易的客体主要包含经过处理的大数据产品,处理包括"预处理"和"数据脱敏"。预处理就是在主要的处理过程以前对数据进行清洗,例如将出生日期与年龄不符、冗余等无效信息处理掉,以提高下一步处理信息的效率;数据脱敏又称为"信息去隐私化",就是对某些敏感信息通过脱敏规则进行数据的变形,实现敏感隐私数据的可靠保护,如将身份证号、手机号、银行卡号、家庭住址等个人信息进行一定的随机处理,以隐去某些信息,保证数据的隐私性。按照脱敏规则,可以将数据脱敏分为"可恢复性脱敏"和"不可恢复性脱敏"。"可恢复性脱敏"就是数据经过脱敏规则的转化后,还可以经过某些处理还原出原始数据;"不可恢复性脱敏"就是数据经过不可恢复性脱敏之后,将无法还原出原有数据。如果大数据交易采用可恢复性脱敏则无法保证数据的安全性,因此采用不可恢复性脱敏更加合理。但是采取了不可恢复性脱敏技术,个人信息就真的安全了吗?倡导社交文化的企业 Salesforce.com推荐首先利用从 Facebook、Twitter 等应用获取的信息,建立客户的社交化档案,掌握他们的整体形象,从而对人们的追求和期望做出精确的理解。但基本上这里所利用的都是用户自己在网上公开发布的信息,且由于 Facebook 等服务是推荐实名注册的,因此以这些服务为中心来收集信息,再和客户的真实姓名进行关联,就可以刻画出包括兴趣爱好在内的人物特征。因此即使采取了不可恢复性脱敏技术,还是有可能通过相关信息的整合刻画出人物形象,侵犯个人隐私。

3. 大数据交易模式的信息安全问题

大数据交易的模式主要分为 3 类：在线数据交易、离线数据交易和托管数据交易。在线数据交易以数据调用接口的形式，由卖方向买方提供数据备份进行数据交易，服务平台本身不存储数据（仅对数据进行必要的实时脱敏、清洗、审核和安全测试），而是作为交易渠道为各类用户提供数据服务，实现交易流程管理，数据存在不合法、不合规的安全风险。接口不安全、访问控制设置不合理、数据备份未加密也会导致交易过程存在数据泄露、非法访问、传输丢失等安全风险。离线数据交易中卖方将数据复制到交易平台，由交易平台转移给买方而实现交易，主要存在非法窃取、泄露、篡改等安全风险。托管数据交易中卖方将数据复制至交易平台，买方在交易平台提供的环境内使用数据，而原始数据不发生转移，由于需要经相关数据负责人的批准，办理复制登记手续和复制，因此主要存在用户进行非授权操作的风险。

1.8　大数据安全与隐私

在信息化和网络化的时代，信息呈现出爆炸性的增长趋势。当下，大数据已成为继云计算之后信息技术领域的另一个信息产业增长点。大数据具有海量的数据规模、快速的数据流转、多样的数据类型以及低价值密度的特点，大数据的出现有效地推动了社会的快速发展。而在大数据飞速发展的同时，大数据安全与隐私保护问题也引起了高度重视，大数据在存储、传输、处理等过程中面临着诸多安全风险，一旦大数据出现安全风险，就会给用户造成巨大的利益损失。

大数据发展迅速，信息涉及面广，影响着人们的生活方式。信息安全成为社会各界关注的重心，涉及社会的经济、文化等方面，大数据发展过程中存在的隐私安全问题会给社会造成严重的影响。针对大数据时代存在的安全与隐私保护问题进行分析，找出大数据安全与隐私保护存在的问题及其产生的原因，并提出相应的解决办法，在一定程度上可防止大数据时代安全与隐私保护问题的产生，为大数据的可持续发展提供相应的理论支持。

1. 大数据应用中面临的安全隐患

数据搜集、传输过程中存在隐私安全隐患。大数据处理的基础就是数据搜集，常用的数据检索工具，如百度、Google 等都在进行数据的搜集。如今，人们日常生活工作都离不开智能设备，智能设备在使用的时候，会对人们输入的数据进行传输，最终传输到数据终端中并进行存储，后台会详细记录个人数据并发送，个人的隐私安全就受到严重的威胁。还有一些电商平台，会对用户进行个性化推荐，这些信息会出现在毫无关系的网页上，用户根本就不知道自己的数据是怎么被搜集和处理的，在完全不知情的情况下，就使得自己的隐私安全存在隐患。数据的传输方式有两种，即传统的有线网络传输与无线传输。有线网络传输是借助金属导线等媒介进行信息的传递，数据的可靠性与保密性较高，不会被人轻易窃取，但是成本较高，不具备移动性，在使用的时候不够灵活。随着无线技术的不断发展，人们对于数据的传输会采用更为便捷的无线传输。移动智能设备的出现，改变了传统的数据传输方式，采用无线传输无形中增加了管理难度，数据在无线传输的过程中极不稳定，容易受到攻击，如黑客入侵、恶意篡改等,从而造成数据的遗失与隐私的泄露。

2. 数据存储、处理过程中存在隐私安全隐患

大数据时代的数据存储不仅需要存储数据,还要对数据的分析提供安全的环境,然而数据的存储过程中也存在诸多风险。在数据存储系统中,数据规模呈指数增长,甚至达到 PB级,数据规模的增大,数据的结构更为复杂,这就增加了数据存储系统的负担。数据存储系统不仅需要存储数据,还要给数据处理提供支持,保证数据的安全。就目前的情况来看,数据存储系统的发展方向是开放式与分布式,成为共享的资源,因此想要保证数据的安全就要对分布在各个系统中的数据进行保护。目前,我国现有的数据保护技术还达不到保护数据的目的,这增加了数据在存储过程遭受恶意破坏的风险,导致个人隐私泄露情况更为严重。大数据的核心就是数据处理,数据处理的核心在于数据挖掘,数据挖掘是对数据进行多次分析,从而挖掘其潜在的价值,可以为用户提高个性化的服务,提高服务的针对性,但是这也对隐私问题进行了放大,使数据滥用问题更加严重,用户隐私泄露问题也更加严重。例如,社交软件的用户注册信息,由于缺乏外界的监督管理,因此容易造成信息被第三方窃取,个人失去对自身信息的控制,最终造成隐私安全问题的产生。

3. 政府管理和网络服务追踪个人数据信息引起的隐私安全隐患

政府是国家的管理机构,维护社会公共秩序,承担着重要的职能。政府拥有国家的政治权力,可以对公民的个人信息进行搜集,因此政府成为掌握数据资源最为丰富的部门,然而,政府机关也有责任保护公民的个人隐私。如果政府机关的数据泄露,这样不仅会对公共利益造成损害,还会危及国家安全。2015 年,上海、河北等地的卫生和社保系统都出现大量的高危漏洞。根据调查结果显示,社保信息系统漏洞有 30 多个,信息覆盖个人身份证、社保、财务等,涉及人员数量达到数千万。大数据时代,网络服务商通过对个人数据进行搜集处理,并对其进行深入的分析,可以对潜在客户进行挖掘,推行针对性的营销策略,提高企业的经济效益。网络服务商通常采用追踪用户 Cookie 的方式来进行个人数据的收集。当用户在访问网站的时候,Cookie 就自动存储用户的浏览习惯与输入数据。这些在给用户提供个性化服务的同时,还会导致用户信息被窃取,严重威胁用户的隐私安全。

1.9　本章小结

本章重点介绍了大数据的概念、特征、相关技术以及计算模式,并对大数据的发展、应用领域以及安全与隐私问题等方面做了概述。

首先,本章从大数据概念、特征、相关技术和计算模式入手详细介绍了大数据的基础知识。大数据具有数据量大、数据种类多、数据处理速度快、数据具有潜在价值和具有高可靠性的特征。此外,本章还对大数据处理关键技术以及计算模式做了概述。

大数据渗透到社会各行各业以及我们生活的方方面面。本章对大数据应用的相关领域做了简单的介绍。大数据化的信息时代,变化无时无刻不在发生,同样大数据的发展在安全与隐私方面也面临着巨大的挑战。

大数据在飞速发展,并且大数据技术的更新也可谓日新月异。大数据技术的发展将在

更大程度上改变人们的日常生活,给人们带来更加智能和方便快捷的生活体验。

习　题

1. 大数据是什么？它有哪些特点？
2. 大数据发展历程分哪几个阶段？
3. 大数据的计算模式有哪几种？
4. 大数据主要应用的领域有哪些？
5. 大数据面临什么样的安全和隐私问题？

第 2 章
大数据、云计算与物联网

大数据、云计算与物联网三者之间是相辅相成、相伴相生、密不可分的。云计算为大数据提供技术基础，大数据为云计算提供用武之地，物联网是数据的重要来源，而云计算和大数据技术又为物联网数据分析提供技术支持。本章介绍云计算和物联网的基本概念、特点和关键技术，以及大数据、云计算与物联网三者之间的关系。

2.1　云计算

云计算(cloud computing)是目前 IT 行业热门的话题，谷歌公司、亚马逊公司、雅虎公司等互联网服务商，IBM 公司、微软公司等 IT 厂商都纷纷提出了自己的云计算战略，各电信运营商也对云计算投入了极大的关注，云计算平台极低的成本成为业界关注的焦点。而云计算与大数据之间是相辅相成、相得益彰的关系。大数据挖掘处理需要云计算作为平台，而大数据涵盖的价值和规律则能够让云计算更好地与行业应用结合并发挥更大的作用。云计算将计算资源作为服务，支撑大数据的挖掘，而大数据的发展趋势是对实时交互的海量数据查询、分析提供了各自需要的价值信息。

2.1.1　云计算概述

"云"实质上就是网络，狭义上讲，云计算就是一种提供资源的网络，使用者可以随时获取"云"上的资源，按需求量使用，并且可以看成是可无限扩展的，只要按使用量付费就可以，"云"就像自来水厂一样，人们可以随时接水，并且不限量，按照自己家的用水量，付费给自来水厂就可以。

从广义上说，云计算是与信息技术、软件、互联网相关的一种服务，这种计算资源共享池叫作"云"，云计算把许多计算资源集合起来，通过软件实现自动化管理，只需要很少的人参与，就能让资源被快速提供。也就是说，计算能力作为一种商品，可以在互联网上流通，就像水、电、煤气一样，可以方便地取用，且价格较为低廉。

总之，云计算不是一种全新的网络技术，而是一种全新的网络应用概念，云计算的核心概念就是以互联网为中心，在网站上提供快速且安全的云计算服务与数据存储，让每一个使用互联网的人都可以使用网络上的庞大计算资源与数据中心。

云计算是继互联网、计算机后在信息时代又一种革新，云计算是信息时代的一个大飞跃，未来的时代可能是云计算的时代，虽然目前有关云计算的定义有很多，但总体上来说，云计算虽然有许多含义，但概括来说，云计算的基本含义是一致的，即云计算具有很强的扩展性和需要性，可以为用户提供一种全新的体验，云计算的核心是可以将很多的计算机资源协调在一起,因此可以说,云计算使用户通过网络就可以取到无限的资源,同时获取的资源不受时间和空间的限制。

云计算是一种基于因特网的超级计算模式,在远程的数据中心里,成千上万台计算机和服务器连接成一片计算机云。因此,云计算甚至可以让人们体验每秒 10 万亿次的运算能力,拥有这么强大的计算能力可以模拟核爆炸、预测气候变化和市场发展趋势。用户通过计算机、笔记本计算机、智能手机等方式接入数据中心,按自己的需求进行运算。

2.1.2　云计算的分类

云计算就是这样一种变革,由谷歌、IBM 这样的专业网络公司来搭建计算机存储、运算中心,用户通过一根网线借助浏览器就可以很方便地访问,把"云"作为资料存储以及应用服务的中心。云计算服务通常可以分为 3 类:基础设施即服务(IaaS)、平台即服务(PaaS)和功能即服务(FaaS),如图 2-1 所示。

图 2-1　云计算的 3 种服务模式

1. IaaS

IaaS 将硬件设备等基础资源封装成服务供用户使用。在 IaaS 环境中,用户相当于在使用裸机和磁盘,既可以让它运行 Windows,也可以让它运行 Linux。在基础层面上,IaaS 公有云供应商提供存储和计算服务。所有主要公有云供应商提供的服务都是惊人的:高可伸缩数据库、虚拟专用网络、大数据分析、开发工具、机器学习、应用程序监控等。AWS 是第一个 IaaS 供应商,且目前仍是领袖,紧随其后的是微软 Azure、谷歌云平台和 IBM Cloud。IaaS 的最大优势在于它允许用户动态申请或释放节点,按使用量计费。IaaS 是由公众共享的,因而具有更高的资源使用效率。

2. PaaS

PaaS 提供用户应用程序的运行环境,典型的如 Google App Engine。PaaS 自身负责资源的动态扩展和容错管理,用户应用程序不必过多考虑节点间的配合问题。但与此同时,用户的自主权降低,必须使用特定的编程环境并遵照特定的编程模型,只适用于解决某些特定的计算问题。PaaS 所提供的服务和工作流专门针对开发人员,他们可以使用共享工具、流程和 API 来加速开发、测试和部署应用程序。对于企业来说,PaaS 可以确保开发人员对已就绪的资源的访问,遵循一定的流程和只使用一个特定的系列服务,运营商则维护底层基础设施。值得一提的是,专为移动端开发人员使用的各种 PaaS 一般被称作 MBaaS(移动后端即服务),或者只是 BaaS(后端即服务)。

3. FaaS

云计算技术的核心是服务化,服务化就需要提供闭环和灵活的服务。而云计算也在持续发展中,从最初的基础设施服务化(IaaS)、平台服务化(PaaS)、软件服务化(SaaS),陆续演化出数据库服务化(DBaaS),容器服务化(CaaS)。一个更细分的服务化叫作 FaaS,FaaS 是 Functions as a Service 的缩写,可以广义地理解为功能服务化,也可以解释为函数服务化。

使用 FaaS 只需要关注业务代码逻辑,无须关注服务器资源,因此,FaaS 也跟开发者无须关注服务器 Serverless 密切相关。可以说,FaaS 提供了更加细分和抽象的服务化能力。

2.1.3　云计算的基本特点

企业数据中心通过使计算分布在大量的分布式计算机上,而非本地计算机或远程服务器中,使其运行方式与互联网更相似。这使得企业能够将资源切换到需要的应用上,根据需求访问计算机和存储系统。云计算的特点如下。

1. 超大规模

"云"具有相当大的规模,谷歌云计算已经拥有上百万台服务器;亚马逊、IBM、微软、雅虎等公司的"云"均拥有几十万台服务器;一般企业的私有云可拥有数百上千台服务器。"云"能赋予用户前所未有的计算能力。

2. 高可靠性

分布式数据中心可以将云端的用户信息备份到地理上相互隔离的数据库主机中,甚至连用户自己也无法判断信息的确切备份地点。该特点不仅提供了数据恢复的依据,也使得网络病毒和网络黑客的攻击因为失去目的性而变成徒劳,大大提高系统的安全性和容灾能力。

3. 虚拟化

云计算支持用户在任意位置、使用各种终端获取应用服务。所请求的资源来自"云",而非固定的有形的实体。应用在"云"中某处运行,但用户无须了解,也不用担心应用运行的具体位置。

4. 高扩展性

目前主流的云计算平台均采用 SPI(Service Provider Interface)架构,构建在各层集成功能各异的软硬件设备和中间件软件上。大量中间件软件和设备提供针对该平台的通用接口,允许用户添加本层的扩展设备。部分云与云之间提供对应接口,允许用户在不同云之间进行数据迁移。类似功能更大程度上满足了用户需求,集成了计算资源,是未来云计算的发展方向之一。

5. 按需服务

"云"是一个庞大的资源池,可以像自来水、电、煤气那样计算,并按需购买。

6. 极其廉价

"云"的特殊容错措施可以采用极其廉价的节点来构成云。"云"的自动化集中式管理,使大量企业无须负担日益高昂的数据中心管理成本,"云"的通用性使资源的利用率较传统系统大幅提升,因此用户可以充分享受"云"的低成本优势。

2.1.4　云计算的关键技术

云计算是一种新型的超级计算方式,以数据为中心,是一种数据密集型的超级计算。在数据存储、数据管理、编程模式等多方面具有自身独特的技术,同时涉及众多其他技术。本章主要介绍云计算特有的技术,包括数据存储技术、数据管理技术、虚拟机技术等。

1. 数据存储技术

1) 数据存储概述

为保证高可用、高可靠和经济性,云计算采用分布式存储的方式来存储数据,采用冗余存储的方式来保证存储数据的可靠性,即为同一份数据存储多个副本。另外,云计算系统需要同时满足大量用户的需求,并行地为大量用户提供服务。因此,云计算的数据存储技术必须具有高吞吐率和高传输率的特点。云计算的数据存储技术主要有谷歌的非开源的 GFS(Google File System)和 Hadoop 开发团队开发的 GFS 的开源实现 HDFS(Hadoop Distributed File System)。

大部分 IT 厂商(例如雅虎、英特尔)的“云”计划采用的都是 HDFS 的数据存储技术。云计算的数据存储技术未来的发展将集中在超大规模的数据存储、数据加密和安全性保证以及继续提高 I/O 速率等方面。

以 GFS 为例,GFS 是一个管理大型分布式数据密集型计算的可扩展的分布式文件系统。它使用廉价的商用硬件搭建系统并向大量用户提供容错的高性能的服务。

GFS 和普通的分布式文件系统有以下区别。GFS 系统由一个 Master 和大量块服务器构成。Master 存放文件系统的所有元数据,包括名字空间、存取控制、文件分块信息、文件块的位置信息等。GFS 中的文件切分为 64MB 的块进行存储。在 GFS 文件系统中,采用冗余存储的方式来保证数据的可靠性。每份数据在系统中保存 3 个以上的备份。为了保证数据的一致性,对于数据的所有修改需要在所有的备份上进行,并用版本号的方式来确保所有备份处于一致的状态。客户端不通过 Master 读取数据,避免了大量读操作使 Master 成为系统瓶颈。

客户端从 Master 获取目标数据块的位置信息后,直接和块服务器交互进行读操作。GFS 的写操作将写操作控制信号和数据流分开。即客户端在获取 Master 的写授权后,将数据传输给所有的数据副本,在所有的数据副本都收到修改的数据后,客户端才发出写请求控制信号。在所有的数据副本更新完数据后,由主副本向客户端发出写操作完成控制信号。当然,云计算的数据存储技术并不仅仅只是 GFS,其他 IT 厂商,包括微软、Hadoop 开发团队也在开发相应的数据管理工具。本质上是一种分布式的数据存储技术,以及与之相关的虚拟化技术,对上层屏蔽具体的物理存储器的位置、信息等。快速的数据定位、数据安全性、数据可靠性以及底层设备内存储数据量的均衡等方面都需要继续研究完善。

2) 云存储计量单位

在云计算领域中,其存储容量的计量单位也发生了质的变化,除了此前通常使用的KB、MB、GB 和 TB,还引入了 PB、EB 甚至 ZB 和 YB 等海量存储单位,如表 2-1 所示。

表 2-1　云计算领域的存储计量单位

存储单位	意　义	计　算　式	存储空间类比
1bit	比特	1 个二进制位	可存放一个二进制码
1B	字节	8 个二进制位	可存放一个英文字母、一个符号或一个英文标点;而一个汉字要占 2 字节
1KB	千字节	1024B(2^{10}B)	可存放一则短篇故事的内容,大约 500 个汉字
1MB	兆字节	1024KB(2^{20}B)	可存放一则短篇小说的文字内容,大约 50 万个汉字
1GB	吉字节	1024MB(2^{30}B)	可存放贝多芬第五乐章交响曲的乐谱内容
1TB	太字节	1024GB(2^{40}B)	可存放一家大型医院中所有的 X 光图片信息量,可存储 200 000 张照片或 200 000 首 MP3 歌曲
1PB	拍字节	1024TB(2^{50}B)	相当于 2 个数据中心的存储量,可存放 50% 的全美学术研究图书馆藏书信息内容
1EB	艾字节	1024PB(2^{60}B)	相当于 2000 个数据中心的存储量,5EB 相当于至今全世界人类所讲过的话语
1ZB	泽字节	1024EB(2^{70}B)	200 万个数据中心,其存储器的大小相当于纽约曼哈顿(面积 59.5km²)所有建筑物之和的五分之一;也相当于全世界海滩上的沙子数量总和
1YB	尧字节	1024ZB(2^{80}B)	20 亿个数据中心,存储器的大小相当于我国中等规模的省;也相当于 7000 个成人体内的微细胞总和

2. 数据管理技术

云计算系统对大数据集进行处理、分析向用户提供高效的服务。因此,数据管理技术必须能够高效地管理大数据集。其次,如何在规模巨大的数据中找到特定的数据,也是云计算数据管理技术所必须解决的问题。云计算的特点是对海量的数据存储、读取后进行大量的分析,数据的读操作频率远大于数据的更新频率,云中的数据管理是一种读优化的数据管理。因此,云系统的数据管理往往采用数据库领域中列存储的数据管理模式。将表按列划分后存储。

云计算的数据管理技术中最著名的是谷歌提出的 BigTable 数据管理技术。由于采用列存储的方式管理数据,因此,如何提高数据的更新速率以及进一步提高随机读速率是未来的数据管理技术必须解决的问题。

以 BigTable 为例,BigTable 数据管理方式设计者给出了如下定义:"BigTable 是一种为了管理结构化数据而设计的分布式存储系统,这些数据可以扩展到非常大的规模,例如在数千台商用服务器上的达到 PB 规模的数据。"BigTable 对数据读操作进行优化,采用列存储的方式,提高数据读取效率。

BigTable 管理的数据的存储结构为: < row:string, column:string, time:int64> -> string。BigTable 的基本元素是:行,列,记录板和时间戳。其中,记录板是一段行的集合体。BigTable 中的数据项按照行关键字的字典序排列,每行动态地划分到记录板中。每个节点管理大约 100 个记录板。时间戳是一个 64 位的整数,表示数据的不同版本。列族是若干列的集合,BigTable 中的存取权限控制在列族的粒度进行。BigTable 在执行时需要 3 个主要的组件：链接到每个客户端的库、一个主服务器和多个记录板服务器。主服务器用于分配记录板到记录板服务器以及负载平衡、垃圾回收等。记录板服务器用于直接管理一组记录板，处理读写请求等。为保证数据结构的高可扩展性，BigTable 采用三级的、层次化的方式来存储位置信息。

其中，第一级的 Chubbyfile 中包含 RootTablet 的位置，RootTablet 有且仅有一个，包含所有 METADATAtablets 的位置信息，每个 METADATAtablets 包含许多 UserTable 的位置信息。当客户端读取数据时，首先从 Chubbyfile 中获取 RootTablet 的位置，并从中读取相应 METADATAtablet 的位置信息。接着从该 METADATAtablet 中读取包含目标数据位置信息的 UserTable 的位置，然后从该 UserTable 中读取目标数据的位置信息项，据此信息到服务器中的特定位置读取数据。

这种数据管理技术虽然已经投入使用，但是仍然具有部分缺点。例如，对类似数据库中的 Join 操作效率太低，表内数据如何切分存储，数据类型限定为 string 类型过于简单等。而微软的 DryadLINQ 系统则将操作的对象封装为 .NET 类，这样有利于对数据进行各种操作，同时对 Join 进行了优化，得到比 BigTable＋MapReduce 更快的 Join 速率和更易用的数据操作方式。

3．虚拟机技术

虚拟机，即服务器虚拟化，是云计算底层架构的重要基石。在服务器虚拟化中，虚拟化软件需要实现对硬件的抽象，资源的分配、调度和管理，虚拟机与宿主操作系统及多个虚拟机间的隔离等功能，目前典型的系统有 Citrix Xen、VMware ESX Server 和 Microsoft Hype-V 等。

4．分布式编程与计算

为了使用户能更轻松地享受云计算带来的服务，让用户能利用云计算上的编程模型编写简单的程序来实现特定的目的，该编程模型必须十分简单。必须保证后台复杂的并行执行和任务调度向用户和编程人员透明。当前各 IT 厂商提出的"云"计划的编程工具均基于 Map Reduce 的编程模型。

5．虚拟资源的管理与调度

云计算区别于单机虚拟化技术的重要特征是通过整合物理资源形成资源池，并通过资源管理层（管理中间件）实现对资源池中虚拟资源的调度。云计算的资源管理需要完成资源管理、任务管理、用户管理和安全管理等工作，实现节点故障的屏蔽、资源状况监视、用户任务调度、用户身份管理等多重功能。

6．云计算的业务接口

为了方便用户业务由传统 IT 系统向云计算环境的迁移，云计算应对用户提供统一的业务接口。业务接口的统一不仅方便用户业务向云端的迁移，也会使用户业务在云与云之间的迁移更加容易。在云计算时代，SOA 架构和以 Web Service 为特征的业务模式仍是业务发展的主要路线。

7. 云计算的安全技术

云计算模式带来一系列的安全问题,包括用户隐私的保护、用户数据的备份、云计算基础设施的防护等,这些问题都需要更强的技术手段甚至法律手段去解决。

2.1.5　云计算的应用

较为简单的云计算技术已经普遍服务于如今的互联网服务中,最为常见的就是网络搜索引擎和网络邮箱。

大家最熟悉的搜索引擎莫过于谷歌和百度,在任何时刻,只要通过移动终端或浏览器就可以在搜索引擎上搜索自己想要的任何资源,通过云端共享数据资源。网络邮箱也是如此,在过去,发一封信件是一件比较麻烦的事情,收件者还需要等待很长时间,而在云计算技术和网络技术的推动下,电子邮箱成为社会生活的一部分,只要在网络环境下,就可以实现实时的邮件收发。其实,云计算技术已经融入现今的社会生活。下面列举云计算的相关应用。

1. 存储云

云计算存储云,又称云存储,是在云计算技术上发展起来的一种新的存储技术。云存储是一个以数据存储和管理为核心的云计算系统。用户可以将本地的资源上传至云端,可以在任何地方连入互联网来获取云上的资源。大家所熟知的谷歌、微软等大型网络公司均有存储的服务,在国内,百度云和微云则是市场占有量最大的存储云。存储云向用户提供了存储容器服务、备份服务、归档服务和记录管理服务等,大大方便了使用者对资源的管理。

2. 医疗云

医疗云,是指在云计算、移动技术、多媒体、4G/5G 通信、大数据及物联网等新技术基础上,结合医疗技术,使用"云计算"来创建医疗健康服务云平台,实现医疗资源的共享、医疗范围的扩大。因为运用与结合云计算技术,医疗云提高了医疗机构的效率,方便居民就医。像现在医院的预约挂号、电子病历、医保等都是云计算与医疗领域结合的产物,医疗云还具有数据安全、信息共享、动态扩展、布局全国的优势。

3. 金融云

金融云,是指利用云计算的模型,将信息、金融和服务等功能分散到庞大分支机构构成的互联网"云"中,旨在为银行、保险和基金等金融机构提供互联网处理和运行服务,同时共享互联网资源,从而解决现有问题并且达到高效、低成本的目标。2013 年 11 月 27 日,阿里云整合阿里巴巴集团旗下资源并推出阿里金融云服务。其实,这就是现在基本普及的快捷支付,因为金融与云计算的结合,因此只需要在手机上简单操作,就可以完成银行存款、购买保险和基金买卖。现在,不仅阿里巴巴集团推出了金融云服务,像苏宁、腾讯等企业均推出了自己的金融云服务。

4. 教育云

教育云,实质上是指教育信息化的发展。教育云可以将所需要的任何教育硬件资源虚拟化,然后将其传入互联网中,以向教育机构和学生教师提供一个方便快捷的平台。现在流行的慕课就是教育云的一种应用。慕课(MOOC),指的是大规模开放的在线课程。现阶段慕课的三大优秀平台为 Coursera、edX 以及 Udacity,在国内,中国大学 MOOC 也是非常好的平台。2013 年 10 月 10 日,清华大学推出 MOOC 平台——学堂在线,许多大学现已使用"学堂在线"开设一些 MOOC 课程。

5. IDC 云

IDC 云是在 IDC 原有数据中心的基础上,加入更多云的基因,如系统虚拟化技术、自动化管理技术和智慧的能源监控技术等。通过 IDC 的云平台,用户能够使用到虚拟机和存储等资源。还有,IDC 可以通过引入新的云技术来提供许多新的、具有一定附加值的服务,如 PaaS 等。现在,已成型的 IDC 云有 Linode 和 Rackspace 等。

6. 企业云

企业云非常适合于那些需要提升内部数据中心的运维水平和希望能使整个 IT 服务更围绕业务展开的大中型企业。相关的产品和解决方案有 Cisco 的 UCS 和 VMware 的 vSphere、IBM 的 WebSphere CloudBurst Appliance 等。

7. 云存储系统

云存储系统可以解决本地存储在管理上的缺失,降低数据的丢失率,它通过整合网络中多种存储设备来对外提供云存储服务,并能管理数据的存储、备份、复制和存档,云存储系统非常适合那些需要管理和存储海量数据的企业。

8. 虚拟桌面云

虚拟桌面云可以解决传统桌面系统高成本的问题,它利用了现在成熟的桌面虚拟化技术,更加稳定和灵活,而且系统管理员可以统一地管理用户在服务器端的桌面环境,该技术比较适合那些需要使用大量桌面系统的企业。

9. 开发测试云

开发测试云可以解决开发测试过程中的棘手问题,其通过友好的 Web 界面,可以预约、部署、管理和回收整个开发测试的环境,通过预先配置好(包括操作系统、中间件和开发测试软件)的虚拟镜像来快速地构建一个个异构的开发测试环境,通过快速备份/恢复等虚拟化技术来重现问题,并利用云的强大的计算能力对应用进行压力测试,比较适合那些需要开发和测试多种应用的组织和企业。

10. 大规模数据处理云

大规模数据处理云能对海量的数据进行大规模的处理,可以帮助企业快速进行数据分析,发现可能存在的商机和存在的问题,从而做出更好、更快和更全面的决策。其工作过程是大规模数据处理云通过将数据处理软件和服务运行在云计算平台上,利用云计算的计算能力和存储能力对海量的数据进行大规模的处理。

11. 协作云

协作云是云供应商在 IDC 云的基础上或者直接构建一个专属的云,在这个云搭建整套的协作软件,并将这些软件共享给用户,非常适合那些需要一定的协作工具但不希望维护相关的软硬件和支付高昂的软件许可证费用的企业与个人。

12. 游戏云

游戏云是将游戏部署至云中的技术,目前主要有两种应用模式。一种是基于 Web 游戏模式,如使用 JavaScript、Flash 和 Silverlight 等技术,并将这些游戏部署到云中,这种解决方案比较适合休闲游戏;另一种是为大容量和高画质的专业游戏设计的,整个游戏都将在云中运行,但会将最新生成的画面传至客户端,比较适合专业玩家。

13. HPC 云

HPC 云能够为用户提供可以完全定制的高性能计算环境,用户可以根据自己的需求来改变计算环境的操作系统、软件版本和节点规模,从而避免与其他用户的冲突,并可以成为网格计算的支撑平台,以提升计算的灵活性和便捷性。HPC 云特别适合需要使用高性能计算,但缺乏巨资投入的普通企业和学校。

14. 云杀毒

云杀毒技术可以在云中安装附带庞大的病毒特征库的杀毒软件,当发现有嫌疑的数据时,杀毒软件可以将有嫌疑的数据上传至云,并通过云中庞大的特征库和强大的处理能力来分析这个数据是否含有病毒,非常适合那些需要使用杀毒软件来捍卫其计算机安全的用户。

云计算具有广阔的发展前景,相关的各项关键技术也在迅速发展。首先,当前的云计算系统的能耗过大,因此,减少能耗,提高能源的使用效率,建造高效的冷却系统是当前面临的一个主要问题。例如,谷歌数据中心的能耗相当于一个小型城市的总能耗。因为,过大的能耗使得数据中心内发热量剧增,要保证云计算系统的正常运行,必须使用高效的冷却系统来保持数据中心在可接受的温度范围内运行。其次,云计算对面向市场的资源管理方式的支持有限。可以加强相应的服务等级协议,使用户和服务提供者能更好地协商提供的服务质量。另外,需要对云计算的接口进行标准化并且制定交互协议。这样可以支持不同云计算服务提供者之间进行交互,相互合作提供更加强大和更好的服务。再者,需要开发出更易用的编程环境和编程工具,这样可以更方便地创建云计算应用,拓展云计算的应用领域。最后,虽然云计算还有很多问题需要解决,但是云计算必将得到更大的发展。

2.2　物联网

物联网(Internet of Things)是一个基于互联网、传统电信等信息承载体,是让所有能够被独立寻址的普通物理对象实现互联互通的网络,它具有普通对象设备化、自治终端互联化和普适服务智能化 3 个重要特征。

2.2.1 物联网概述

物联网指的是将各种信息传感设备,如射频识别(Radio Frequency Identification,RFID)、红外感应器、全球定位系统、激光扫描器等信息传感设备,按约定的协议,把相关物品与互联网连接起来,进行信息采集、交换和通信,以实现智能化识别、定位、跟踪、监控和管理的一种网络。这是一个未经官方审定但在国内被普遍应用的物联网定义。物联网与之前的无线传感器网络有相似之处,不过物联网不是无线传感器网络,两者之间有很大的差别。一种比较恰当的理解是:物联网是射频技术、无线传感器网络技术、互联网技术融合的产物。随着研究与应用的深入能够为用户提供更为便利、更为深入日常生产与生活,使用户能通过个人手机、个人数字助理(Personal Digital Assistant,PDA)、个人计算机等各种移动终端通过无线(移动通信网、无线局域网、蓝牙、红外等)或有线网络为人们提供便利的服务。

物联网主要功能在于如何将设备、服务、应用程序都连接到互联网,让其发挥更大的作用,至于将什么设备连入物联网以及连入原因几乎没有任何限制。物联网提高生活质量的重要方式在于让数据共享变得更加容易:物联网将有助于简化生活,从长远来看,可以为人们处理一些琐碎的事情。

2.2.2 物联网的发展过程

物联网的实践最早可以追溯到 1990 年施乐公司的网络可乐贩售机——Networked Coke Machine。

1998 年,美国麻省理工学院提出来当时被称为 EPC(Electronic Product Code)系统的物联网构想。紧接着在 1999 年,在 EPC 编码、RFID 技术和互联网的基础上,MIT 的 Auto-ID 中心提出物联网的概念。2003 年 10 月,非营利性组织 EPCglobal 出现(这形成了基于 Internet 的 RFID 系统)。

1999 年,在美国召开的移动计算和网络国际会议首先提出物联网概念,这是当年 MIT 的 Afuto-ID 中心的 Ashton 教授在研究 RFID 时提出来的。他提出了结合物品编码、RFID 和互联网技术的解决方案。当时基于互联网、RFID 技术、EPC 标准,在计算机互联网的基础上,利用射频识别技术、无线数据通信技术等,构造了一个实现全球物品信息实时共享的实物互联网,即 Internet of Things(简称物联网),这也是在 2003 年掀起第一轮华夏物联网热潮的基础。

2003 年,美国《技术评论》提出传感网络技术将是未来改变人们生活的十大技术之首。

2004 年,IETF 处理了基于低功耗无线个域网(LoWPAN)的 IPv6 工作组 6LoWPAN,致力于研究在由 IEEE 802.15.4 链路构成的低功耗无线个域网中如何优化运行 IPv6 协议。这为通过 Internet 直接寻址访问无线传感器网络节点(无须通过网关)提供了可能(使得无限传感器网络走向开放并可能成为一种 Web 服务)。

2005 年 11 月 17 日,在突尼斯举行的信息社会世界峰会(WSIS)上,国际电信联盟(ITU)发布《ITU 互联网报告 2005:物联网》,引用了"物联网"的概念。物联网的定义和范围已经发生了变化,覆盖范围有了较大的拓展,不再只是指基于 RFID 技术的物联网。报告指出,无所不在的"物联网"通信时代即将来临,世界上所有的物体从轮胎到牙刷、从房屋到纸巾都可以通过因特网主动进行交换。射频识别技术、传感器技术、纳米技术、智能嵌入技术将得到更加广泛的应用。

2006 年,美国国家自然科学基金委员会将信息物理融合系统 CPS(Cyber Physical System)作为重点支持的研究课题。CPS 是一个以通信和计算为核心的、集成的监控和协调行动的工程化物理系统,是计算、通信和控制的融合,具备很高的可靠性、安全性和执行效率。CPS 试图突破原有传感器网络系统自成一体、计算设备单一、缺乏开放性等缺点,注重多个系统间的互联互通,强调与互联网的联通,真正实现开放的、动态的、可控的、闭环的计算和服务支持(感知和控制融合使得物联网更加强大,从此需要更加重视控制系统的安全)。

2008 年 9 月,IPSO(IP Smart Object)联盟成立,推进 IP 在智能物体(smart object)中的应用(智能物体可视为一种通用的物联网终端模型,其功能可能是异构的 Hybrid,具有感知、识别、制动灯多重功能)。

2009 年 1 月,奥巴马就任美国总统后,与美国工商业领袖举行了一次"圆桌会议"。作为仅有的两名代表之一的 IBM 首席执行官首次提出了"智慧地球"的概念。依据奥巴马总统的经济恢复法案,2009 年美国能源部宣布投资 45 亿美元打造基于 M2M 技术的实时双向通信的智能电网。在美国除 M2M(Machine-to-Machine)外,最受关注的物联网应用是智能电网和远程医疗。这两个领域都是奥巴马政府低碳经济和医疗改革政策直接推动的结果(美国研究物联网是从具体应用入手的,重视智能电网、远程医疗等物联网的应用)。

IBM 希望"智慧地球"策略能掀起"互联网"浪潮之后的又一次科技产业革命。IBM 前首席执行官郭士纳曾提出一个重要的观点,认为计算模式每隔 15 年发生一次变革。这一判断像摩尔定律一样准确,人们把它称为"十五年周期定律"。1965 年前后发生的变革以大型机为标志,1980 年前后以个人计算机的普及为标志,而 1995 年前后则发生了互联网革命。每一次这样的技术变革都引起企业间、产业间甚至国家间竞争格局的重大动荡和变化。而互联网革命一定程度上是由美国"信息高速公路"战略所催熟。20 世纪 90 年代,美国克林顿政府计划用 20 年时间,耗资 2000 亿~4000 亿美元,建设美国国家信息基础结构,创造了巨大的经济和社会效益。

今天,"智慧地球"战略被不少美国人认为与当年的"信息高速公路"有许多相似之处,同样被他们认为是振兴经济、确立竞争优势的关键战略。该战略能否掀起如当年互联网革命一样的科技和经济浪潮,不仅为美国关注,更为世界所关注。

2.2.3　物联网的特征

物联网是各种感知技术的广泛应用。物联网上部署了海量的多种类型传感器,每个传感器都是一个信息源,不同类别的传感器所捕获的信息内容和信息格式不同。物联网是一种建立在互联网上的泛在网络。物联网技术的重要基础和核心仍旧是互联网,通过各种有线和无线网络与互联网融合,将物体的信息实时准确地传递出去。物联网不仅提供了传感器的连接,其本身也具有智能处理的能力,能够对物体实施智能控制。物联网将传感器和智能处理相结合,利用云计算、模式识别等各种智能技术,扩充其应用领域。从传感器获得的海量信息中分析、加工和处理出有意义的数据,以适应不同用户的不同需求。新的应用领域和应用模式和传统的互联网相比,物联网有其鲜明的特征。

1. 实时性

由于信息采集层的工作可以实时进行,所以,物联网能够保障所获得的信息是实时的真实信息,从而在最大程度上保证了决策处理的实时性和有效性。

2. 大范围

由于信息采集层设备相对廉价,物联网系统能够对现实世界中大范围内的信息进行采集分析和处理,从而提供足够的数据和信息以保障决策处理的有效性,随着 Ad-hoc 技术的引入,获得了无线自动组网能力的物联网进一步扩大了其传感范围。

3. 自动化

物联网的设计愿景是用自动化的设备代替人工,三个层次的全部设备都可以实现自动化控制,因此,物联网系统一经部署,一般不再需要人工干预,既能提高运作效率、减少出错概率,又能够在很大程度上降低维护成本。

4. 全天候

由于物联网系统部署之后自动化运转,无须人工干预,因此,其布设可以基本不受环境条件和气象变化的限制,实现全天候的运转和工作,从而使整套系统更为稳定而有效。

5. 接入对象比较复杂,获取信息更加丰富

当前的信息化,接入对象虽也包括 PC、手机、传感器、仪器仪表、摄像头、各种智能卡等。但主要还是人工操作的 PC、手机、智能卡等,所接入的物理世界信息也较为有限。未来的物联网接入对象包含了更丰富的物理世界,不但包括了现在的 PC、手机、智能卡,而且传感器、仪器仪表、摄像头等更加普及应用,轮胎、牙刷、手表、工业原材料、工业中间产品等物体也因嵌入微型感知设备而被纳入,所获取的信息不仅包括人类社会的信息,也包括更为丰富的物理世界信息,如压力、温度、湿度、体积、重量、密度等。

6. 网络可获得性更高,互联互通更为广泛

当前的信息化,虽然网络基础设施已日益完善,但离"任何人、任何时候、任何地点"都能接入网络的目标还有一定的距离,并且,即使已接入网络的信息系统很多,也并未达到互通,信息孤岛现象较为严重。未来的物联网,不仅基础设施非常完善,网络的随时、随地可获得性大为增强,接入网络的关于人的信息系统互联互通性更高,并且人与物、物与物的信息系统达到了广泛的互联互通,信息共享和相互操作性也达到了很高的水平。信息处理能力更强大,人类与周围世界的相处更为智能化。

当前的信息化,由于数据、计算能力、存储、模型等的限制,大部分信息处理工具和系统还停留在提高效率的数字化阶段,一部分能起到改善人类生产、生活流程的作用,但是能够为人类决策提供有效支持的系统还很少。未来的物联网,不仅能提高人类的工作效率,改善工作流程,而且能够通过运用云计算等思想,借助科学模型,广泛采用数据挖掘等知识发现技术整合和深入分析收集到的海量数据,以获取更加新颖、系统且全面的观点和方法来看待

和解决特定问题。

2.2.4　物联网的关键技术

物联网是未来信息技术的重要组成部分,涉及政治、经济、文化、社会和军事各领域。从原动力来说,主要是国家层面在推动物联网的建设和发展。我国推动物联网发展的主要目的是,在国家统一规划和推动下,在农业、工业、科学技术、国防以及社会生活各个方面应用物联网技术,深入开发、广泛利用信息资源,加速实现国家现代化和由工业社会向信息社会的转型。

对于企业来说,物联网意味着在政策、法规、标准、安全为保障的体系下,争夺物联网人才,开发应用物联网技术的庞大产业。物联网是物联化、智能化的网络,它的技术发展目标是实现全面感知、可靠传递和智能处理。虽然物联网的智能化是体现在各处和全体上,但其技术发展方向的侧重点是智能服务方向。

物联网的关键技术包括:实时信息采集技术,物联网传输技术,物联网海量数据融合、存储与挖掘技术,RFID 标签技术,信息安全技术等。接下来主要介绍物联网这 5 个关键技术。

1. 实时信息采集技术

感知层需要利用传感技术、视频监控技术、射频识别技术、全球定位技术进行各种数据和时间的实时测量、采集、事件收集、数据抓取和识别。同时,感知层还需要完成本地信息的汇聚工作,并将融合后的信息传输至网络层的接入设备。

物联网中大量节点密集分布,海量信息在节点汇聚后上传到上层数据中心进行处理,此时网络通信量巨大,产生的冲突率很高,因此在传输数据的同时应对数据进行处理,汇聚出更符合用户需求的数据,可以减轻网络传输拥塞和减少网络延迟。

网内协作模式的信息聚合以网内节点的协作互助为基本方式。从技术手段来看,信息聚合技术的研究方向主要有空间策略的信息聚合和时间策略的信息聚合。

2. 物联网传输技术

感知层完成信息的采集后需要通过网络层上传到数据中心进行分析处理。如何把时时嵌入系统和传感网紧密结合起来并通过多模式接入、自组织的路由寻址方式实现节点协作数据的传输是未来需要研究突破的核心技术之一。需要指出的是,互联网是网与网之间的无缝连接,这是互联网区别于其他网络的典型特征。但是从物联网的现状来看,目前从技术上尚不能实现像互联网一样,变成一个所有子网都可以无缝接入的全球一体化网络。这说明物联网的核心技术突破还需要很长的一段路要走。

3. 物联网海量数据融合、存储与挖掘技术

将从网络层传输来的多种信息进行优化分析,实行智能化处理并服务于决策。要研究建立统一的数据模型,并将跨域、异构、动态的数据以及数据操作的方法整合在同一模型中,同时对结构化数据、非结构化以及半结构化数据采用不同的方式进行管理。在内部通过目录建立不同类型数据之间的联系,对外通过检测数据的类型,采用不同的方法进行处理,为

多源数据的融合提供标准的格式。另外,要研究、探索海量数据的分布式存储和索引技术,集中有效地对这些数据进行高效管理,实时统一定制给用户,以知识为目标,研究建立知识库以及知识库的快速检索技术。此外,还要深入研究分类、聚类、关联知识挖掘等知识处理方法。

4. RFID 标签技术

RFID 标签也是一种传感器技术,RFID 技术是融合了无线射频技术和嵌入式技术为一体的综合技术,RFID 在自动识别、物品物流管理方面有着广阔的应用前景。智能标签也有人称其为无线射频识别标签,它是标签领域的高新技术产品,如今已在产品包装中发挥重要作用,将逐步替代传统的产品标签和条形码。智能标签是标签领域的新秀,它具有超越传统标签的功能,是电子和计算机等高新技术在标签印制上的结晶。

RFID 系统阅读器将要发送的信息,经编码后加载在某一频率的载波信号上经天线向外发送,进入阅读器工作区域后的电子标签接收此脉冲信号,卡内芯片中的有关电路对此信号进行调制、解码、解密,然后对命令请求、密码、权限等进行判断。若为读命令,控制逻辑电路则从存储器中读取有关信息,经加密、编码、调制后通过卡内天线再发送给阅读器,阅读器对接收到的信号进行解调、解码、解密后送至中央信息系统进行有关数据处理;若为修改信息的写命令,有关控制逻辑引起的内部电荷泵提升工作电压,提供擦写 EEP-ROM 中的内容进行改写,若经判断其对应的密码和权限不符,则返回出错信息阅读器将要发送的信息,经编码后加载在某一频率的载波信号上经天线向外发送,进入阅读器工作区域后的电子标签接收此脉冲信号,卡内芯片中的有关电路对此信号进行调制、解码、解密,然后对命令请求、密码、权限等进行判断。

5. 信息安全技术

信息的无线和有线传输过程中都容易受到主动入侵、被动窃听、伪造、拒绝服务等各种网络攻击,要研究新的数据加密技术、入侵检测技术、防克隆末端设备技术等。此外还要建立适用于分布式网络环境的广义信任评估模型和信任机制。

2.2.5 物联网系统结构

物联网由应用层、网络层和感知层组成,如图 2-2 所示。

1. 感知层

感知层包括传感器等数据采集设备,数据接入网关之前的 RFID 感应方式如图 2-3 所示。

对于目前关注和应用较多的 RFID 网络来说,张贴安装在设备上的 RFID 标签和用来识别 RFID 信息的扫描仪、感应器属于物联网的感知层。在这一类物联网中被检测的信息是 RFID 标签内容,高速公路不停车收费系统、超市仓储管理系统等都基于这一类物联网。

用于场环境信息收集的智能微尘(smart dust)网络,感知层由智能传感节点和接入网关组成,智能节点感知信息(温度、湿度、图像等),并自行组网传递到上层网关接入点,由网关将收集到的感应信息通过网络层提交到后台处理。环境监控、污染监控等应用基于这一

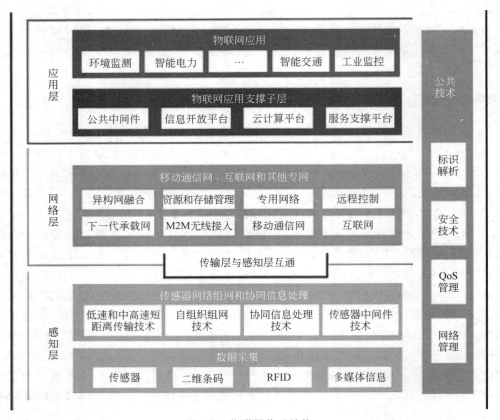

图 2-2   物联网体系结构

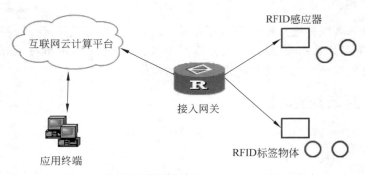

图 2-3   物联网感知层结构——RFID 感应方式

类物联网,如图 2-4 所示。

感知层是物联网发展和应用的基础,RFID 技术、传感和控制技术、短距离无线通信技术是感知层涉及的主要技术,其中包括芯片研发、通信协议研究、RFID 材料、智能节点供电等细分技术。

2.网络层

物联网的网络层将建立在现有的移动通信网和互联网基础上。物联网通过各种接入设

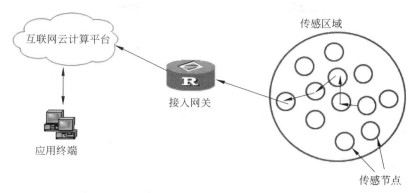

图 2-4　物联网感知层结构——自组网多跳方式

备与移动通信网和互联网相连,如手机付费系统中由刷卡设备将内置手机的 RFID 信息采集上传到互联网,网络层完成后台鉴权认证并从银行网络划账。

网络层包括信息存储查询、网络管理等功能。

网络层中的感知数据管理与处理技术是实现以数据为中心的物联网的核心技术。感知数据管理与处理技术包括传感网数据的存储、查询、分析、挖掘、理解以及基于感知数据决策和行为的理论和技术。云计算平台作为海量感知数据的存储、分析平台,将是物联网网络层的重要组成部分,也是应用层众多应用的基础。

在产业链中,通信网络运营商将在物联网网络层占据重要的地位。正在高速发展的云计算平台将是物联网发展的又一助力。

3. 应用层

物联网应用层利用经过分析处理的感知数据,为用户提供丰富的特定服务。物联网的应用可分为监控型(物流监控、污染监控),查询型(智能检索、远程抄表),控制型(智能交通、智能家居、路灯控制),扫描型(手机钱包、高速公路不停车收费)等。

应用层是物联网发展的目的,软件开发、智能控制技术将会为用户提供丰富多彩的物联网应用。各种行业和家庭应用的开发将会推动物联网的普及,也给整个物联网产业链带来利润。

2.2.6　物联网的应用

被誉为"新四大发明"之一的五颜六色的共享单车在大街小巷扩展规模;"智能锁"的快捷提高了人们的出行效率;农民也在改变"面朝黄土背朝天"的劳作模式,点点鼠标刷刷手机,足不出户便可"掌握"温室大棚中农作物生长环境,进行实时控制调整;高速上的 ETC 不停车收费系统,减少了车辆等待的时间……这些改变人们生产生活方式的操作背后的技术支撑是什么呢? 那就是风头正劲的"物联网"。

如今,物联网经过多年的发展,已经开始从概念走向落地,它的商业价值与应用前景得到了越来越多企业的认可,吸引了中外巨头和其他企业在多个领域争相布局。有了物联网技术的加持,人类能够以更加精细的方式管理生产和生活,提高资源利用率和生产力水平,改善人与自然的关系。

1. 工业领域

工业领域是目前物联网项目最多的应用领域,因为工业领域所涵盖的能够联网的事物最丰富,如印刷设备、车间机械、矿井与厂房。其中,工业物联网的应用集中在石油、天然气与工厂环境。英特尔公司为美国俄勒冈州的一家芯片制造厂安装了 200 台无线传感器,用来监控部分工厂设备的振动情况,并在测量结果超出规定时提供监测报告。通过对危险区域/危险源(如矿井、核电厂)进行安全监控,能有效地遏制和减少恶性事件的发生。

2. 医疗领域

目前,物联网技术在医疗行业中的应用包括人员管理智能化、医疗过程智能化、供应链管理智能化、医疗废弃物管理智能化以及健康管理智能化。其中,最典型的应用就是可穿戴设备,这种帮助用户实现个性化的自我健康管理的设备已经成为很多注重健康人士的新宠。

美敦力公司去年的一款自动胰岛素泵 MiniMed 670G 是物联网传感技术在医疗领域应用的佳作。MiniMed 670G 配备了血糖传感器,释放胰岛素的泵以及能查看数据的显示仪,血糖传感器每 5 分钟就会透过皮下软针所接收的血液来测量患者血糖,并将数据传递到胰岛素泵,集成有判断逻辑的泵会基于血糖值来判断是否释放胰岛素、释放多少胰岛素,这些数据还会同步上传云端,为后续专业医护人员的介入创造了条件。

3. 智能交通与车联网

当前,物联网应用于智能交通已见雏形,在未来几年将具有极强的发展潜力。物联网在智能交通的应用包括实时监控系统、自动收费系统、智能停车系统和实时车辆跟踪系统,可以自动检测并报告公路、桥梁的健康状况,并能帮助交通运输业缓解能耗、污染以及拥堵问题。

美国交通运输部提出了"国家智能交通系统项目规划",预计到 2025 年全面投入使用。该系统综合运用大量传感器网络,配合 GPS 系统、区域网络系统等资源,实现对交通车辆的优化调度,并为个体交通推荐实时的、最佳的行车路线服务。

同时,现代车辆正逐渐成为物联网重要的一部分,运用物联网技术可以透过感测装置捕捉车辆、驾驶、乘客、周围环境的相关信息,开创前所未有的人性化行车体验,例如科技巨头谷歌,以及特斯拉、丰田、奔驰、BMW 等国际重量级车厂,还有国内的百度等企业,都已纷纷投入智能车、无人驾驶车的开发,如图 2-5 所示。

物联网解决了智能家居中设备联网的问题。我国已经有很多不同领域的厂商开始涉足智能家居行业,包括互联网科技厂商、传统家电厂商以及互联网巨头。

2017 年 3 月,海尔发布了全球首套由互联互通的智慧家电构成的智慧家庭,让智能家居从梦想落地到现实。各种电器间的相互通信,让生活更舒适、简单;智能家电和用户间的交互,可以根据用户个性化需求主动提供服务,如洗碗机可以根据菜谱自动选择相应的洗涤程序。

除了海尔智慧家居这种整套操作系统,智能电视、智能音箱等智能硬件也可以当作智能家居的控制中心和枢纽,例如国外的亚马逊 Echo、谷歌 Home、苹果 HomePod 等,国内的暴风大耳朵、阿里巴巴天猫精灵等都有此发展趋势。"人工智能+物联网"将掀起改变生活方

图 2-5　谷歌无人车智能家居

式的狂潮。

4.智慧物流

智慧物流是把条形码、射频识别技术、传感器、全球定位系统等物联网技术,广泛应用于物流业运输、仓库、配送、包装、装卸等环节。智慧物流的崛起离不开电商爆发的催化,更离不开物联网技术的加持。

过去物流仓库爆仓和干线压力是头等问题,特别是在"双 11""双 12"购物节,在 2016 年"双 11 前",各大物流企业的应对措施中就包括不少的智慧物流技术。例如,京东在 2016 年首次引进智能机器人设备,机器人仓、机器人分拣中心两个自动化设备在"双 11"期间启用,如图 2-6 所示,单台自动分拣设备最高处理量可达到 2 万件/小时。京东目前在全国范围的自动分拣设备的日均处理量已达到百万件以上。

图 2-6　京东分拣机器人

以上只是物联网的部分应用场景,实际上,物联网已经与很多传统行业结合,形成"物联网＋"的新业态、新模式。例如,近来在新零售领域,"无人便利店"已经成为新风口,吸引资本争相追逐。此外,物联网技术在农业、教育、环保、公共安全等领域也得到了应用。2016 年被称为物联网元年,2017 年物联网的发展更是突飞猛进。据国际数据公司(IDC)的最新预测显示,2017 年全球物联网消费支出将达到 8000 亿美元,并有望在未来五年后超过 1.4 万亿美元。目前,我国近 30 个城市将物联网作为新兴战略产业,物联网进入快速发展时期。美国市场研究公司 Gartner 发布的数据显示,到 2020 年,全球联网设备数量将达 260 亿台,物联网市场规模将达 1.9 万亿美元。近日,Gartner 还认为物联网平台将在未来 2～5 年内达到生产成熟期,成为赋能企业机构的关键。

可以简单设想一下,在不远的将来,车是无人驾驶的,包裹是机器人投递的,沟通是全息的,生产是柔性的,顾客是精准的……物联网把虚拟的数字世界与现实的物质世界整合为一,处于这一网络中的物品都像被赋予了读心术一般,不仅能感知用户的需求,更能自动根据判断做出响应。物联网把人和物、物和物连接起来,使得整个世界变得更像一个生命体。

虽然,目前关于物联网的应用场景还在试验探讨阶段,但随着 5G 等其他关键技术的快速发展,以及国家政策和企业的大力推进,物联网的起飞,将指日可待。

2.3　大数据、云计算与物联网三者之间的关系

随着信息技术的发展,一些旧技术已经跟不上这个时代的发展。庞大的用户数字充斥着网络,给 ISP 的运营带来了商机,但是也带来了问题。如何让用户高速地连接网络并分享资源,成为各级服务商和设备提供商一个必须解决的课题。3G、4G、5G、WiFi 等技术的相继出现,一定程度缓解了客户和服务商的供求关系,但是还不能真正满足用户需求,所以又出现了云计算、物联网等新一代技术。

物联网是通过各种信息传感设备传递信息的。它的核心依然是互联网,是在互联网上的拓展和延伸,但是它的用户端依靠物与物进行信息传递,因此可以定义为通过射频识别(RFID)、红外感应器、全球定位系统、激光扫描器等信息传递设备按约定协议,把任何物体与互联网相连,进行信息交换和通信,以实现物体的智能化识别、定位、跟踪、监控、管理的一种网络。

云计算是基于因特网的一种超级计算模式,在远程的数据中心里,成千上万的计算机和服务器连成一片云。因此,云计算可以让用户感受高速运算的速度,它拥有强大的计算能力可以模拟一些实验,使普通计算机达到大型机的要求。

云计算、大数据和物联网代表了 IT 领域最新的技术发展趋势,三者既有区别又有联系。云计算最初主要包括两类含义:一类是以谷歌的 GFS 和 MapReduce 为代表的大规模分布式并行计算技术;另一类是以亚马逊的虚拟机和对象存储为代表的“按需租用”的商业模式。云计算、大数据和物联网随着大数据概念的提出,云计算中的分布式计算技术开始更多地被列入大数据技术,而人们提到云计算时,更多指的是底层基础 IT 资源的整合优化以及以服务的方式提供 IT 资源的商业模式(如 Iaas、PaaS、SaaS)。

从云计算和大数据概念的诞生到现在,二者之间的关系非常微妙,既密不可分,又千差万别。因此,不能把云计算和大数据割裂开来作为截然不同的两类技术来看待。此外,物联网也是和云计算、大数据相伴相生的技术。

云计算、大数据和物联网三者已经彼此渗透、相互融合,在很多应用场合都可以同时看到三者的身影,在未来,三者会继续相互促进、相互影响,更好地服务于社会生产和生活的各个领域。

下面总结一下三者的区别与联系。

1. 大数据、云计算和物联网的区别

大数据、云计算和物联网的区别如下。

（1）物联网是互联网大脑的感觉神经系统。

因为物联网重点突出了传感器感知的概念，同时它也具备网络线路传输、信息存储和处理，行业应用接口等功能。而且也往往与互联网共用服务器、网络线路和应用接口，使人与人（Human to Human，H2H），人与物（Human to Thing，H2T）、物与物（Thing to Thing，T2T）之间的交流变成可能，最终将使人类社会、信息空间和物理世界（人、机、物）融为一体。

（2）云计算是互联网大脑的中枢神经系统。

在互联网虚拟大脑的架构中，互联网虚拟大脑的中枢神经系统是将互联网的核心硬件层、核心软件层和互联网信息层统一起来为互联网各虚拟神经系统提供支持和服务。从定义上看，云计算与互联网虚拟大脑中枢神经系统的特征非常吻合。在理想状态下，物联网的传感器和互联网的使用者通过网络线路和计算机终端与云计算进行交互，向云计算提供数据，接受云计算提供的服务。

（3）大数据是互联网智慧和意识产生的基础。

随着博客、社交网络以及云计算、物联网等技术的兴起，互联网上数据信息正以前所未有的速度增长和累积。互联网用户的互动，企业和政府的信息发布，物联网传感器感应的实时信息每时每刻都在产生大量的结构化和非结构化数据，这些数据分散在整个互联网网络体系内，体量极其巨大。这些数据中蕴含了对经济、科技、教育等领域非常宝贵的信息。这就是互联网大数据兴起的根源和背景。

与此同时，深度学习为代表的机器学习算法在互联网领域的广泛使用，使得互联网大数据开始与人工智能进行更为深入的结合，其中就包括在大数据和人工智能领域领先的世界级公司，如百度、谷歌、微软等。2011年，谷歌开始将"深度学习"运用在自己的大数据处理上，互联网大数据与人工智能的结合为互联网大脑的智慧和意识产生奠定了基础。

（4）工业4.0或工业互联网本质上是互联网运动神经系统的萌芽。

互联网中枢神经系统也就是云计算中的软件系统控制工业企业的生产设备。家庭的家用设备、办公室的办公设备，通过智能化、3D打印、无线传感等技术使机械设备成为互联网大脑改造世界的工具。同时，这些智能制造和智能设备也源源不断地向互联网大脑反馈大数据，供互联网中枢神经系统决策使用。

（5）互联网+的核心是互联网进化和扩张，反映互联网从广度、深度融合和介入现实世界的动态过程。

大数据侧重于海量数据的存储、处理与分析，从海量数据中发现价值，服务于生产和生活；云计算本质上旨在整合和优化各种IT资源，并通过网络以服务的方式廉价提供给用户；物联网的发展目标是实现物物相连，应用创新是物联网发展的核心。

2. 大数据、云计算和物联网的联系

从整体上看，大数据、云计算和物联网这三者是相辅相成的。大数据根植于云计算，大数据分析的很多技术都来自云计算，云计算的分布式数据存储和管理系统（包括分布式文件系统和分布式数据库系统）提供了海量数据的存储和管理能力，分布式并行处理框架

MapReduce 提供了海量数据分析能力,没有这些云计算技术作为支撑,大数据分析就无从谈起。反之,大数据为云计算提供了"用武之地",没有大数据这个"练兵场",云计算技术再先进,也不能发挥它的应用价值。

物联网的传感器源源不断产生的大量数据,构成了大数据的重要来源,没有物联网的飞速发展,就不会带来数据产生方式的变革,即由人工产生阶段向自动产生阶段的变革,大数据时代也不会这么快就到来。同时,物联网需要借助于云计算和大数据技术,实现物联网大数据的存储、分析和处理。云计算、大数据和物联网,三者会继续相互促进、相互影响,更好地服务于社会生产和生活的各个领域,如图 2-7 所示。

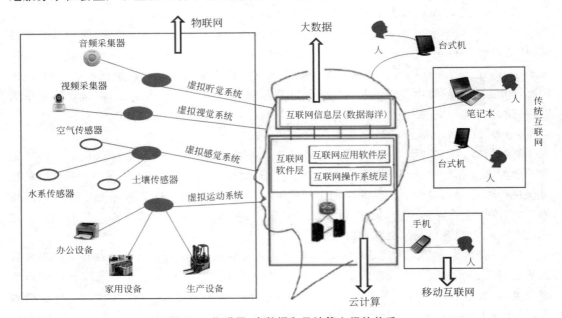

图 2-7　物联网、大数据和云计算之间的关系

由图 2-7 可以看出,物联网对应了互联网的感觉和运动神经系统。大数据代表了互联网的信息层,是互联网智慧和意识产生的基础。云计算是互联网的核心硬件层和核心软件层的集合,也是互联网中枢神经系统萌芽。物联网、云计算和大数据三者互为基础,物联网产生大数据,大数据需要云计算。物联网在将物品和互联网连接起来,进行信息交换和通信,以实现智能化识别、定位、跟踪、监控和管理的过程中,产生的大量数据,云计算解决万物互联带来的巨大数据量,因此,三者互为基础,又相互促进。如果不那么严格地说,三者可以看作一个整体,相互发展、相互促进。

云计算是为了解决大开发、大数据下的实际运算问题,大数据是为了解决海量数据分析问题,物联网是为了解决设备与软件的融合问题,可见,它们之间的关系是互相关联、互相作用的:物联网是很多大数据的来源(设备数据),而大量设备数据的采集、控制、服务要依托云计算,设备数据的分析要依赖于大数据,而大数据的采集、分析同样依托云计算,物联网反过来能为云计算提供 ISSA 层的设备和服务控制,大数据分析又能为云计算所产生的运营数据提供分析、决策依据。

云计算和大数据和物联网三者互为基础云计算和大数据解决了万物互联带来的巨大数

据量,物联网为云计算和大数据提供了足够的基础数据。试想一下,如果物联网没有了大数据和云计算的支持,那么万物互联带来的巨大数据量将得不到处理,物联网最重要的功能——收集数据,将毫无用处,万物互联也就完全没有意义了。相同道理,对于大数据和云计算,没有万物互联带来的巨大数据量,就称不上大数据;没有广大的网络连接覆盖,云计算也没有任何用处。

这些新技术可以最大化地服务于民,用之于民。它们的诞生加速了信息产业的发展,促进了社会的进步,让大数据的世界变得更加完美。大数据作为基础,物联网、云计算彼此补充是当今信息世界的发展趋势,目的是实现真正的数字化世界。

2.4　本章小结

本章首先介绍了云计算和物联网的概念、关键技术和应用技术,最后分析了大数据、云计算与物联网三者之间微妙的关系,它们密不可分,相互促进发展,带动各行各业进步,让社会更加智能化、科学化。

总之,物联网是指把所有物品通过射频识别等信息传感设备与互联网连接起来,实现智能化识别和管理;云计算是指利用互联网的分布性等特点来进行计算和存储。前者是对互联网的极大拓展,而后者则是一种网络应用模式,两者存在着较大的区别。但是,对于物联网来说,本身需要进行大量而快速的运算,云计算带来的高效率的运算模式正好可以为其提供良好的应用基础。没有云计算的发展,物联网也就不能顺利实现,而物联网的发展又推动了云计算技术的进步,两者缺一不可。云计算与物联网的结合是互联网络发展的必然趋势,它将引导互联网和通信产业的发展,并将在 3～5 年内形成一定的产业规模,相信越来越多的公司、厂家会对此进行关注。与物联网结合后,云计算才算是真正意义上的从概念走向应用,进入产业发展的"蓝海"。

物联网的终极效果是万物互联,不仅是人机和信息的交互,还有更深入的生物功能识别读取等。不管是人工智能,还是大数据、物联网、云计算,它们彼此依附相互助力,藕不断丝且相连,合力搭档在一起:给未来多一些可能,给未知多一些可能,给不可能多一些可能。通过物联网产生、收集海量的数据存储于云平台,再通过大数据分析,甚至更高形式的人工智能可以为人类的生产、生活所需提供更好的服务。这或许是第四次工业革命进化的方向!

习　　题

1. 总结云计算的定义及其特点。
2. 云计算应用带给人们的好处有哪些?
3. 总结物联网的发展。
4. 物联网的关键技术和应用有哪些?
5. 简述大数据、云计算与物联网三者之间的关系。
6. 在云计算、物联网的发展中,你有什么好的建议?

第 3 章

大数据架构与Hadoop

为了满足大数据处理的需要,Hadoop 大数据软件平台应运而生。Hadoop 作为当下最具有代表性的大数据分布式存储和分布式并行计算的软件框架,在业界已经得到广泛的应用。在 Hadoop 基础上,很多企业推出了各自的大数据商业解决方案。因此,Hadoop 已经成为企业大数据应用的事实标准。本章首先介绍大数据常用的几种架构和解决方案,然后介绍 Hadoop 的生态系统及其各个组件,最后系统介绍 Hadoop 的安装和配置。

3.1 大数据架构

3.1.1 大数据架构概述

大数据可以通过许多方式来存储、获取、处理和分析。大数据的数据来源也有不同的特征,包括数据的类型、频率、量、速度以及真实性等。在对大数据进行处理和存储时,会涉及更多维度的考虑,如治理、安全性和策略等。选择一种大数据架构并构建合适的大数据解决方案极具挑战,因为需要考虑非常多的因素。

本书讲的大数据架构主要基于 Hadoop 体系的架构。当前,Hadoop 架构技术的成熟和生态的完备使其成为大数据平台架构的标准配置。通过不同组件的搭建,构建从底层数据源、数据接入、数据预处理、分布式数据存储、分布式资源管理、分布式计算、数据建模和共享分发等一套完善的大数据处理架构。

近年,以 Hadoop 体系为首的大数据分析平台逐渐表现出优异性,围绕 Hadoop 体系的生态圈也不断变大,很多企业推出了各种大数据的解决方案,从根本上解决了传统数据仓库的瓶颈问题。基于大数据架构的数据平台可以重点从以下 3 方面去解决传统数据仓库做数据分析面临的瓶颈问题。

(1) 分布式计算。分布式计算的思路是让多个节点并行计算,并且强调数据本地性,尽可能减少数据的传输,例如 Spark 通过 RDD 的形式来表现数据的计算逻辑,可以在 RDD 上做一系列的优化,来减少数据的传输。

(2) 分布式存储。所谓分布式存储,指的是将一个大文件拆成 N 份,每一份独立地放到一台机器上,这里就涉及文件的副本、分片,以及管理等操作,涵盖了分布式存储主要的优化动作。

(3) 检索和存储的结合。在早期的大数据组件中,存储和计算相对较单一,但是目前更多的方向是在存储上做更多的工作,让查询和计算更加高效。对于计算来说,高效不外乎就是查找数据快,读取数据快,所以目前的存储不仅存储数据内容,同时会添加很多元信息,例如索引信息。

3.1.2 数据类型

从数据的结构特点来看,可以将数据分为结构化数据、非结构化数据以及半结构化数据三类。在现有大数据的存储中,仅有 15% 左右的数据为结构化数据,剩下的数据为半结构化和非结构化数据。当今,全球每年非结构化和半结构化数据的增长速度已经远远超过了结构化数据的增长速度,随着大数据的飞速发展,非结构化数据比例还会不断提高。

1. 结构化数据

简单来说,结构化数据就是行数据,就是被存储在关系数据库里的数据,可以用二维表结构来逻辑表达实现的数据。所有的关系数据库,如 Oracle、DB2、MySQL、SQL Server 中的数据都是结构化数据。在日常生活中,常见的有企业计划系统(Enterprise Resource Planning,ERP)、财务系统、医院医疗信息系统(Hospital Information System,HIS)、教育一卡通以及其他核心数据库等。这些应用需要包括高速存储应用需求、数据备份需求、数据共享需求以及数据容灾需求。

2. 非结构化数据

随着 Web 2.0 时代的到来,在淘宝、微信、Twitter 等平台上,每时每刻都在产生大量的非结构化数据,非结构化数据的数据量与日俱增,基于二维表的传统数据库已经不能有效存储这些海量的非结构化数据,因此,非结构化数据库应运而生。

非结构化数据库是指其字段长度可变,并且每个字段的记录又可以由可重复或不可重复的子字段构成的数据库,用它不仅可以处理结构化数据,如数字、符号等信息,而且更适合处理非结构化数据,如图像、图片、声音、文本、影视、超媒体等。

不能用数据库二维逻辑表来表现的数据即称为非结构化数据,包括所有格式的办公文档、文本、图片、标准通用标记语言下的子集 XML、HTML、各类报表、图像和音频/视频信息等。此类数据不仅不容易收集和管理,而且还不能直接进行查询和分析。

3. 半结构化数据

所谓半结构化数据,就是介于完全结构化数据和完全无结构的数据之间的数据,如 HTML 文档、报表、XML、JSON、日志数据文件等就属于半结构化数据。此种数据中的每一条记录可能会有预定义的规范,但是包含的信息可能具有不同的字段数、字段名,甚至包含着不同的嵌套格式,此类数据的输出形式一般为纯文本形式,方便管理和维护,如图 3-1 的 XML 文档。它一般是自描述的,数据的结构和内容混在一起,没有明显的区别。

4. 各类数据的区别

可以从以下 3 方面来区分结构化数据、半结构化数据、非结构化数据的不同。

1) 数据模型

各类数据的数据模型和基本特征如下。

```
1  <person>
2
3      <name>A</name>
4
5      <age>13</age>
6
7      <gender>female</gender>
8
9  </person>
```

图 3-1　XML 文档

(1) 结构化数据：二维表(关系型)。

(2) 半结构化数据：树、图。

(3) 非结构化数据：无。

2) 关系数据库系统(RMDBS)的数据模型

RMDBS 的数据模型包括网状数据模型、层次数据模型和关系模型。

3) 不同类型数据的形成过程

(1) 结构化数据：先有结构，再有数据。

(2) 半结构化数据：先有数据，再有结构。

3.1.3　大数据架构及数据解决方案

1. 几种常用的大数据架构

目前，基于 Hadoop 体系的大数据架构有以下几种。

1) 传统大数据架构

之所以叫传统大数据架构，是因为其定位是为了解决传统商业智能(Business Intelligence,BI)的问题，简单来说，数据分析的业务没有发生任何变化，但是因为数据量、性能等问题导致系统无法正常使用，需要进行升级改造，那么此类架构便是为了解决这个问题。其依然保留了抽取、转换、装载(Extract-Transformation-Load,ETL)的动作，将数据经过 ETL 动作进入数据存储。

(1) 优点：简单，易懂。对于 BI 系统来说，基本思想没有发生变化，变化的仅仅是技术选型，用大数据架构替换 BI 的组件。

(2) 缺点：对于大数据来说，没有 BI 下如此完备的 Cube 架构，虽然目前有 Kylin，但是 Kylin 的局限性非常明显，远远没有 BI 下的 Cube 的灵活度和稳定度，因此对业务支撑的灵活度不够，所以对于存在大量报表，或者复杂的、钻取的场景，需要太多的手工定制化，同时该架构依旧以批处理为主，缺乏实时的支撑。

(3) 适用场景：数据分析需求依旧以 BI 场景为主，但是因为数据量、性能等问题无法满足日常使用。

2) 流式架构

在传统大数据架构的基础上，流式架构非常激进，直接去掉了批处理，数据全程以流的形式处理，所以在数据接入端没有了 ETL，转而替换为数据通道。经过流处理加工后的数据,以消息的形式直接推送给消费者。虽然有存储部分,但是该存储更多的是以窗口的形式进行存储,所以该存储并非发生在数据湖,而是在外围系统。

(1) 优点:没有臃肿的 ETL 过程,数据的实效性非常高。

(2) 缺点:对于流式架构来说,不存在批处理,因此对于数据的重播和历史统计无法很好地支撑。对于离线分析仅支撑窗口之内的分析。

(3) 适用场景:预警,监控,对数据有有效期要求的情况。

3) Lambda 架构

Lambda 架构是大数据系统里面举足轻重的架构,大多数架构基本都是 Lambda 架构或者基于其变种的架构。Lambda 的数据通道分为两条分支:实时流和离线。实时流依照流式架构,保障了其实时性;离线则以批处理方式为主,保障了最终一致性。流式处理为保障数据的实效性,更多的是处理实时增量数据流;批处理层则对数据进行全量运算,保障其最终的一致性,因此,Lambda 最外层有一个实时层和离线层合并的动作,此动作是 Lambda中非常重要的一个动作。

(1) 优点:既有实时又有离线,对于数据分析场景涵盖得非常到位。

(2) 缺点:离线层和实时流虽然面临的场景不相同,但是其内部处理的逻辑却是相同的,因此有大量冗余和重复的模块存在。

(3) 适用场景:同时存在实时和离线需求的情况。

4) Kappa 架构

Kappa 架构在 Lambda 的基础上进行了优化,删除了批处理系统的架构,数据只需通过流式传输系统快速提供。因此,对于 Kappa 架构来说,依旧以流处理为主,但是数据却在数据湖层面进行了存储,当需要进行离线分析或者再次计算时,将数据湖的数据再次经过消息队列重播一次则可。

(1) 优点:Kappa 架构解决了 Lambda 架构里面的冗余部分,以数据可重播的超凡脱俗的思想进行了设计,整个架构非常简洁。

(2) 缺点:虽然 Kappa 架构看起来简洁,但实施难度相对较高,尤其是对于数据重播部分。

(3) 适用场景:和 Lambda 类似,该架构是针对 Lambda 的优化。

5) Unifield 架构

以上架构都是围绕海量数据处理为主,Unifield 架构则更激进,将机器学习和数据处理融为一体,从核心上来说,Unifield 依旧以 Lambda 为主,不过对其进行了改造,在流处理层新增了机器学习层。数据在经过数据通道进入数据湖后,新增了模型训练部分,并且将其在流式层进行使用。同时流式层不单使用模型,也包含着对模型的持续训练。

(1) 优点:Unifield 架构提供了一套数据分析和机器学习结合的架构方案,非常好地解决了机器学习如何与数据平台进行结合的问题。

(2) 缺点:Unifield 架构实施复杂度更高,对于机器学习架构来说,从软件包到硬件部署都和数据分析平台有着非常大的差别,因此在实施过程中的难度系数更高。

(3) 适用场景:有着大量数据需要分析,同时对机器学习方面又有着非常大的需求。

以上几种大数据架构为目前数据处理领域使用比较多的架构,当然还有很多其他架构,不过其思想都或多或少地类似。数据领域和机器学习领域会持续发展,以上几种思想或许终究也会过时。

2. 大数据解决方案

Hadoop 在大数据领域的应用前景广泛,不过因为其是开源技术,因此在实际应用过程中存在很多问题,于是很多企业推出了各种大数据的解决方案,常用的大数据解决方案有 Cloudera、Hortonworks、MapR 和 FusionInsight 等。

1) Cloudera

Cloudera 成立于 2008 年,是由分别来自 Facebook、谷歌和雅虎的前工程师杰夫·哈默巴切(Jeff Hammerbacher)、克里斯托弗·比塞格利亚(Christophe Bisciglia)、埃姆·阿瓦达拉(Amr Awadallah),以及曾任 CEO 的甲骨文前高管迈克·奥尔森(Mike Olson)共同创建的。

在 Hadoop 生态系统中,Cloudera 是规模最大、知名度最高的公司。Cloudera 代表 Hadoop 的一种解决方案,可以为开源 Hadoop 提供技术支持。Cloudera 可以将数据处理框架覆盖到整个企业数据中心,既可以作为管理企业所有数据的中心点,又可以作为目标数据仓库、高效的数据平台或现有数据仓库的 ETL 来源。因此,Cloudera 提供了一个可伸缩、稳定、综合的企业级数据管理平台,用于管理快速增长的数据,使用户可以快速部署和管理 Hadoop 及相关大数据处理框架,操作、分析企业级数据,并保证数据的安全性。

2) Hortonworks

Hortonworks 这个名字源自儿童书中一只叫 Horton 的大象,是由雅虎公司和 Benchmark Capital 于 2011 年 7 月联合创建的,出身于"名门"雅虎公司。它是一款基于 Apache Hadoop 的开源数据平台,提供了大数据云存储,大数据处理和分析等服务。该平台专门用来应对多来源和多格式的数据,并使其处理起来更简单、更有成本效益。

Hortonworks 拥有许多 Hadoop 架构师和源代码贡献者,这些源代码贡献者以前均效力于雅虎公司,而且已经为 Apache Hadoop 项目贡献了超过 80% 的源代码。

Hortonworks 有两款核心产品:HDP 和 HDF。Hortonworks 没有对产品收费,而是将这两款产品完全开放,将核心技术放在 Hadoop 开源社区中,每个人都可以看到并使用这两款产品。

Hortonworks 数据管理解决方案使组织可以实施下一代现代化数据架构。无论是静态数据还是动态数据,Hortonworks 都可以从云的边缘以及内部来对这些数据资产进行管理。通过 Hortonworks 数据平面服务可以比较容易地操作和配置分布式数据系统,如数据仓储优化、数据科学分析、自助服务分析等。由于 Hortonworks 是免费的,因此,Hortonworks DPS 用户可以轻松访问防火墙、公有云背后的可信数据,这使得组织能够获得从源到目标的信任。此外,Hortonworks DataFlow 能够收集、整理和传送来自点击流、日志文件、传感器、设备等的实时数据。

3) MapR

MapR 是 MapR Technologies Inc.的产品,号称下一代 Hadoop,是一个比现有 Hadoop 分布式文件系统还要快 3 倍的产品,并且也是开源的。MapR 配备了快照,并号称不会出现 SPOF 单节点故障,且与现有 HDFS 的 API 兼容,因此非常容易替换原有的系统。MapR 使 Hadoop 变为一个速度更快、可靠性更高、更易于管理、使用更加方便的分布式计算服务和存储平台,同时性能也不断提高。它极大地扩大了 Hadoop 的使用范围和方式。它包含了开源社区的许多流行的工具和功能,例如 Hbase、Hive。它能够为客户节约一半的硬件资源消耗,使更多的组织能够利用海量数据分析的力量提高竞争优势。

4)FusionInsight

FusionInsight 是在 Hadoop 集群上又封装了一层,类似于开源的 CDH、HDP 等大数据平台,是完全开放的大数据平台,可运行在任意标准的 x86 服务器上,无须任何专用的硬件或存储,并针对金融、运营商等数据密集型行业的运行维护、应用开发等需求打造了高可靠、高安全、易使用的运行维护系统和全量数据建模中间件,让企业可以更快、更准、更稳地从各类繁杂无序的海量数据中发现价值。

华为 FusionInsight 是基于开源社区软件 Hadoop 进行功能增强,提供企业级大数据存储、查询和分析的统一平台,帮助企业快速构建海量数据信息处理系统。通过对各类海量数据信息进行实时和非实时的分析和挖掘,帮助企业从海量数据信息中获取真正的价值,及时洞察和决策新的机会与风险。FusionInsight Hadoop 发行版紧随开源社区的最新技术,快速集成最新组件,并在可靠性、安全性、管理性方面进行了企业级的增强和持续改进,始终保持技术领先。而且 FusionInsight Hadoop 保持了 100% 的开放性,决不使用私有架构和组件。

Fusion Insight 解决方案由 4 个子产品(Fusion Insight HD、Fusion Insight MPPDB、Fusion Insight Miner、Fusion Insight Farmer)和 1 个操作运维系统(Fusion Insight Manager)构成。

(1)Fusion Insight HD:企业级的大数据处理环境,是一个分布式数据处理系统,对外提供大容量的数据存储、分析查询和实时流式数据处理分析能力。

(2)Fusion Insight MPPDB:企业级的大规模并行处理关系数据库。Fusion Insight MPPDB 采用 MPP(Massive Parallel Processing)架构,支持行存储和列存储,提供 PB(Petabyte,2^{50}字节)级别数据量的处理能力。

(3)Fusion Insight Miner:企业级的数据分析平台,基于华为 Fusion Insight HD 的分布式存储和并行计算技术,提供从海量数据中挖掘出价值信息的平台。

(4)Fusion Insight Farmer:企业级的大数据应用容器,为企业业务提供统一开发、运行和管理的平台。

(5)Fusion Insight Manager:企业级大数据的操作运维系统,提供高可靠、安全、容错、易用的集群管理能力,支持大规模集群的安装部署、监控、报警、用户管理、权限管理、审计、服务管理、健康检查、问题定位、升级和补丁等功能。

中国有一半以上的金融、保险、银行以及全球 Top50 运营商中的 25% 都用了华为的大数据平台;中国的平安城市建设有 30% 的客户选择了华为。华为在全球的项目及合作伙伴数量相当可观。

迄今为止,FusionInsight HD 已经交付了 700 多个项目,产生了 300 多个合作伙伴和客户;这些项目覆盖到金融、公共安全、交通、政务、电信、电力、石油等各个行业。选择 FusionInsight HD 作为大数据的承载平台和处理平台,可以尽可能地将大数据价值发挥到极致。

另外,还有以阿里云和亚马逊云为代表的云上大数据解决方案。该方案提供了涵盖大数据基础设施和大数据应用在内的丰富产品及服务，助力客户快速构建企业级数据架构，获取数据时代的核心竞争优势。

3.2　Hadoop 概述

3.2.1　Hadoop 简介

Hadoop 就是一个更容易开发和运行、处理大数据的软件平台。Hadoop 是由 Apache 基金会所开发的分布式系统基础架构，能够运行于大规模集群上的分布式计算平台。Hadoop 是基于 Java 语言开发的一款完全免费的开源程序，有着很好的跨平台性，无须购买昂贵的软硬件平台，可以直接部署在廉价的计算机集群上，该计算机集群可以由一台商用 PC 开始，后期可以根据需要任意增加 PC。Hadoop 的两大核心是 HDFS 和 MapReduce。HDFS 是 Hadoop 分布式文件系统，英文全称是 Hadoop Distributed File System，用来存储海量数据，是对谷歌文件系统 GFS(Google File System)的开源实现，是适合部署在低廉的硬件环境上的分布式文件系统，具有很好的容错性、易扩展性以及较高的读写速度，有效保证了数据存储的安全性。MapReduce 是谷歌 MapReduce 的开源实现，可以使用户在不了解分布式底层细节的情况下开发分布式程序，充分利用 MapReduce 来为海量数据进行高速计算。因此，用户可以使用 Hadoop 搭建属于自己的分布式计算平台，轻松编写分布式程序，完成海量数据的存储和计算。

Hadoop 是被行业公认的大数据标准开源软件。目前，有很多公司都围绕 Hadoop 进行工具开发、开源软件、商业化工具和技术服务，如微软、谷歌、淘宝、雅虎等。

3.2.2　Hadoop 的发展历程

Hadoop(见图 3-2)这个名称的由来，其实并没有太大的意义，是 Doug Cutting 在一次机缘巧合之下，以自己孩子玩具大象的名字来命名的。在后来的 Hadoop 子模块和项目中，都沿用了这种命名风格，如 Hive 和 Pig 等。

图 3-2　Hadoop 标志

2002 年，Hadoop 起源于 Nutch，Nutch 是由 Apache Lucene 项目的创始人 Doug Cutting 开发的一个开源的网络搜索引擎，是 Lucene 项目的一个子项目。Nutch 的设计目的就是构建一个大型的全网搜索引擎，然而随着抓取网页数量的急剧增加，该搜索引擎不能解决数十亿网页的存储和索引问题。

在 2003 年，谷歌公司发布了谷歌文件系统(GFS)论文，文中描述了可以解决海量数据的存储问题。但由于谷歌公司未开放源代码，于是 2004 年，Nutch 项目也模仿 GFS 开发了自己的分布式文件系统 NDFS(Nutch Distributed File System)，也就是 HDFS 的前身。

在 2004 年，谷歌公司又发表了另一篇 MapReduce 论文，描述了 MapReduce 分布式计算框架，可以用于处理海量网页的索引问题。同样由于谷歌公司未开放源代码，2005 年，Nutch 开源实现了谷歌公司的 MapReduce。接下来，Doug Cutting 意识到 NDFS 和 MapReduce 不仅可以解决网络搜索引擎问题，还能具有多种用途。于是，在 2006 年 2 月，基于 NDFS 和 MapReduce,独立处理海量数据的新项目被创建,成为 Lucene 项目的一个子项目,这就是起初的 Hadoop 项目,同时,Doug Cutting 加盟雅虎公司。在 2007 年,Hadoop 完成 1TB 磁盘数据的排序仅需要 297s,2008 年 1 月,Hadoop 正式成为 Apache 顶级项目,Hadoop 也逐渐开始被雅虎之外的其他公司使用。2008 年 4 月,Hadoop 采用一个由 910 个节点构成的集群对 1TB 数据进行排序运算,时间只需 207s。到了 2009 年 5 月,Hadoop 更是把 1TB 数据排序时间缩短到 62s。Hadoop 从此名声大振,迅速发展成为大数据时代最具影响力的开源分布式开发平台,并成为公认的大数据处理标准。

3.2.3　Hadoop 的特点

Hadoop 是一个能够让用户轻松架构和使用的分布式计算平台。用户可以轻松地在 Hadoop 开发和运行处理海量数据的应用程序。其特点主要有以下几个。

(1) 可靠性高:Hadoop 能自动地维护数据的多份副本,即使一个副本发生故障,其他副本也能维持整个系统的正常工作。

(2) 高扩展性:Hadoop 是架构在廉价的计算机集群上,可以动态地增加存储与计算节点,也可以替换,因此,可以方便地扩展到数以千计的计算机节点中。

(3) 高效性:Hadoop 由于采用分布式存储和分布式处理两大核心技术,所以,它能够在节点之间动态地移动数据,能够高效地处理 PB 级数据。

(4) 高容错性:Hadoop 采取数据冗余的方式自动地存储数据的多个副本,并且能够自动重新分配失败的任务。

(5) 低成本:Hadoop 采用廉价的计算机集群,硬件成本比较低,加上 Hadoop 是开源的,项目的软件成本也是比较低的。因此,普通用户也可以搭建自己的 Hadoop 环境。

(6) Hadoop 是基于 Java 语言开发的,可以很好地运行在 Linux 平台上。

(7) Hadoop 支持多种编程语言,如 Java、C++ 等。

3.2.4　Hadoop 应用现状

Hadoop 因其突出的优势,不仅在云计算领域用途广泛,还可以应用于搜索引擎服务,此外,还在机器学习、海量数据处理和挖掘、科学计算等领域越来越受到青睐。下面简单介绍 Hadoop 在几个知名公司的应用现状。

1. 雅虎

2007 年,雅虎在 Sunnyvale 总部建立了一个包含了 4000 个处理器和 1.5PB 容量的 Hadoop 集群系统。雅虎是 Hadoop 的最大支持者,截至 2012 年,雅虎的 Hadoop 机器总节点数目超过 42 000 个,有超过 10 万的核心 CPU 在运行 Hadoop。最大的一个单 Master 节点集群有 4500 个节点。总的集群存储容量大于 350PB,每月提交的作业数目超过 1000 万个,在 Pig 中超过 60% 的 Hadoop 作业是使用 Pig 编写提交的。

目前,雅虎拥有全球最大的 Hadoop 集群,主要用于支持广告系统、Web 搜索、个性化推荐、用户行为分析等。

2. Facebook

Facebook 作为全球知名的社交网站,每天拥有 3 亿多的活跃用户,其中,每天都有几千万的用户在上传海量的照片和视频,因此,Facebook 使用 Hadoop 存储内部日志与多维数据。目前,Hadoop 集群的机器节点超过 1400 台,共计 11 200 个核心 CPU,超过 15PB 原始存储容量,每个商用机器节点配置了 8 核 CPU,12TB 数据存储,主要使用 StreamingAPI 和 JavaAPI 编程接口。Facebook 主要将 Hadoop 平台用于日志处理、推荐系统和数据仓库等方面。

3. 百度

百度作为全球最大的中文搜索引擎公司,每天需要高效地存储和处理海量的数据,因此,百度选择了 Hadoop 平台,主要用于网页的聚类、日志的存储和统计、网页数据的分析和挖掘、商业分析、在线数据反馈等。2012 年,百度的 Hadoop 集群规模达到十余个,单集群超过 2800 台机器节点,Hadoop 机器总数有上万台,总的存储容量超过 100PB,已经使用的超过 74PB,每天提交的作业数目有数千个之多,每天的输入数据量已经超过 7500TB,输出超过 1700TB。百度的 Hadoop 集群为整个公司的数据团队、大搜索团队、社区产品团队、广告团队,以及 LBS 团队提供统一的计算和存储服务,主要应用包括数据挖掘与分析、日志分析平台、数据仓库系统、推荐引擎系统、用户行为分析系统等。同时,百度在 Hadoop 的基础上还开发了自己的日志分析平台、数据仓库系统,以及统一的 C++ 编程接口,并对 Hadoop 进行深度改造,开发了 Hadoop C++ 扩展 HCE 系统。

4. 腾讯

腾讯是使用 Hadoop 最早的中国互联网公司之一,截至 2012 年年底,腾讯的 Hadoop 集群机器总量超过 5000 台,最大单集群约为 2000 个节点,并利用 Hadoop-Hive 构建了自己的数据仓库系统(TDW),同时还开发了自己的 TDW-IDE 基础开发环境。腾讯的 Hadoop 为腾讯各个产品线提供基础云计算和云存储服务,其主要应用包括腾讯社交广告平台、搜搜(SOSO)、腾讯微博、QQ 会员、QQ 空间、手机 QQ、QQ 音乐等。

5. 华为

华为是 Hadoop 的使用者,也是 Hadoop 技术的重要推动者。由雅虎成立的 Hadoop 公司 Hortonworks 曾经发布一份报告,用来说明各个公司对 Hadoop 发展的贡献。其中,华为公司在 Hadoop 重要贡献公司名单内,排在谷歌利思科公司的前面,说明华为公司也在积极参与开源社区贡献。这里值得一提的是,华为的 FusionInsight 大数据平台,它是集 Hadoop 生态发行版、大规模并行处理数据库、大数据云服务于一体的融合数据处理与服务平台,拥有端到端全生命周期的解决方案能力。华为 FusionInsight 大数据平台已在 40 多个国家,总计 700 多个项目中成功实现了商用。客户包括中国石油、一汽集团、中国商飞、工商银行、招商银行、中国移动、西班牙电信等众多世界 500 强企业。同时,华为公司在全球建成了 13 个开放实验室,在这里,华为与各国 200 多家合作伙伴进行大数据方案的联合创新,包括 SAP、埃森哲、IBM、宇信科技、中软国际等,共同推动大数据技术在各行各业的应用。

6．中国移动

中国移动于 2010 年 5 月正式推出大云（BigCloud1.0），集群节点达到了 1024 个。中国移动的大云基于 Hadoop 的 MapReduce 实现了分布式计算，并利用了 HDFS 来实现分布式存储，并开发了基于 Hadoop 的数据仓库系统（HugeTable），并行数据挖掘工具集（BC-PDM），以及并行数据抽取转化（BC-ETL），对象存储系统（BC-ONestd）等系统，并开源了自己的 BC-Hadoop 版本。

除了百度、腾讯、华为、中国移动，国内采用 Hadoop 的公司还有淘宝、网易等，其中，淘宝的 Hadoop 集群比较大。

3.2.5　Hadoop 的版本

由于 Hadoop 版本比较混乱，因此，对于很多初学者来说，如何选择合适的 Hadoop 版本，一直是比较困惑的事情。

1．免费开源的 Apache Hadoop 版本

免费开源的 Hadoop 版本分为两代，如图 3-3 所示。

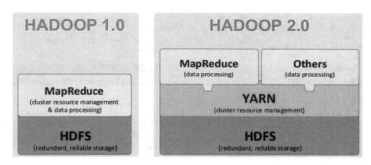

图 3-3　Hadoop 版本

（1）Hadoop 1.0。将第一代 Hadoop 称为 Hadoop 1.0，包含 3 个大版本，分别是 0.20.x，0.21.x 和 0.22.x，其中，0.20.x 最后演化成 1.0.x，变成了 Hadoop 1.0 的稳定版，而 0.21.x 和 0.22.x 则增加了 HDFS HA 等新的重大特性。

（2）Hadoop 2.0。Hadoop 2.0 就是 Apache Hadoop 的第二代版本，包含两个版本，分别是 0.23.x 和 2.x，它们完全不同于 Hadoop 1.0，是一套全新的架构，均包含 HDFS Federation 和 YARN 两个系统。

目前，Hadoop 已经升级到了第三代，即 Hadoop 3.0，它在 Hadoop 2.0 的基础上集成了许多重要的增强功能，从而提高了平台的效率。但是，对于 Hadoop 3.0 而言，一方面它的安装、运行环境不能低于 JDK1.8，另一方面，在目前的实际使用过程中，Hadoop 3.0 的稳定性比 Hadoop 2.0 差。

2．Hadoop 的发行版

2009 年，Cloudera 推出了第一个 Hadoop 发行版，称为 CDH，此后很多公司都加入

Hadoop 产品化的行列，如 Hortonworks 发行版、Intel 发行版、华为发行版、MapR 等，所有这些发行版均是基于 Apache Hadoop 衍生出来的，但前者更好用、功能更多。国内大多数公司的发行版是收费的，如华为发行版等。不收费的 Hadoop 版本主要有国外的 4 个，分别是 Apache 基金会的 Hadoop、Cloudera Hadoop（CDH）、Hortonworks Data Platform（HDP）和 MapR。这里简单介绍 Cloudera Hadoop 和 Hortonworks Data Platform。

Cloudera Hadoop：Cloudera 版本层次更加清晰，且它提供了适用于各种操作系统的 Hadoop 安装包，可直接使用 apt-get 或者 yum 命令进行安装，更加省事。

Hortonworks Data Platform：它是 Hortonworks 的主打产品，也同样是 100％开源的产品，HDP 除了常见的项目外还包含了 Ambari——一款开源的安装和管理系统。HCatalog 是一个元数据管理系统，现已集成到 Facebook 开源的 Hive 中。Hortonworks 的 Stinger 开创性地、极大地优化了 Hive 项目。Hortonworks 为入门提供了一个非常好的、易于使用的沙盒。Hortonworks 开发了很多增强特性并提交至核心主干，这使得 Apache Hadoop 能够在包括 Windows Server 和 Windows Azure 在内的 Microsoft Windows 平台上本地运行。

3. 如何选择版本

对初学者而言，这里建议选用 Apache Hadoop 的 2.0 版本，可以去 Apache 官网直接下载，下载地址为 https://hadoop.apache.org/releases.html，如图 3-4 所示。

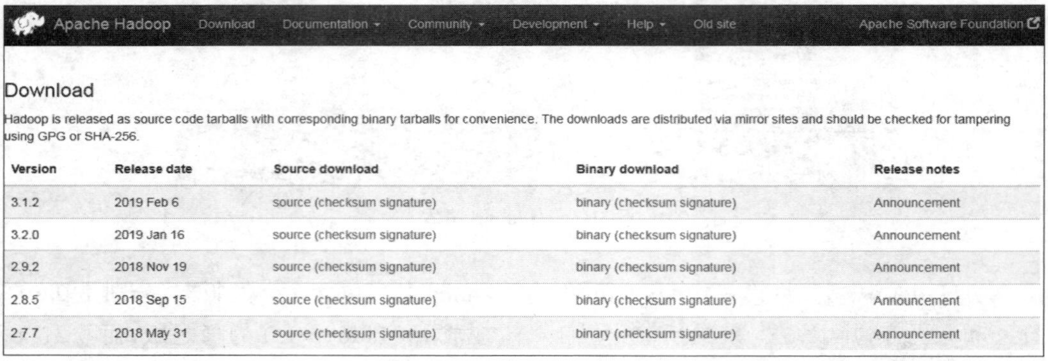
Apache Hadoop　Download　Documentation　Community　Development　Help　Old site　Apache Software Foundation

Download

Hadoop is released as source code tarballs with corresponding binary tarballs for convenience. The downloads are distributed via mirror sites and should be checked for tampering using GPG or SHA-256.

Version	Release date	Source download	Binary download	Release notes
3.1.2	2019 Feb 6	source (checksum signature)	binary (checksum signature)	Announcement
3.2.0	2019 Jan 16	source (checksum signature)	binary (checksum signature)	Announcement
2.9.2	2018 Nov 19	source (checksum signature)	binary (checksum signature)	Announcement
2.8.5	2018 Sep 15	source (checksum signature)	binary (checksum signature)	Announcement
2.7.7	2018 May 31	source (checksum signature)	binary (checksum signature)	Announcement

图 3-4　Apache Hadoop 下载版本

3.3　Hadoop 的生态系统概述

3.3.1　Hadoop 的生态系统

2006 年项目开始以来，Hadoop 系统就得到不断完善和改进，Hadoop 2.0 在 Hadoop 1.0 的基础上新增了 HDFS HA 和 YARN 等一些重要的新组件，已经形成一个丰富的 Hadoop 生态系统，图 3-5 所示的 Hadoop 2.0 中有多个功能组件。

Hadoop 2.0 的核心功能组件有 3 个，分别是 HDFS(分布式文件系统)、MapReduce(分

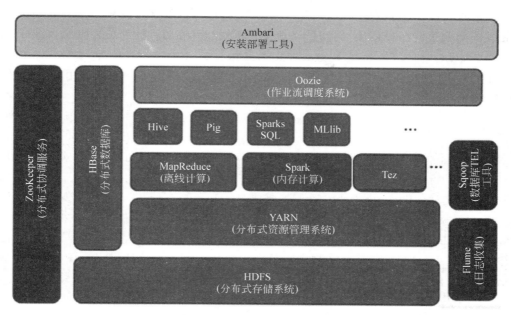

图 3-5 Hadoop 2.0 生态系统

布式运算编程框架）和 YARN（运算资源调度系统），此外，还包括 Hive、Pig、ZooKeeper、HBase、Mahout、Sqoop、Flume、Ambari 等功能组件。

3.3.2 Hadoop 的组成介绍

3.3.1 节介绍了 Hadoop 的生态系统，本节简单介绍 Hadoop 各组件的功能和作用。

1. HDFS

HDFS（Hadoop Distributed File System），即 Hadoop 分布式文件系统，源自谷歌公司的 GFS 论文，发表于 2003 年 10 月，HDFS 是 GFS 的开源实现。HDFS 是 Hadoop 两个核心技术之一，位于 Hadoop 生态系统的最底层，其他组件都是在 HDFS 的基础上组合或者使用的，负责整个分布式文件的存储，也就是使用廉价的商用服务器来完成大量数据的存储，数据只能一次性写入，可以多次读取数据，用于数据分析。HDFS 在设计上把硬件出错作为一种常态来对待，即使部分硬件（机器节点）发生故障时整个文件系统还是可以正常运行的，因此，它具有高容错性、高可靠性的优点。此外，HDFS 通过流式数据访问应用程序数据时，具有很高的吞吐量，非常适合用来解决带有大型数据集的应用程序的数据存储问题。

2. YARN

YARN（Yet Another Resources Negotiator），即运算资源调度系统，是 Hadoop 2.0 中的资源管理系统，位于 HDFS 的上层。YARN 的基本思想是将 MRv1 中的 JobTracker 的资源管理和作业调度/监控两个主要功能拆分成两个独立的服务，一个是全局的资源调度器 ResourceManager（RM）和若干针对应用程序的应用程序管理器 ApplicationMaster（AM），该调度器是一个"纯调度器"，不再参与任何与具体应用程序逻辑相关的工作，而仅根据各个应用程序的资源需求进行分配,资源分配的单位用一个资源抽象概念 Container 表示,Container 封装了内存和 CPU。通过 HDFS 存储数据后,在对数据处理之前,必须要有相关的框架去调度计算底层资源,底层这么多资源主要靠 YARN 框架去调度,YARN 专门负责调度内存、CPU 和带宽等计算机资源。YARN 的引入为 Hadoop 集群在利用率、资源统一管理和数据共享等方面带来了巨大的好处。

3. MapReduce

MapReduce 源自谷歌公司发表于 2004 年 12 月的 MapReduce 论文,文中讲的 MapReduce 是指 Hadoop MapReduce,它是谷歌公司 MapReduce 的开源实现。MapReduce 是继 HDFS 之后的 Hadoop 的另一个核心技术,是一个用于分布式并行数据处理的编程模型,用于大规模数据集(大于 1TB)的并行运算,它将作业分为 Map 和 Reduce 两个阶段。开发人员为 Hadoop 编写 MapReduce 作业,并使用 HDFS 中存储的数据,Hadoop 以并行的方式将处理过程移向数据,从而实现海量数据的快速处理。简单地讲,MapReduce 就是采取"分而治之"的策略来实现对海量数据的处理,它把输入的数据集拆分成为多个独立的数据块,然后分发给对应主节点下的各个分节点来共同并行完成,最后,整合各个节点的中间结果得到最终结果。

此外,MapReduce 不适合做实时计算,是专门做批处理和离线计算的,因此,做实时计算时不要用 MapReduce。

4. Spark

Spark 是由加州大学伯克利分校 AMP 实验室开发的通用内存并行计算框架,是一个实现快速通用的集群计算平台。Spark 扩展了 MapReduce 的计算模型,而且高效地支持更多的计算模式,包括交互式查询和流处理。在处理大规模数据集的时候,速度是非常重要的。Spark 的逻辑和 MapReduce 是一样的,也是用 Map 和 Reduce 函数去做数据处理,但是它又不同于 MapReduce。Spark 是基于内存的计算,而 MapReduce 是基于磁盘的计算,MapReduce 处理数据时,是先把数据写入磁盘中,待数据处理结束后,还要把数据写到分布式文件系统中,而 Spark 对数据的全部处理都是在内存中执行的。因此,Spark 要比 MapReduce 更加高效,所以,现在很多企业都在用 Spark,原来用 MapReduce 的企业也在逐渐将其替换为 Spark。

5. Tez

Tez 是 Apache 开源的、支持 DAG(有向无环图)作业的计算框架,它直接源于 MapReduce 框架。Tez 的核心思想是把很多 Map 和 Reduce 作业进行进一步拆分,即 Map 被拆分成 Input、Processor、Sort、Merge 和 Output,Reduce 被拆分成 Input、Shuffle、Sort、Merge、Processor 和 Output 等,经过分析和优化处理,形成一个大的 DAG 作业,从而提高 MapReduce 作业的处理效率,它会分清哪些工作先做,哪些后做,哪些不需要重复做,这是 Tez 的功能。Tez 已被 Hortonworks 用于 Hive 引擎的优化,经测试,性能提升约 100 倍。

6. Hive

Hive 是数据仓库工具,是由 Facebook 开源实现的,最初用于解决海量结构化的日志数据统计问题的 ETL 工具。所谓数据仓库就是把大量的数据保存起来,对这些数据进行挖掘,分析出有价值的数据信息,从而提供给企业来做决策分析。然而,相对于今天海量数据的存储,沿用传统的数据仓库来存储数据是不能满足要求的,这时可以借助 Hadoop 平台实现海量数据的存储,所以,现在很多数据仓库技术都已经转化到 Hadoop 平台去了,Hive 就是架构在 Hadoop 平台上的一个数据仓库,是完成批量数据处理的。它支持 SQL 语句,可以用 SQL 语句去完成各种分析,虽然写的是 SQL 语句,但是 Hive 会把 SQL 语句转化为一堆 MapReduce 作业后再去执行,所以说 Hive 就是基于 Hadoop 的一个数据仓库工具,是为简化 MapReduce 编程而生的,非常适合数据仓库的统计分析,通过解析 SQL 转化成 MapReduce,组成一个 DAG 来执行。简言之,Hive 的设计目标就是用传统 SQL 操作 Hadoop 上的数据,让熟悉 SQL 的程序员也会使用 Hadoop。

7. Pig

Pig(ad-hoc 脚本)由雅虎公司开源,其设计动机是提供一种基于 MapReduce 的 ad-hoc (计算在 query 时发生)数据分析工具,是一种编程语言。Pig 定义了一种数据流语言——Pig Latin,它是 MapReduce 编程的复杂性的抽象,Pig 平台包括运行环境和用于分析 Hadoop 数据集的脚本语言(Pig Latin)。其编译器将 Pig Latin 翻译成 MapReducc 程序序列,将脚本转换为 MapReduce 任务在 Hadoop 上执行,通常用于进行离线分析。简单地说,Pig 简化了 Hadoop 常见的工作任务,是实现流数据处理的,与 Hive 有所不同,属于轻量级的分析。可以在 Hadoop 平台上,通过 Pig 组件写出类似 SQL 的语句,然后逐一执行,也可以把 Pig 写出来的多条语句嵌套到大型应用程序中执行,就像 SQL 语句可以嵌套到 C♯ 中执行一样,所以它是一个轻量级的编程语言。相对于 MapReduce 来说,它的代码更简单,虽然 MapReduce 屏蔽了非常多的复杂性,但是它的编程仍然有点复杂,哪怕一个简单的作业都要写一个完整的代码段,而 Pig 不用,就像 SQL 语句一样,可以写一条执行一条,马上就可以出结果,所以说很多程序员都在用 Pig,就是因为它比 MapReduce 编程要简单得多,它是轻量级的编程语言。

8. Oozie

Oozie 是作业流调度系统,即 Hadoop 的工作流管理系统,用于协调多个 MapReduce 作业的执行。Oozie 能够处理大量的复杂数据,基于外部事件(包括定时和所需数据是否存在)来管理执行任务。现实中,在进行应用程序开发时,一个完整的工作可能需要把它分解成很多个工作环节,和不同应用程序去配合完成一个工作,这个时候需要工作流系统来定义。在 Hadoop 平台上,有一个专门的工作流管理系统工具,就是 Oozie。

9. ZooKeeper

ZooKeeper(分布式协作服务)源自谷歌公司的 Chubby 论文,发表于 2006 年 11 月,

ZooKeeper 是 Chubby 的实现版。ZooKeeper 的主要目标是解决分布式环境下的数据管理问题,如统一命名、状态同步、集群管理、配置同步等。Hadoop 的许多组件依赖于 ZooKeeper,它运行在计算机集群上,用于管理 Hadoop 操作。

ZooKeeper 就是动物园管理员,它是用来管大象(Hadoop)、蜜蜂(Hive)和小猪(Pig)的管理员,是针对谷歌 Chubby 的一个开源实现,是高效和可靠的协同工作系统。ZooKeeper 是提供分布式协调一致性服务的,如一些分布式锁或集群管理等都是通过 ZooKeeper 实现的。在 HBase 集群中有很多机器,要把哪个机器选出来作为管家去管理其他的机器呢?不用操心,ZooKeeper 会帮你把它选出来,所以说,ZooKeeper 相当于一个大管家,很多 Hadoop 组件都依赖它。

10. HBase

HBase 即分布式列存数据库,是构建在 HDFS 之上的非关系型分布式数据库,是面向列存储的数据库。HDFS 是按照顺序进行逐一读写的,而 HBase 采用了 BigTable 的数据模型对大量数据进行快速的读写,可以支持几十亿行、上百万列数据的超大型数据库,提供了对大规模数据的随机、实时读写访问,同时,HBase 中保存的数据可以使用 MapReduce 来处理,它将数据存储和并行计算完美地结合在一起。HBase 将 ZooKeeper 用于自身的管理,以保证其所有组件处于运行中。

11. Flume

Flume 是专门用来做日志收集的,是一个高可用、高可靠的分布式的、海量日志采集、聚合和传输的系统,用于从单独的机器上将大量数据通过采集、聚合并移动到 HDFS 中。因此,通常在做很多流式数据分析的时候,如用户访问京东、淘宝时形成的用户点击流数据,这些数据都是实时生成的,如果想对这些实时的流数据进行实时分析,就需要用 Flume 工具来帮忙做日志相关收集,如在美团系统中,就是采用 Flume 工具进行日志收集。

12. Sqoop

Sqoop 是一个数据同步工具,主要用来实现在传统数据库(指关系数据库)与 Hadoop 之间的数据传递。大数据时代,很多原来传统的数据库随着数据量的增加,需要用到 Hadoop 平台上的技术去做数据分析,这时,就需要把原来这些关系数据库(如 MySQL、Oracle 等)中的有关数据直接导入 Hadoop 平台的 HDFS、HBase、Hive 中的任意一个里面,而无须重新编写程序。当然,也可以使用 Sqoop 工具把 Hadoop 上的数据导入关系数据库中。因此,Sqoop 工具可以实现传统数据库与 Hadoop 之间数据的转换。

13. Ambari

最顶端的是 Ambari 工具,它是一种基于 Web 的工具,致力于简化 Hadoop 的管理,是一个集群安装部署的工具,是 Hadoop 快速部署工具,支持 Apache Hadoop 集群的创建、管理和监控,会非常智能化地部署和管理一整套 Hadoop 平台上的各个组件。

3.4 Hadoop 的安装

在开始具体安装之前,首先需要选择一个合适的操作系统。尽管 Hadoop 本身可以运行在 Linux、Windows 以及其他一些 UNIX 系统(如 FreeBSD、OpenBSD、Solaris 等)之上,但是 Hadoop 官方真正支持的作业平台只有 Linux。这就导致其他平台在运行 Hadoop 时,往往需要安装很多其他的包来提供一些 Linux 操作系统的功能,以配合 Hadoop 的执行。这里选择 Linux 作为系统平台,演示在计算机上如何安装 Hadoop、运行程序并得到最终结果。当然,其他平台仍然可以作为开发平台使用。对于正在使用 Windows 操作系统的用户,可以通过在 Windows 操作系统中安装 Linux 虚拟机的方式完成实验。在 Linux 发行版的选择上,倾向于使用企业级的、稳定的操作系统作为实验的系统环境,同时,考虑到易用性以及是否免费等方面的问题,最终选择免费的 Ubuntu 发行版作为推荐的操作系统。

3.4.1 安装前的准备

1. Linux 版本的考虑

当前 Linux 发行版比较多,常用的有 Ubuntu、CentOS、Linux Mint 和 PCLinuxOS 等都是它的主流版本。为了学习需要,选择最易使用的 Ubuntu 作为 Hadoop 的操作系统。

此外,这里还要考虑安装 32 位还是 64 位,如果机器内存低于 2GB,建议安装 32 位的 Linux 系统。

2. 安装双系统还是安装虚拟机

计算机配置比较低、内存小于 4GB,建议安装双操作系统,一般先安装 Windows 系统,再安装 Ubuntu。

计算机配置比较好、内存在 4GB 以上,可以选择安装虚拟机。在配置低的计算机上运行 Linux 虚拟机,运行速度很慢,一般的学生机和学校机房的计算机,应选择安装双操作系统。

3. Hadoop 安装选择

Hadoop 主要有如下 3 种安装模式。

(1) 单机模式,是 Hadoop 的默认模式,完全运行在本地计算机上,不是分布式模式,无须进行其他配置。该模式主要用于开发、调试 MapReduce 程序的应用逻辑。

(2) 伪分布式模式,是指在一台机器上模拟一个小的集群来运行 Hadoop,但是集群中只有一个节点,该节点既作为名称节点(NameNode),也作为数据节点(DataNode),同时,读取的是 HDFS 中的文件。安装时,需要先修改 core-site.xml 和 hdfs-site.xml 两个配置文件,Hadoop 可以在单节点上以伪分布式的方式运行。

(3) 分布式模式:实现完全分布式的安装,使用多个节点构成集群环境来运行 Hadoop。NameNode 和 DataNode 是分布在不同机器上的,这是真正的分布式。

每种模式都有其优点和缺点。完全分布式模式显然是唯一一种可以将 Hadoop 扩展到机器集群的方式,但它需要更多的配置工作,更不用提所需要的机器集群。单机或伪分布式模式的设置工作是最简单的,但它与用户的交互方式不同于全分布式模式的交互方式。

4. Linux 的一些常识操作

接下来介绍 Linux 的几项常识操作。

（1）Shell 是一个命令解析器,它接收用户命令,然后调用相应的应用程序,类似于 DOS 下的 command 命令。

（2）sudo 命令,是 Ubuntu 中一种权限管理机制,管理员可以授权给一些普通用户去执行一些需要 root 权限执行的操作。当使用 sudo 命令时,需要输入当前用户的密码。

（3）输入密码,在 Linux 的终端中输入密码,终端不会显示任何当前输入的密码,也不会提示已经输入了多少字符密码。因此不要误以为键盘没有响应。

3.4.2 安装 VirtualBox

VirtualBox 是由德国 Innotek 公司开发,由 Sun Microsystems 公司出品的软件,使用 Qt 编写,在 Sun 被 Oracle 收购后正式更名成 Oracle VM VirtualBox。目前,常用的虚拟机软件有 VirtualBox 和 VMware,VirtualBox 是一款开源的虚拟机软件,而 VMware 是商业软件,需要付费。此外,VirtualBox 号称是免费虚拟机软件中最强的,拥有丰富的特色和出色的性能,在虚拟安装中程序体积小。相对于同类产品 VMware 400～500MB 的体积,VirtualBox 只有约 120MB,非常小巧。VirtualBox 的功能简单实用,克隆系统、共享文件、虚拟化等功能一样不缺。因此,本书选用的是 VirtualBox 软件,VirtualBox 下载地址为 https://www.virtualbox.org/,如图 3-6 所示。下载 VirtualBox 虚拟机软件安装在 Windows 上。

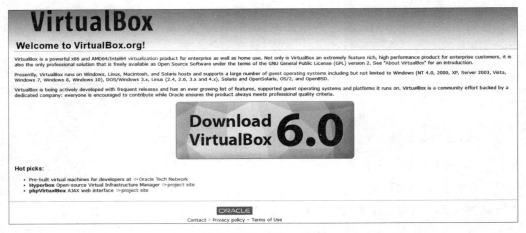

图 3-6   VirtualBox 网站

然后,单击 Download VirtualBox 6.0,会跳转到如图 3-7 所示的页面。下载图 3-7 中标注的两个包(一个是 VirtualBox 安装包,另一个是 VirtualBox 扩展包),安装包根据计算机的操作系统下载合适的版本,安装路径建议不选 C 盘。

这里需要特别注意的是,如果安装的是 64 位的 Ubuntu 系统,则在安装 VirtualBox 前,要进 BIOS 开启 CPU 的虚拟化,将 Intel（R）Virtualization Technology 选项设置为

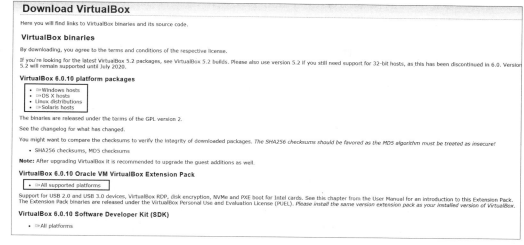

图 3-7　Virtual Box 下载页面

Enabled,这样就开启了虚拟化功能,如图 3-8 所示,否则,在虚拟机中找不到 64 位的 Ubuntu。如果安装失败,需要考虑安装计算机的 CPU 是否支持虚拟化,可以用 SecurAble 软件对 CPU 进行测试。

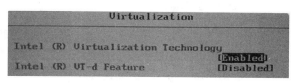

图 3-8　CPU 虚拟化设置

3.4.3　安装 Linux 发行版 Ubuntu

Ubuntu 是一个基于 Debian 的 GNU/Linux 操作系统,支持 X86、64 以及 PPC 架构。Ubuntu 每隔 6 个月发布一个版本,即每年的 4 月和 10 月。Ubuntu 对于新手是比较友好的一个 Linux 发行版。前面说到 Linux 的发行版本比较多,本书安装 Linux 发行版 Ubuntu,Ubuntu 下载地址为 https://www.ubuntu.com/download/desktop,可以下载 Ubuntu14.04 或者其他版本的镜像文件。要先在 3.4.2 节中装好的 VirtualBox 上安装任意一个虚拟机,然后在这个虚拟机上安装 Linux 系统,具体安装步骤如下。

1. 安装一个名为 Ubuntu 的虚拟机

第 1 步,在 Windows 系统中,打开 VirtualBox 软件,在弹出的 VirtualBox 管理器中单击"新建"按钮,如图 3-9 所示,创建一个虚拟机。

第 2 步,在弹出的"新建虚拟电脑"窗口中(见图 3-10),给虚拟机命名为 Ubuntu,然后在"类型"下拉框中选择 Linux。需要注意的是,如果之前选择操作系统的版本为 32 位 Ubuntu 系统,则在"版本"下拉框中选择 Ubuntu(32 bit)。

图 3-9　VirtualBox 管理器界面

如果之前选择操作系统的版本为 64 位 Ubuntu 系统,则在"版本"下拉框中选择 Ubuntu (64bit)。选择虚拟机"内存大小",如果计算机本身内存为 4GB 的话,可以设置虚拟机内存为 1GB 左右,如果计算机本身内存为 8GB,可以设置虚拟机内存为 3GB 左右。一般情况下,如果虚拟机有 2GB 以上内存,Ubuntu 系统会运行比较流畅。这里设置虚拟机的内存为 2048MB,然后单击"下一步"按钮。

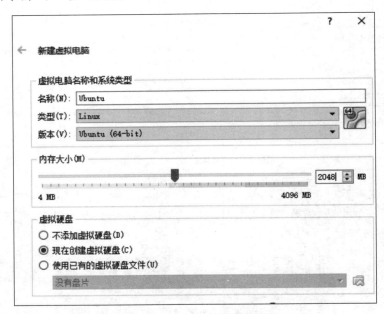

图 3-10　VirtualBox 新建虚拟机

第 3 步,在"新建虚拟电脑"窗口中,选择"现在创建虚拟硬盘"选项,然后选择虚拟硬盘文件类型为"VDI(VirtualBox 磁盘映像)",如图 3-11 所示。然后,单击"下一步"按钮。

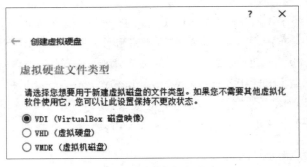

图 3-11　创建虚拟机硬盘

第 4 步,在"创建虚拟硬盘"窗口中设置虚拟硬盘的存储方式,虚拟硬盘默认选择"动态分配",如图 3-12 所示。然后,单击"下一步"按钮。

第 5 步,选择文件存储的位置和容量大小(默认大小为 10GB),如图 3-13 所示。这里可以根据需要设置文件存储位置和存储文件的容量大小,如果计算机配置较好,建议设置 20GB 左右。然后,单击"创建"按钮。这时,就创建好了一个名为 Ubuntu 的虚拟机。

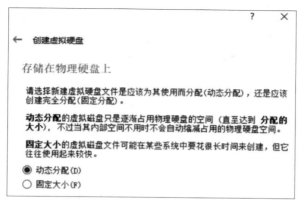

图 3-12　选择虚拟硬盘动态分配

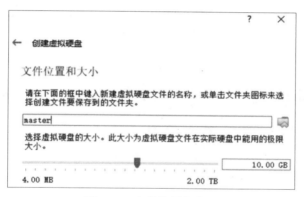

图 3-13　文件位置和大小

2. 在名为 Ubuntu 的虚拟机上安装 Linux 系统

通过上面的 5 个步骤，就成功创建了一个名为 Ubuntu 的虚拟机。接下来在这个虚拟机上安装 Linux 系统，具体创建方法如下。

在如图 3-14 所示的界面上单击"设置"按钮，弹出"Ubuntu-设置"窗口，选择"存储"，在"存储介质"中选择"没有盘片"，然后，在"属性"中选择"选择一个虚拟光盘文件"命令，在弹出的窗口中找到已经下载的 Ubuntu 镜像文件，如图 3-15 所示。单点击 OK 按钮，弹出"安装 Ubuntu Kylin"界面，如图 3-16 所示。语言选择"中文（简体）"，然后单击"安装 Ubuntu Kylin"按钮。接下来进入 Ubuntu 系统的安装界面，安装时，

图 3-14　虚拟机设置

只需要按照提示，进行一些类似创建登录用户之类简单的设置，就可以安装成功。至此，就成功在一个名为 Ubuntu 虚拟机上安装了 Linux 系统。

Ubuntu 系统安装成功后，需要重启虚拟机系统，而不是 Windows 系统，对 Windows 系统而言，安装的虚拟机只相当于一个软件。因为是在 Windows 上通过虚拟机安装的 Linux 系统，所以，下次重新登录 Linux 系统时，需要先运行 VirtualBox，单击图 3-14 中的"启动"

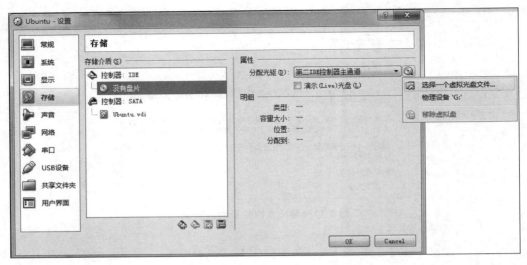

图 3-15　"Ubuntu-设置"界面

按钮,运行 Ubuntu 系统才能进入 Linux 系统。

图 3-16　"安装 Ubuntu Kylin"界面

3.4.4　创建 Hadoop 用户

为了方便后面的学习,可以创建一个名为 Hadoop 的用户来登录 Linux 系统,创建用户的命令是 useradd,即在 Linux 终端(按下快捷键 Ctrl+Alt+T)输入命令:

```
sudo useradd -m hadoop -s /bin/bash
```

这样就创建了一个名为 hadoop 的用户。

接着使用 passwd 命令为刚创建的 Hadoop 用户设置密码,在 Linux 终端输入命令 sudo passwd hadoop,按提示输入两次相同的密码,这样就为 Hadoop 用户设置了密码。

最后,为了让初学者更加容易学习和部署系统,可以用 adduser 命令为 Hadoop 用户增加管理员权限,命令如下:

```
sudo adduser hadoop sudo
```

返回 Linux 系统登录页面,选择 Hadoop 用户,并输入密码,如图 3-17 所示。

3.4.5　设置 SSH 无密码登录

SSH 全称是 Secure Shell,它提供一个安全的网络传输环境,由客户端和服务端组成。在 Hadoop 集群运行当中,名称节点需要不断地去访问集群中的各个数据节点,为了能够顺利登录每台机器,需要将所有机器配置为名称节点无密码登录。在 Linux 终端输入如下命令:

图 3-17　Hadoop 用户登录页面

```
cd ~/.ssh/                          //若没有该目录,请先执行一次 ssh localhost
ssh-keygen -t rsa                   //会有提示,都按 Enter 键即可
cat ./id_rsa.pub >> ./authorized_keys   //加入授权
```

以上 3 个命令,就是利用 ssh-keygen 生成密钥,并将密钥加入授权中,此时运行 ssh localhost 命令,无须输入密码就可以直接登录,如图 3-18 所示。对于 Ubuntu 而言,这里的 SSH 就算配置成功了。

```
hadoop@gao-VirtualBox:/usr/local/hadoop$ ssh localhost
Welcome to Ubuntu 14.04.5 LTS (GNU/Linux 4.4.0-97-generic x86_64)

 * Documentation:  https://help.ubuntu.com/

325 packages can be updated.
273 updates are security updates.

New release '16.04.6 LTS' available.
Run 'do-release-upgrade' to upgrade to it.

Your Hardware Enablement Stack (HWE) is supported until April 2019.
Last login: Fri Dec 21 23:43:13 2018 from localhost
```

图 3-18　SSH 无密码登录

3.4.6　安装 Java 环境

由于 Hadoop 是基于 Java 语言开发的,本书 Hadoop 应用程序都采用 Java 语言编写,因此,要在系统中安装配置 Java 环境。Java 环境可选择 Oracle 的 JDK 或 OpenJDK。这里,在 Ubuntu 中直接通过命令安装 OpenJDK 7,命令如下:

```
sudo apt-get install default-jre default-jdk
```

在这个安装过程中,是需要访问网络来下载有关文件的,需要系统处于联网状态。安装结束以后,还需要配置 JAVA_HOME 环境变量。在终端里面输入如下命令:

```
vim ~/.bashrc
```

在跳出来的文件的最前面(见图 3-19)单独用一行输入代码 export JAVA_HOME=/usr/lib/jvm/default-java(注意,等号"="前后不能有空格),然后保存退出。

```
export  JAVA_HOME=/usr/lib/jvm/default-java
#   ~ ./bashrc: executed by bash(1) for non- login shells .
```

图 3-19　输入字符

接下来需要做的就是让环境变量立即生效,执行如下代码:

```
source ~/.bashrc          //使变量设置生效
```

到此,就成功安装了 Java 环境。

3.4.7　安装单机 Hadoop

Linux 系统上安装 Hadoop,可以前往官方网站下载,网址为 https://mirrors.cnnic.cn/apache/hadoop/common/,需要下载 hadoop-2.x.y.tar.gz 格式的文件,这是编译好的,另一个包含 src 的则是 Hadoop 源代码,需要进行编译才可以使用。这里,可以下载 hadoop-2.9.0.tar.gz 版本,如图 3-20 所示,下载的文件默认保存到当前用户的下载目录下(即/home/hadoop/下载)。

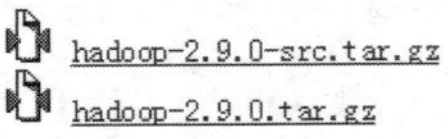

hadoop-2.9.0-src.tar.gz
hadoop-2.9.0.tar.gz

图 3-20　Hadoop 版本

接下来将刚下载好的 Hadoop 文件安装到 Linux 默认目录/usr/local/下,在 Linux 终端输入如下命令:

```
sudo tar -zxf ~/下载/hadoop-2.9.0.tar.gz -C /usr/local     //解压到/usr/local 中
cd /usr/local/                                              //进入指定目录下
sudo mv ./hadoop-2.9.0/ ./hadoop                           //将文件夹名改为 hadoop
sudo chown -R hadoop ./hadoop                              //修改文件权限
```

Hadoop 解压后即可使用。使用 hadoop version 命令检查 Hadoop 是否可用,具体如下:

```
cd /usr/local/hadoop
./bin/hadoop version
```

成功则会显示 Hadoop 版本信息,如图 3-21 所示。这是 Hadoop 的本地模式,即单机模式,而非分布式模式。

图 3-21　显示安装 Hadoop 版本信息

3.4.8　安装伪分布式 Hadoop

通过 3.4.7 节介绍的步骤,安装完单机版的 Hadoop 后,接下来安装伪分布式 Hadoop。为了便于初学者学习需要,本节只介绍伪分布式 Hadoop 的安装配置,而对分布式的 Hadoop 安装配置不做介绍。所谓伪分布式 Hadoop 是指在单个节点(一台机器)上以伪分布式方式来运行 Hadoop,其名称节点(Name Node)和数据节点(Data Node)都是同一个节点,读取的是分布式文件系统 HDFS 中的文件。

当 Hadoop 应用于集群时,不论是伪分布式还是真正的分布式运行,都需要通过配置文件对各组件的协同工作进行设置,最重要的几个配置文件如表 3-1 所示。

表 3-1　Hadoop 中的配置文件

文 件 名 称	格　式	描　　述
Hadoop-env.sh	Bash 脚本	记录配置 Hadoop 运行所需的环境变量,以运行 Hadoop
Core-site.xml	Hadoop 配置 XML	Hadoop core 的配置项,如 HDFS 和 MapReduce 常用的 I/O 设置等
hdfs-site.xml	Hadoop 配置 XML	Hadoop 守护进程的配置项,包括 NameNode、SecondaryNameNode 和 DataNode 等
Mapred—site.xml	Hadoop 配置 XML	MapReduce 守护进程的配置项,包括 JobTracker 和 TaskTracker
Masters	纯文本	运行 SecondaryNameNode 的机器列表(每行一个)
Slaves	纯文本	运行 DataNode 和 TaskTracker 的机器列表(每行一个)
Hadoop-metrics.properties	Java 属性	控制 metrics 在 Hadoop 上如何发布的属性

Hadoop 可以在单节点上以伪分布式的方式运行,Hadoop 进程以分离的 Java 进程来运行,节点既是 NameNode 也是 DataNode。为了使 Hadoop 在伪分布式模式下正常运行,需要对 core-site.xml 和 hdfs-site.xml 两个配置文件进行修改,这两个配置文件一般位于/usr/local/hadoop/etc/hadoop/ 中,具体修改如下。

1. core-site.xml 配置文件的修改

可以使用 vim 编辑器打开 core-site.xml 文件,它未配置前的内容是

```
<configuration>
</configuration>
```

而 core-site.xml 文件配置以后的内容是

```
<configuration>
    <property>
        <name>hadoop.tmp.dir</name>
        <value>file:/usr/local/hadoop/tmp</value>
        <description>Abase for other temporary directories.</description>
    </property>
    <property>
        <name>fs.defaultFS</name>
        <value>hdfs://localhost:9000</value>
    </property>
</configuration>
```

这里要说明的是,hadoop.tmp.dir 参数的默认保存目录是/tmp/hadoo-hadoop,而这个目录在 Hadoop 重启时有可能被系统清理掉,所以必须对 hadoop.tmp.dir 参数进行重新配置,配置的目录是/usr/local/hadoop/tmp。此外,也要配置 fs.defaultFS 参数,它指定的 HDFS 访问地址是 hdfs://localhost:9000,其中,9000 是端口号。

2. hdfs-site.xml 配置文件的修改

同理,hdfs-site.xml 文件未配置前的内容也是

```
<configuration>
</configuration>
```

配置以后的内容是

```
<configuration>
    <property>
        <name>dfs.replication</name>
        <value>1</value>
    </property>
    <property>
        <name>dfs.namenode.name.dir</name>
        <value>file:/usr/local/hadoop/tmp/dfs/name</value>
    </property>
    <property>
        <name>dfs.datanode.data.dir</name>
        <value>file:/usr/local/hadoop/tmp/dfs/data</value>
    </property>
</configuration>
```

同样,这里需要说明的是,dfs.replication 用于指定副本的个数,因为之前安装的是伪分布式 Hadoop 模式,只有一个节点,故 dfs.replication 的值是 1,即只能有一个副本进行冗余

存储。dfs.namenode.name.dir 用于设定名称节点的元数据的保存目录,即/usr/local/
hadoop/tmp/dfs/name。dfs.datanode.data.dir 用于设定数据节点的数据保存目录,即/usr/
local/hadoop/tmp/dfs/data。必须要设置这两个参数,否则在接下来的操作中可能出错。

3. 名称节点的格式化

启动 Hadoop 前,需要先格式化 Hadoop 的文件系统 HDFS,执行命令如下。

```
./bin/hdfs namenode - format
```

如果成功,会出现 successfully formatted 和 Exitting with status 0 的提示,如图 3-22
所示,若为 Exitting with status 1 则表示出错。

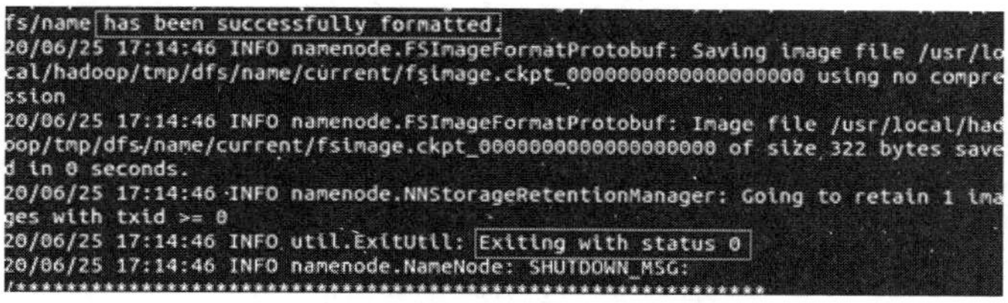

图 3-22　名称节点格式化的提示信息

需要特别注意的是,如果出现错误提示 Error:JAVA_HOME is not set and could not
be found,则说明之前的 JAVA_HOME 环境变量没有设置成功,要按照之前的步骤重新设
置 JAVA_HOME 变量,否则,后面的操作无法顺利执行。

4. 开启名称节点和数据节点的守护进程

如果名称节点格式化成功,则可以开启 Hadoop 的守护进程,输入如下命令:

```
./sbin/start-dfs.sh        #start-dfs.sh 是一个完整的命令,中间没有空格
```

显示启动名称节点、数据节点、第二名称节点,如图 3-23 所示。

5. 启动 Hadoop

启动完成后,输入 JPS 指令可以查看所有的 Java 进程。在正常启动时,可以得到如
图 3-24 所示的类似结果。

图 3-23　开启 Hadoop 守护进程的提示信息

图 3-24　启动 Hadoop

到此,Hadoop 的伪分布式安装就完成了。

6. 测试

通过上面的步骤安装好了 Hadoop。接下来,在浏览器上输入网址 https://loacalhost:

50070,这个网址用于在 Web 页面查看名称节点和数据节点的信息,如图 3-25 所示,还可以在线查看 HDFS 中的文件。如果能正常开打,说明 Hadoop 已经安装成功。

图 3-25 安装与配置详情

3.5 本章小结

Hadoop 是一个常用的大数据软件处理平台。本章首先介绍了大数据的数据类型、几种常用的大数据架构、基于 Hadoop 体系的大数据解决方案,然后介绍了 Hadoop 的简介、发展历程、特点、应用现状和版本的选择。Hadoop 目前已经在各个领域得到了广泛的应用,如雅虎、Facebook、百度、淘宝、网易等公司都建立了自己的 Hadoop 集群。经过多年发展,Hadoop 的生态系统已经变得非常成熟和完善,包括 HDFS、MapReduce、Pig、ZooKeeper、Hive 等子项目,在后面的章节中还会重点介绍 HDFS、MapReduce 这两个核心组件。本章最后介绍了如何在 Linux 系统下完成 Hadoop 伪分布式的安装和配置,这将为后续的实践学习打好软件基础。

习 题

1. 大数据类型都有哪些? 有什么区别?
2. 简述大数据的数据架构。
3. 什么是 Hadoop? 简要介绍其特点。
4. 在 Hadoop 生态体系中,有哪两大核心组件? 请分别说明。
5. Hadoop 的安装选择有哪三种? 它们有何区别?
6. 简述安装伪分布式 Hadoop 的步骤。

第 4 章
数据采集与预处理

　　数据采集与预处理是大数据处理分析的第一环节,也是大数据的关键技术之一。在大数据获取过程中,首先进行原始数据的采集,采集后必须有一个有效的方式将原始数据进行存储管理,但是采集到的原始数据可能包含很多无用的或者冗余的数据,因此数据预处理是保证有效数据存储和利用必不可少的操作。本章主要介绍大数据的采集、大数据采集的技术方法和大数据的预处理,以及大数据采集与预处理的常用工具。

4.1　大数据采集

4.1.1　大数据采集概述

　　近年,以大数据、物联网、人工智能、5G 为核心特征的数字化浪潮正席卷全球。随着网络和信息技术的不断普及,人类产生的数据量呈指数级增长,大约每两年翻一番,这意味着人类在最近两年产生的数据量相当于之前产生的全部数据量。世界上每时每刻都在产生大量的数据,包括物联网传感器数据、社交网络数据、商品交易数据等。面对如此巨大的数据,与之相关的采集、存储、分析等环节产生了一系列的问题。如何收集这些数据并且进行转换分析、存储以及有效率地分析成为巨大的挑战。需要有一个系统来收集数据,并且对数据进行提取、转换、加载。

1. 大数据采集技术的概念

　　大数据采集技术是对数据进行 ETL 操作,通过对数据进行提取、转换、加载,最终挖掘数据的潜在价值,然后提供给用户解决方案或者参考决策。ETL,是英文 Extract-Transform-Load 的缩写,其含义是数据从数据来源端经过抽取(extract)、转换(transform)、加载(load)到目的端,然后进行处理分析的过程。用户从数据源抽取出所需的数据,经过数据清洗,最终按照预先定义好的数据模型,将数据加载到数据仓库中,最后对数据仓库中的数据进行数据分析和处理。数据采集是数据分析生命周期的重要一环,它通过传感器数据、社交网络数据、移动互联网数据等方式获得各种类型的结构化、半结构化及非结构化的海量数据。由于采集的数据种类错综复杂,因此,对这种不同种类的数据进行数据分析,必须通过提取技术对复杂格式的数据进行数据提取,从数据原始格式中提取出需要的数据,这里可以丢弃一些不重要的字段。对于数据提取后的数据,由于数据源头的采集可能不准确,所以必须进行数据预处理,对那些不正确的数据进行过滤、剔除。针对不同的应用场景,对数据进行分析的工具或者系统不同,还需要对数据进行数据转换操作,将数据转换成不同的数据格式,最终按照预先定义好的数据仓库模型,将数据加载到数据仓库中,进行下一步的数据挖掘。

2. 大数据采集的要点

1) 全面性

数据量足够具有分析价值、数据面足够支撑分析需求。如针对购物系统的分析,对于"查看商品详情"这一行为,需要采集用户触发时的环境信息、会话,以及背后的用户 id,最后需要统计这一行为在某一时段触发的人数、次数、人均次数、活跃比等。

2) 多维性

数据更重要的是能满足分析需求。灵活、快速地自定义数据的多种属性和不同类型,可以满足不同的分析目标。如"查看商品详情"这一行为,通过埋点才能知道用户查看的商品及其价格、类型、id 等多个属性,从而知道用户看过哪些商品、什么类型的商品被查看得多、某个商品被查看了多少次,而不仅是知道用户进入了商品详情页。

3) 高效性

高效性包含技术执行的高效性、团队内部成员协同的高效性以及数据分析需求和目标实现的高效性。也就是说采集数据一定要明确采集目的,带着问题搜集信息,使信息采集更高效、更有针对性。此外,还要考虑数据的及时性。

3. 大数据采集的数据来源

根据数据来源划分,大数据的三大主要来源为商业数据、互联网数据与物联网数据。

(1) 商业数据。

商业数据是指来自企业 ERP 系统、各种 POS 终端及网上支付系统等业务系统的数据(见图 4-1),是现在最主要的数据来源渠道。

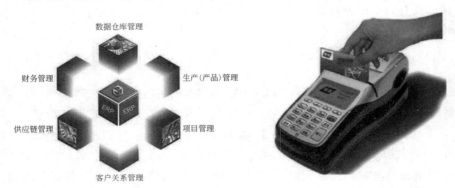

图 4-1　商业数据来源

(2) 互联网数据。

互联网数据是指网络空间交互过程中产生的大量数据,包括通信记录及 QQ、微信、微博等社交媒体产生的数据(见图 4-2),其数据复杂且难以被利用。

(3) 物联网数据。

物联网是一个基于互联网、传统电信网等信息承载体,让所有能够被独立寻址的普通物

图 4-2　互联网数据来源

理对象实现互联互通的网络。物联网数据就是通过物联网得到的数据,主要是在计算机互联网的基础上,利用射频识别、传感器、红外感应器、无线数据通信等技术获得大量的数据,如图 4-3 所示。

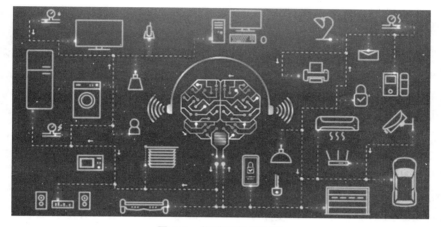

图 4-3　物联网数据来源

按数据存储类型划分,大数据的数据类型主要分为结构化数据和非结构化数据。

(1)结构化数据。

结构化数据是数据库系统存储的数据,如企业 ERP、财务系统、医疗 HS 数据库等各种信息系统。

(2)非结构化数据。

非结构化数据包括所有格式的办公文档、文本、图片、xml、html、各类报表、图像和音频、视频信息等数据。

目前拥有的大数据中,仅有 20% 左右属于结构化数据,约 80% 的数据属于广泛存在于社交网络、物联网、电子商务等领域的非结构化数据。

大数据需要进行深入的数据分析,其区别于传统数据之处主要有以下 4 点。

(1)大数据关注数据流,而不是数据库中的"库表"。

目前,常见的大数据应用有支持面向客户的过程、可以实时识别诈骗及可以对患者进行健康风险评估。另外一种应用是连续的过程监控,如监控客户的情绪变化,并判断客户可能的动作或者反应。在这些应用中可以看出,数据不是数据库中的"库表",而是连续的数据流。

传统的数据分析是基于固定的数据库所得出的结论,而基于连续的数据流的数据分析允许在事情得出结论以前进行数据处理。数据量的快速增长意味着公司需要开发连续的进程来进行数据采集和数据分析。获取的知识可以与生产应用程序相连接,实现连续处理。数据仓库和数据集市的小"库表"数据可以继续用来提炼大数据分析模型,一旦模型被开发,它们就可以快速、准确地处理持续的数据流数据。

例如,对电信公司的潜在客户分析,传统的方法是从大数据仓库中挑选出潜在的客户,数据采集、准备和分析的过程需要数周的时间,执行则需要更长的时间。如今,能够创造"针对市场"的数据分析模型,允许营销人员在一天内实时地分析和选择潜在客户,并通过频繁的迭代,以及对客户的实时监控数据,为客户制定个性化服务。因此,在大数据环境中,快速、实时的分析和决策是很重要的。

(2)大数据分析依赖于数据科学家,而不是传统的数据分析师。

虽然一个数据分析师可以提供足够的分析能力,但这与对大数据技术的要求是不同的。从事大数据工作的人员不仅需要实质性与创造性的计算机专业知识,还需要了解数据相关领域的专业知识。数据科学家不仅需要了解数据分析,还需要精通计算机专业知识,而且还需在计算机科学、计算物理、生物学或社会科学等领域具有专业知识。这些需求使得数据科学家非常有价值,并且非常稀缺。

(3)大数据正在改变传统数据采集、存储和分析的处理流程。

传统的采样采集、阵列存储和关系数据库平台将无法达到大数据时代的要求,需要推出新的产品支持大数据的庞大规模和管理。例如,Hadoop能够管理各种大型数据源,其相关的数据采集方法、数据分析平台和数据分析算法都在不断进化发展。此外,基于云计算的数据平台非常适合大数据的分析处理,各大云服务供应商可以针对不同的需求提供按需定价的大数据服务。针对大数据采集问题,可以应用"虚拟数据集市"的方法将数据存放在它本来的位置,允许数据科学家共享这些数据且不需要复制它。

(4)大数据正在引领新的数据思维。

大数据时代的数据不仅是数据处理对象,更需要用全新的数据思维来应对。大数据时代正在从以计算机为中心转变成以数据为中心的时代。在这个时代,数据不再仅仅是需要获取的数据对象,而应当是一种基础资源,并以大数据为资源来协同解决其他领域的问题。这种全新的思维也将研究从原来的抽样、精确、因果关系转为全样本、非精确、关联关系。例如,传统的数据分析中,一个重要的因素是因果关系的可靠性。在有限的样本下,利用设检验,根据概率 P 值进行检验决策。P 值反映某一事件发生的可能性大小,一般认为 $P < 0.5$ 为显著,从而确认两个变量之间可能存在因果关系。但是,大数据时代改变了这种对追求因果关系的检验。大数据从关联性着手,而不是因果关系,这从本质上改变了传统数据分析的方法。

大数据分析的最终目标,是从复杂的大数据集中发现新的关联规则,继而进行深度挖掘,以得到有效的新信息。

4.1.2 大数据采集方法

大数据的价值不在于存储数据本身,而在于如何挖掘数据,只有具备足够的数据源,才能挖掘出数据背后的价值。在现实生活中,数据产生的种类很多,并且不同种类的数据产生的方式不同。对于大数据采集方法,主要分为以下 3 类。

1. 系统日志采集方法

许多公司的业务平台每天都会产生大量的日志信息。从这些日志信息中，可以得出很多有价值的数据。通过对这些日志信息进行日志采集、收集，然后进行数据分析，挖掘公司业务平台日志数据中的潜在价值，为公司决策和后台服务器平台性能评估提供高可靠的数据保证。系统日志采集系统做的事情就是收集日志数据提供离线和在线的实时分析使用。

目前常用的开源日志收集系统有 Flume、Scribe 等。Apache Flume 是一个分布式、可靠、可用的服务，用于高效地收集、聚合和移动大量的日志数据，它具有基于流式数据流的简单灵活的架构同，其可靠性机制和许多故障转移和恢复机制，使 Flume 具有强大的容错能力。Scribe 是 Facebook 开源的日志采集系统。Scribe 实际上是一个分布式共享队列，它可以从各种数据源上收集日志数据，然后放入它上面的共享队列中。Scribe 可以接收 thrift client 发送过来的数据，将其放入它上面的消息队列中，然后通过消息队列将数据 Push 到分布式存储系统中，并且由分布式存储系统提供可靠的容错性能。如果最后的分布式存储系统 crash，Scribe 中的消息队列还可以提供容错能力，它会将日志数据写入本地磁盘中。Scribe 支持持久化的消息队列，来提供日志收集系统的容错能力。

2. 网络数据采集方法

通过网络爬虫和一些网站平台提供的公共 API(如 Twitter 和新浪微博 API)等方式从网站上获取数据，这样就可以将非结构化数据和半结构化数据的网页数据从网页中提取出来，并将其提取、清洗、转换成结构化的数据，存储为统一的本地文件数据。

目前常用的网页爬虫系统有 Apache Nutch、Crawler4j、Scrapy 等框架。Apache Nutch 是一个高度可扩展和可伸缩性的分布式爬虫框架。Apache 通过分布式抓取网页数据，并且由 Hadoop 支持，通过提交 MapReduce 任务来抓取网页数据，并可以将网页数据存储在 HDFS 中。Nutch 可以进行分布式多任务的数据爬取、存储和索引。由于多个机器并行做爬取任务，因此 Nutch 充分利用多个机器的计算资源和存储能力，大大提高系统爬取数据的能力。Crawler4j、Scrapy 都是爬虫框架，给开发人员提供了便利的爬虫 API 接口。开发人员只需要关心爬虫 API 接口的实现，不需要关心具体框架怎么爬取数据。Crawler4j、Scrapy 框架大大提高了开发人员的开发速率，开发人员可以很快地完成一个爬虫系统的开发。

3. 数据库采集方法

一些企业会使用传统的关系数据库 MySQL 和 Oracle 等来存储数据。除此之外，Redis 和 MongoDB 这样的 NoSQL 数据库也常用于数据的采集。企业每时每刻产生的业务数据，以行记录形式被直接写入数据库中。通过数据库采集系统直接与企业业务后台服务器结合，将企业业务后台每时每刻产生的大量业务记录写入数据库中，最后由特定的处理分析系统进行系统分析。

Hive 是 Facebook 团队开发的一个可以支持 PB 级别的可伸缩性的数据仓库。这是一个建立在 Hadoop 之上的开源数据仓库解决方案。Hive 支持使用类似 SQL 的声明性语言 (HiveQL) 表示的查询，这些语言被编译为使用 Hadoop 执行的 MapReduce 作业。另外，HiveQL 使用户可以将自定义的 map-reduce 脚本插入查询中。该语言支持基本数据类型，类似数组和 Map 的集合以及嵌套组合。HiveQL 语句被提交执行。首先,Driver 将查询传递给编译器 compiler,通过典型的解析、类型检查和语义分析阶段,使用存储在 Metastore 中的元数据。编译器生成一个逻辑任务,然后通过一个简单的、基于规则的优化器进行优化,生成一组 MapReduce 任务和 HDFS Task 的 DAG 优化后的 Task,最后执行引擎使用 Hadoop 按照它们的依赖性顺序执行这些 Task。Hive 简化了对于那些不熟悉 Hadoop MapReduce 接口的用户的学习门槛,Hive 提供了一系列简单的 HiveQL 语句,对数据仓库中的数据进行简要分析与计算。

在大数据采集技术中,一个关键的环节就是转换操作。它将清洗后的数据转换成不同的数据形式,由不同的数据分析系统和计算系统进行处理和分析,将批量数据从生产数据库加载到 HDFS 中或者从 HDFS 将数据转换为生产数据库中,这是一项艰巨的任务。用户必须考虑确保数据一致性、生产系统资源消耗等细节。使用脚本传输数据效率低下且耗时。Apache Sqoop 就是用来解决这个问题的,Sqoop 允许从结构化数据存储(如关系数据库,企业数据仓库和 NoSQL 系统)轻松导入和导出数据。使用 Sqoop 可以将来自外部系统的数据配置到 HDFS 上,并将表填入 Hive 和 HBase 中。运行 Sqoop 时,被传输的数据集被分割成不同的分区,一个只有 mapper Task 的 Job 被启动,mapperTask 负责传输这个数据集的一个分区。Sqoop 使用数据库元数据来推断数据类型,因此每个数据记录都以类型安全的方式进行处理。

4.2　大数据采集工具

随着互联网技术的发展,各行业的相关部门、公司等都在不断地产生大量的信息,这些信息需要以简单、及时的方式进行处理,以满足各种应用需求。这给大数据技术带来了许多挑战,第一个挑战就是在大量的数据中搜集需要的数据,很多大型的互联网公司、金融行业、零售行业、医疗行业等都有自己的业务平台,在此平台上,每天都会产生大量的系统日志数据。这些日志数据包括了用户的交易数据、社交数据、搜索数据等,并拥有稳定、安全的数据资源。通过采集系统日志数据,可以获得大量数据。

目前,越来越多的企业通过架设日志采集系统来保存这些数据,希望通过这些数据获取商业或社会价值,如 Cloudera 的 Flume,Apache 的 Kafka 和 Sqoop,Facebook 的 Scribe 等大数据采集框架。这些工具大多采用分布式架构来满足大规模日志采集的需求。

Flume 是 Cloudera 提供的日志收集系统。Flume 支持在日志系统中定制各类数据发送方,用于收集数据;同时,Flume 具有对数据进行简单处理并写到各种数据接收方(可定制)的能力。

Kafka 是由 Apache 开发的一个开源消息系统项目。它是一个分布式的、分区的、多复本的日志提交服务。

Sqoop 是一个独立的 Apache 项目,它是用 Java 语言编写的数据迁移开源工具,主要用于在 Hadoop 与传统的数据库(MySQL、PostgreSQL 等)进行数据的传递,可以将一个关系数据库(如 MySQL、Oracle、Postgres 等)中的数据导入 HDFS,也可以将 HDFS 的数据导入关系数据库。

Scribe 是 Facebook 开源的日志收集系统,在 Facebook 内部已经得到大量的应用。

4.2.1　Flume

Flume 是 Cloudera 于 2009 年 7 月开发的一款开源、高可靠、高扩展、容易管理、支持客户扩展的日志数据采集系统。Flume 使用 JRuby 构建,所以依赖于 Java 运行环境。它内置的各种组件非常齐全,用户几乎不必进行任何额外开发即可使用。

Flume 最初是由 Cloudera 的工程师设计用于合并日志数据的系统,后来逐渐发展用于处理流数据事件。

1. Flume 的架构

Flume 采用了分布式的管道架构,由 3 层组成,分别为 agent、collector 和 storage,如图 4-4 所示。其中,agent 和 collector 均由 Source 和 Sink 两部分组成,Source 是数据来源,Sink 是数据去向。

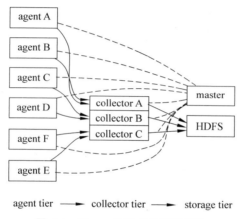

图 4-4　Flume 分布式的管道架构

1) agent

agent 的作用是将数据源的数据发送给 collector。每一个 agent 都由 Source、Channel 和 Sink 组成,如图 4-5 所示。

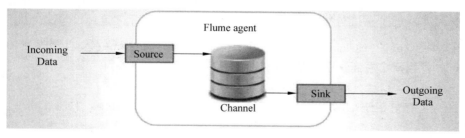

图 4-5　agent

(1) Source。

Source 负责接收输入数据,并将数据写入管道。Flume 的 Source 支持 HTTP、JMS、RPC、NetCat、Exec、Spooling Directory。其中,Spooling 支持监视一个目录或者文件,解析

其中新生成的事件。

Flume 自带了很多直接可用的数据源(Source),如:

text("filename"):将文件 filename 作为数据源,按行发送。

tail("filename"):探测 filename 新产生的数据,按行发送。

fsyslogTcp(5140):监听 TCP 的 5140 端口,并且发送接收到的数据。

(2) Channel。

Channel 存储,缓存从 Source 到 Sink 的中间数据,可以使用不同的配置来做 Channel,例如内存、文件、JDBC 等。使用内存性能高但不持久,有可能丢数据。使用文件更可靠,但性能不如内存。

(3) Sink。

Sink 负责从管道中读出数据并发给下一个 agent 或者最终的目的地。Sink 支持的不同目的地种类包括 HDFS、HBase、Solr、ElasticSearch、File、Logger 或者其他的 Flume agent。

Flume 提供了很多 Sink,如:

console[("format")]:直接将数据显示在桌面上。

text("txtfile"):将数据写到文件 txtfile 中。

dfs("dfsfile"):将数据写到 HDFS 上的 dfsfile 文件中。

syslogTcp("host",port):将数据通过 TCP 传递给 host 节点。

2) collector

collector 的作用是将多个 agent 的数据汇总后,加载到 storage 中。它的 Source 和 Sink 与 agent 类似。

在下面的例子中,agent 监听 TCP 的 5140 端口接收到的数据,并发送给 collector,由 collector 将数据加载到 HDFS。

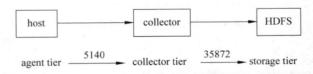

```
host : syslogTcp(5140) | agentSink("localhost",35872) ;
collector : collectorSource ( 35872 ) | collectorSink ( " hdfs://namenode/user/flume/?",
"syslog");
```

此外,使用 autoE2EChain,当某个 collector 出现故障时,Flume 会自动探测一个可用 collector,并将数据定向到这个新的可用 collector 上。

3) storage

storage 是存储系统,可以是一个普通文件,也可以是 HDFS、Hive、HBase 等。

2. Flume 的特点

Flume 的特点如下。

1) 可靠性高

当节点出现故障时,日志能够被传送到其他节点上而不会丢失。Flume 提供了 3 种级别的可靠性保障,从强到弱依次为 end-to-end(收到数据后 agent 首先将 event 写到磁盘,当数据传送成功后,再删除;如果数据发送失败,可以重新发送)、Store on failure(Scribe 采用的策略,当数据接收方 crash 时,将数据写到本地,待恢复后,继续发送)、Best effort(数据发送到接收方后,不会进行确认)。

2) 架构可扩展性

Flume 采用了 3 层架构,分别为 agent、collector 和 storage,每一层均可以水平扩展。其中,所有 agent 和 collector 由 master 统一管理,这使得系统容易监控和维护,且 master 允许有多个(使用 ZooKeeper 进行管理和负载均衡),这就避免了单点故障问题。

3) 可管理性

所有 agent 和 collector 由 master 统一管理,这使得系统便于维护。用户可以在 master 上查看各个数据源或者数据流执行情况,且可以对各个数据源配置和动态加载。Flume 提供了 web 和 shell script command 两种形式对数据流进行管理。

4) 功能可扩展性

用户可以根据需要添加自己的 agent、collector 或者 storage。此外,Flume 自带了很多组件,包括各种 agent(file、syslog 等)、collector 和 storage(file,HDFS 等)。

4.2.2　Kafka

Kafka 是 2010 年 12 月开源的项目,采用 scala 语言编写,使用了多种效率优化机制,整体架构比较新颖(push/pull),更适合异构集群。Kafka 是开源的消息系统,主要用于处理活跃的流式数据。活跃的流式数据在 Web 网站应用中非常常见,包括网站的页面浏览量(PV 值)、用户访问了什么内容、用户搜索了什么内容等。这些数据通常以日志的形式记录下来,然后每隔一段时间进行一次统计处理。

1. Kafka 的架构

Kafka 的整体架构是很简单的,它是显式分布式架构,架构图如图 4-6 所示。从架构图可以看出,生产者(Producer)、缓存代理(Broker)和消费者(Consumer)都可以有多个。Producer 和 Consumer 实现 Kafka 注册的接口,数据从 Producer 发送到 Broker,Broker 承担中间缓存和分发的作用。Broker 分发注册到系统中的 Consumer。Broker 的作用类似于缓存,即活跃的数据和离线处理系统之间的缓存。客户端和服务器端的通信是基于简单的、高性能的且与编程语言无关的 TCP。

Kafka 实际上是一个消息发布订阅系统。Producer 向某个 topic 发布消息,而 Consumer 订阅某个 topic 的消息,进而一旦有新的关于某个 topic 的消息,Broker 会传递给订阅它的所有 Consumer。在 Kafka 中,消息是按 topic 组织的,而每个 topic 又会分为多个 partition,这样便于管理数据和进行负载均衡。同时,它也使用了 ZooKeeper 进行负载均衡。

1) Producer

Producer 的任务是向 Broker 发送数据。Kafka 提供了两种 Producer 接口,一种是 low _level 接口,使用该接口会向特定的 Broker 的某个 topic 下的某个 partition 发送数据;另一种是 high level 接口,该接口支持同步/异步发送数据,基于 ZooKeeper 的 Broker 自动识别和负载均衡(基于 Partitioner)。

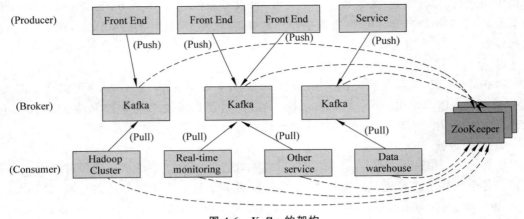

图 4-6　Kafka 的架构

其中,基于 ZooKeeper 的 Broker 自动识别值得一说。Producer 可以通过 ZooKeeper 获取可用的 Broker 列表,也可以在 ZooKeeper 中注册 listener,该 listener 在以下情况下会被唤醒:

(1) 添加一个 Broker;

(2) 删除一个 Broker;

(3) 注册新的 topic;

(4) Broker 注册已存在的 topic。

当 Producer 得知以上时间时,可以根据需要采取一定的行动。

2) Broker

Broker 采取了多种策略提高数据处理效率,包括 sendfile 和 zero copy 等技术。

3) Consumer

Consumer 的作用是将日志信息加载到中央存储系统上。Kafka 提供了两种 Consumer 接口,一种是 low level 的,它维护到某一个 Broker 的连接,并且这个连接是无状态的,即每次从 Broker 上 pull 数据时,都要告诉 Broker 数据的偏移量。另一种是 high-level 接口,它隐藏了 Broker 的细节,允许 Consumer 从 Broker 上 push 数据而不必关心网络拓扑结构。更重要的是,对于大部分日志系统而言,Consumer 已经获取的数据信息都由 Broker 保存,而在 Kafka 中,由 Consumer 自己维护获取的数据信息。

2. Kafka 的特点

Kafka 的特点如下。

(1) Kafka 同时为发布和订阅提供高吞吐量。Kafka 每秒可以生产约 25 万条消息 (50MB),每秒处理 55 万条消息(110MB)。

(2) Kafka 可以进行持久化操作。将消息持久化到磁盘,因此可用于批量消费(例如 ETL)以及实时应用程序。通过将数据持久化到硬盘以及 replication,以防止数据丢失。

(3) Kafka 是分布式系统,易于向外扩展。所有的 Producer、Broker 和 Consumer 都会有多个,均为分布式的,无须停机即可扩展机器。

(4) Kafka 消息被处理状态是在 Consumer 端维护,而不是由 Server 端维护,当失败时能自动平衡。

（5）Kafka 支持 online(在线)和 offline(离线)的场景。

4.2.3　Sqoop

Sqoop 是 2009 年开发的,最早作为 Hadoop 的一个第三方模块存在,现在已经独立成为一个 Apache 项目。Sqoop 是一款开源的工具,主要用于在 Hadoop 与传统的数据库(MySQL、PostgresSQL 等)之前进行数据的传递,可以将一个关系数据库(例如 MySQL、Oracle、Postgres 等)中的数据导入 HDFS,也可以将 HDFS 的数据导入关系数据库。Sqoop 的一大亮点就是可以通过 Hadoop 的 MapReduce 把数据从关系数据库导入 HDFS,如图 4-7 所示。

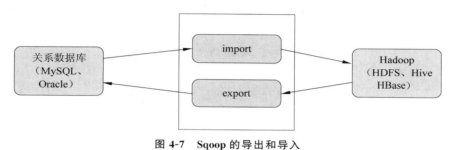

图 4-7　Sqoop 的导出和导入

1. Sqoop 的架构

Sqoop 的架构非常简单,其整合了 Hive、HBase 和 Oozie,通过 Map Reduce 任务来传输数据,从而提供并发特性和容错。

Sqoop 从关系数据库中将数据导入 HDFS 的原理如图 4-8 所示。首先,用户输入一个 Sqoop import 命令,Sqoop 会从关系数据库中获取元数据信息,如 schema、table 表有哪些字段、field type 字段数据类型等,然后将导入命令转化为基于 Map 的 MapReduce 作业。这样 MapReduce 作业中有很多 Map 任务,每个 Map 任务从数据库中读取一片数据,多个 Map 任务并行地完成数据复制,把整个数据快速地复制到 HDFS。

Sqoop 的导出功能的原理与其导入功能非常相似,如图 4-9 所示。首先,用户输入一个 Sqoop export 命令,它会获取关系数据库的 schema,建立 Hadoop 字段与数据库表字段的映射关系,然后将输入命令转化为给予 Map 的 MapReduce 作业。这样 MapReduce 作业中有很多 Map 任务,它们并行地从 HDFS 读取源数据文件,并将整个数据复制到数据库。HDFS 读取数据的 MapReduce 作业会根据所处理文件的数量和大小来选择并行度(Map 任务的数量)。

Sqoop1 和 Sqoop2 是 Sqoop 两个不同的版本,它们是完全不兼容的。版本划分方式: Apache 1.4.X 之后的版本是 1,1.99.0 之上的版本是 2。Sqoop1 和 Sqoop2 在架构和用法上完全不同。

1) Sqoop1 的架构

架构方面,Sqoop1 使用 Sqoop 客户端直接提交代码方式,采用命令行界面(Command Line Interface,CLI)控制台方式访问,安全性方面使用命令或者脚本指定用户数据库名和

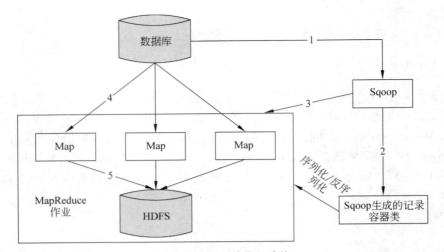

图 4-8　Sqoop 的导入功能

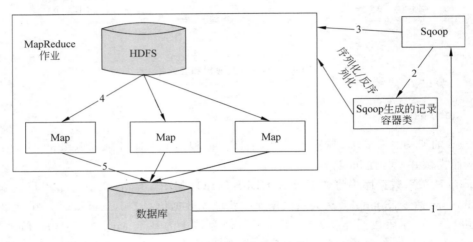

图 4-9　Sqoop 的导出功能

密码,如图 4-10 所示。

　　原理:Sqoop 工具接收到客户端的 Shell 命令或者 Java api 命令后,通过 Sqoop 中的任务翻译器(task translator)将命令转换为对应的 MapReduce 任务,而后将关系数据库和 Hadoop 中的数据进行相互转移,进而完成数据的复制。

　　2) Sqoop2 的架构

　　架构方面,Sqoop2 引入了 Sqoop Server,对 Connectors 实现了集中的管理访问方式:以 REST API、Java API、Web UI 以及 CLI 控制台方式进行访问,如图 4-11 所示。安全性方面,用 CLI 方式访问,通过交互过程界面,输入的密码信息会被看到,同时 Sqoop2 引入基于角色的安全机制,Sqoop2 比 Sqoop1 多了一个 Server 端。

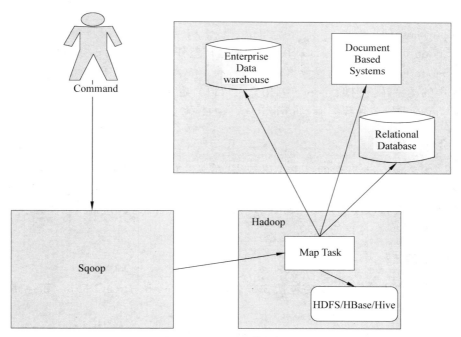

图 4-10 Sqoop1 的架构图

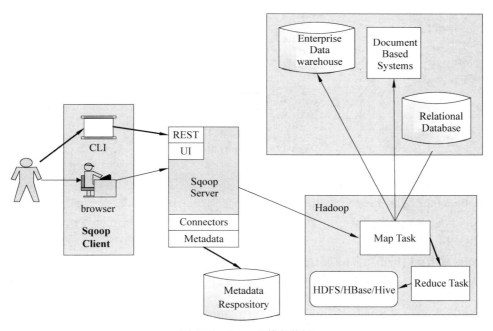

图 4-11 Sqoop2 的架构图

2．Sqoop 的特点

Sqoop 的特点如下。

（1）Sqoop 可以高效、可控地利用资源，通过调整任务数来控制任务的并发度。

（2）Sqoop 可以自动地完成数据映射和转换。导入数据库是有类型的，它可以自动根据数据库中的类型转换到 Hadoop 中，用户也可以自定义它们之间的映射关系。

（3）Sqoop 支持多种数据库，如 MySQL、Orcale 等数据库。

4.2.4　Scribe

Scribe 是 Facebook 开源的日志收集系统，在 Facebook 内部已经得到大量的应用。它能够从各种日志源上收集日志，存储到一个中央存储系统（可以是网络文件系统，也可以是分布式文件系统等），以便进行集中统计分析处理。它为日志的"分布式收集，统一处理"提供了一个可扩展的、高容错的方案。

1．Scribe 的架构

Scribe 的架构比较简单，主要包括 3 部分，分别为 Scribe agent、Scribe 和存储系统，见图 4-12。

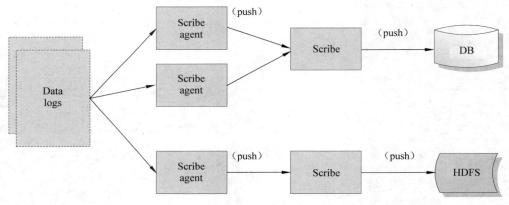

图 4-12　Scribe 的架构图

1）Scribe agent

Scribe agent 实际上是一个 thrift client。它向 Scribe 发送数据的唯一方法是使用 thrift client，Scribe 内部定义了一个 thrift 接口，用户使用该接口将数据发送给 Server。

2）Scribe

Scribe 接收到 thrift client 发送过来的数据，根据配置文件，将不同 topic 的数据发送给不同的对象。Scribe 提供了各种各样的 store，如 file、HDFS 等，Scribe 可将数据加载到这些 store 中。

3）存储系统

存储系统实际上就是 Scribe 中的 store，当前 Scribe 支持非常多的 store，包括 file（文件）、buffer（双层存储，一个主存储，另一个副存储）、network（另一个 Scribe 服务器）、bucket（包含多个 store，通过 hash 将数据存到不同 store 中）、null（忽略数据）、thriftfile（写到一个 Thrift TFileTransport 文件中）和 multi（把数据同时存放到不同的 store 中）。

2. Scribe 的特点

（1）Scribe 支持多语言。使用非阻塞 C++ 服务器实现 Thrift 服务。

（2）Scribe 方便扩展。Scribe 服务器部署在一个有向图里，每一台服务器只知道图中的下一台服务。

（3）Scribe 容错性好。当 Scribe 服务器无法向下一台 Scribe 服务器发送消息时（因为机器或者网络故障），这些消息将存储到本地磁盘，等待故障消除后重新发送。

（4）Scribe 不提供事务保障，有可能造成少部分数据丢失。

4.3　大数据预处理技术

4.3.1　预处理意义

通过大数据采集工具采集后的数据，数据类型和组织模式存在多样化、关联关系较繁杂、质量良莠不齐，使得数据的感知、表达、理解和计算等多个环节面临着巨大的挑战。数据预处理是数据分析、挖掘前一项非常重要的数据准备工作，目前所进行的关于数据挖掘的研究工作，大多着眼于数据挖掘算法的探讨而忽视了对数据处理的研究。一些比较成熟的算法对其处理的数据集合一般都有一定的要求，如数据完整性好、数据的冗余性少、属性之间的相关性小。然而，实际系统中的数据一般都具有不完全性、冗余性和模糊性，很少能直接满足数据挖掘算法的要求。另外，海量的实际数据中无意义的成分很多，严重影响了数据挖掘算法的执行效率，而且由于其中的噪声干扰还会造成无效的归纳。预处理已经成为数据挖掘系统实现过程中的关键问题。它一方面可以保证挖掘数据的正确性和有效性，另一方面通过对数据格式和内容的调整，使数据更符合挖掘的需要。

1. 数据预处理的概念

数据预处理（data preprocessing）是指在主要的处理以前对数据进行的一些处理。如对大部分地球物理面积性观测数据在进行转换或增强处理之前，首先将不规则分布的测网经过插值转换为规则网的处理，以利于计算机的运算。另外，对于一些剖面测量数据，如地震资料预处理有垂直叠加、重排、加道头、编辑、重新取样、多路编辑等。

2. 原始数据存在的问题

实际应用系统中收集到的原始数据，通常存在以下几方面的问题。

1）杂乱性

原始数据是从各个实际应用系统中获取的（多种数据库、多种文件系统），由于各应用系统的数据缺乏统一标准和定义，数据结构也有较大的差异，因此各系统间的数据存在较大的不一致性，往往不能直接拿来使用。

2）重复性

重复性是指对于同一个客观事物在数据库中存在两个或两个以上完全相同的物理描述。由于应用系统在实际使用中存在的一些问题，几乎所有应用系统中都存在数据的重复和信息的冗余现象。

3）不完整性

由于实际系统设计时存在的缺陷以及一些使用过程中人为因素所造成的影响,数据记录中可能会出现数据属性的值丢失或不确定的情况,还可能缺少必需的数据而造成数据不完整。实际使用的系统中存在大量的模糊信息,有些数据设置还具有一定的随机性质。

总之,现实世界的数据很难让人总是满意的,一般是很差的,原因也有很多。但并不需要过多关注数据质量差的原因,只需关注如何让数据质量更好,也就是说如何对数据进行预处理,以提高数据质量,满足数据挖掘的需要。

4.3.2　预处理方法

数据预处理的主要任务可以概括成 4 个内容,即数据清洗、数据集成、数据归约和数据变换,如图 4-13 所示。

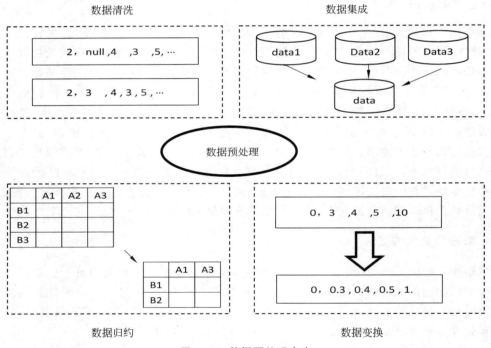

图 4-13　数据预处理内容

1. 数据清洗

数据清洗是进行数据预处理的首要方法。通过填充缺失的数据值、光滑噪声数据、识别离群点、纠正数据不一致等方法,达到纠正错误、标准化数据格式、清除异常和重复数据的目的。

1）缺失值处理

缺失值是现实世界数据常见的问题。缺失值通常包括以下几种处理方法。

(1) 忽略元组。当缺少类标号时,可以通过采用忽略元组的方式处理数据。但是当元组中有多个属性缺失值时,该方法不是很有效。而当某个属性缺失值的百分比变化差异很大时,该方法也不能很好地处理缺失值问题。采用忽略元组的方法时,用户将不能使用该元组剩余属性值,因此可能会影响后续的数据挖掘任务。

(2) 人工填写缺失值。即用户人工填写缺失的数据。因为用户最了解关于自己的数据,所以这个方法的数据偏离问题最小。但该方法很费时,尤其是当数据集很大、存在很多缺失值时,靠人工填写的方法不具备实际的可行性。

(3) 使用一个全局常量填充缺失值。通常可以将缺失属性值用一个常量(如 unknown或数字 0)替换。如果大量缺失值都采用同一属性值,则挖掘程序可能会误认为它们属性相同,从而得出有偏差甚至错误的结论,因此该方法并不十分可靠。

(4) 使用属性的中心度量(如均值或中位数)填充缺失值。根据数据分布特点,如果数据是对称分布,可以使用属性均值来填充缺失值;如果数据分布是倾斜的,则使用中位数来填充缺失值。这种方法的本质是利用已存数据的信息来推测缺失值,并用推测值来实现填充。

(5) 使用同类样本的属性均值或者中位数填充缺失值。例如,先将潜在客户按收入水平分类,具有相同收入水平的客户的平均收入或者中位数替换未知客户收入水平的缺失数据值。

(6) 使用最可能的值填充缺失值。利用机器学习方法,如回归、贝叶斯形式化的基于推理的工具和决策树归纳等方法确定填充的缺失值。例如,利用数据集中其他客户的属性,可以构建一颗决策树来预测未知客户收入水平的缺失值。

其中,方法(3)~(6)可能会产生数据偏差,从而导致填充的缺失值不正确。然而,方法(6)是最常用的策略,同其他方法相比,它使用已有数据的大部分信息来预测缺失值。在预测客户收入水平的缺失值时,通过考察其他属性的值,有更大的可能性保持客户收入水平和其他属性的关联度。

然而,在某些情况下,缺失值并不意味着数据出现了错误。例如,申请人在申请信用卡时,可能被要求提供驾驶执照号。没有驾驶执照的申请者必然会使该字段为空。表格应当允许填表人使用诸如“不适用”等值。软件例程也可以用来发现其他空值(如“不知道”“不确定”和“无”)。理想情况下,每个属性都应当有一个或多个关于空置条件的规则。这些规则可以说明是否允许空值,或这样的空值应当如何处理或变换。如果在后续的业务处理中提供这些值,字段也可能故意留下空白。因此在获取数据后,尽管会尽所能去清洗数据,但友好的数据模型和数据输入的设计将有助于在最初将缺失值和错误的数量最少化。

2) 光滑噪声数据处理

噪声是被测量的变量的随机误差和方差。利用数据盒图、散点图或者数据可视化技术可以识别可能的噪声。

在给定一个数值属性的前提下,光滑数据、去掉噪声常用的技术如下。

(1) 分箱(binning)。分箱方法是通过考察数据的“近邻”值,即周围的值来光滑有序数据的值。这些有序值将分布到一些“桶”和箱中。由于分箱方法考察的是数据的近邻值,因此,只能进行局部光滑。

图 4-14 给出商品价格数据的分箱方法。首先将商品价格数据排序,然后图中第一列将其划分到大小为 3 的等频箱中(即每个箱包含 3 个数值)。

按某商品价格数据(序后)：4,8,15,21,21,24,25,28,34

等频划分箱：	用箱均值光滑：	用箱边界光滑：
箱1：4,8,15	箱1：9,9,9	箱1：4,4,15
箱2：21,21,24	箱2：22,22,22	箱2：21,21,24
箱3：25,28,34	箱3：29,29,29	箱3：25,25,34

图 4-14　光滑数据的分箱方法

第二列用箱均值光滑的方法将箱中的均值替代每一个真实的数据值。例如,等频分箱中箱中数据的均值为9,因此在均值光滑方法中箱1每个数值都被替换为9。此外,还可以采用箱中位数的光滑方法,也就是说用箱中数值的中位数替代箱中每一个真实的数据值。中位数是指有序数据值中的中间值。

第三列用箱边界光滑的方法将给定箱中的最大和最小值都视为箱边界,将箱中的每个值替换为最近的边界值。

除了上述的等频分箱法,还有等宽法和用户自定义区间法等分箱方法。等频分箱法是将数据集按元组个数分箱,每箱具有相同的元组数,每箱元组数称为箱子的深度。等宽法是使数据集在整个属性值的区间上平均分布,即每个箱的区间范围是一个常量,称为箱子宽度。用户自定义区间是指用户可以根据需要自定义区间,当用户明确希望观察某些区间范围内的数据分布时,使用这种方法可以方便地帮助用户达到目的。

一般而言,宽度越大光滑效果越好。通常分箱还可以作为一种离散化技术被使用。

(2)回归。光滑数据可以利用数学中的拟合函数来实现回归。线性回归就是通过找出拟合两个属性的"最佳"直线,使得其中一个属性可以用于测出另一个属性。而多元线性回归是线性回归的扩展,其设计的属性多于两个,并且将数据拟合到一个多维曲面。

(3)孤立点分析。孤立点可通过聚类进行检测。聚类是将相似的值组织成群或"簇",落在集合外的值被称为孤立点(或离群点)。

许多数据光滑的方法也可用于数据离散化和数据归约。例如,分箱技术可以减少每个属性的不同值的数量;基于逻辑的数据挖掘方法(如决策树归纳)可以反复地对排序后的数据进行比较。这实际上就是一种数据归约的形式。另外一种数据离散化形式是概念分层。它也可以用于数据光滑。例如。客户收入水平的概念分层可以把实际的收入水平值映射到高、中和低三个层次,从而减少挖掘过程需要处理的值数量。

3)检测偏差与纠正偏差

数据清洗是一项对数据进行检测偏差与纠正偏差的繁重过程。导致数据出现偏差的原因有很多,包括设计不完善的多选项字段的表单输入、人为的数据输入错误、有意的输入错误以及已经失效的数据。偏差也可能源于数据表示不一致或数据编码不一致。硬件设备故障或者系统错误也可能产生数据偏差。数据集成时,由于不同数据库使用不同的名词也可能产生数据偏差。

(1)检测偏差。这是数据清洗的第一步。通常,可以根据已知的数据性质的知识(如数据类型和定义域等)发现噪声、孤立点和需要考察的不寻常的值。这种知识或"关于数据的数据"称为元数据。考察每个属性的定义域和数据类型、每个属性可接受的值、值的长度范围;考察是否所有的值都落在期望的值域内,属性之间是否存在已知的依赖,即找出均值、中位数和众数,把握数据趋势和识别异常,如远离给定属性均值超过两个标准差的值潜在的孤立点。

一种错误是数据编码不一致问题和数据表示的不一致问题(如日期字段表示方法不一致 2018/04/10 和 10/04/2018)。而字段过载是另一种数据偏差。这类偏差通常是程序开发者将已经定义的属性中未使用的位加入新的属性定义。

考察数据还应当遵循唯一性规则、连续性规则和空值规则。唯一性规则是指给定属性的每个值都必须不同于该属性的其他值。连续性规则是指属性的最高值和最低值之间没有缺失值。空值规则是指空白、问号、特殊符号或指示空值条件的字符串以及如何记录空值条件。目前,有很多商业工具可以实现数据偏差的检测。例如,数据清洗工具利用已知的领域知识检查并纠正数据中的错误;数据审计工具通过数据分析发现数据的关联规则,并检测违反这些规则的偏差数据。还有些数据不一致可以通过其他外部材料人工加以更正。例如,数据输入时的错误可以使用纸上的记录加以更正。但是,大部分错误需要数据交换。

(2)纠正偏差。一旦发现数据偏差,通常需要使用一系列变换来纠正。例如,利用数据迁移工具实现字符串的替换。但是,这些工具通常只能实现有限的变换。因此,常常可能需要为正偏差编写定制的程序。

由以上分析可以看出,偏差检测和正偏差这两步是迭代执行的。这个过程烦琐、费时且容易出错。有些变换还有可能导致更多的数据偏差,这些叠加的偏差可能在其他偏差解决之后才会被检测出来。

为了提高数据清洗效率,新的数据清洗方法应该加强交互性。用户可以在一个类似于电子表格的界面上,通过编辑和调试每个变换,逐步构造一个数据变换序列。系统可以通过图形界面直观展示这些变换序列,每一次数据变化结果也可以实时显示。用户可以方便快捷地进行数据变换,从而提高数据清洗效率和效果。另外,还可以通过定义 SQL 的数据变化操作使得用户可以有效地实现数据清洗的算法。

深入了解数据以及不断更新元数据,有助于加快对相同数据存储的数据清洗速度。

2.数据集成

数据集成是把不同来源、格式、性质的数据在逻辑上或物理上有机地集中,以便进行数据挖掘工作。数据集成通过数据交换而达到,主要解决数据的分布性和异构性问题。数据集成的程度和形式也是多种多样的。对于小的项目,如果原始的数据都存在不同的表中,数据集成的过程往往根据关键字段将不同的表集成到一个或几个表;而对于大的项目,则有可能需要集成到单独的数据仓库。

数据挖掘经常需要数据集成,即将多个数据源中的数据合并,存放于一个一致的数据存储中,如数据仓库中。这些数据源可能是多个数据库、数据立方体或一般的数据文件。好的数据集成方法可以减少结果数据集的冗余和不一致,这有助于提高数据挖掘的准确性和速度。

在数据集成过程中,模式集成和对象匹配、冗余问题、元组重复以及数据值冲突的检测与处理等都是需要重点考虑的问题。

(1)模式识别和对象匹配。

在集成数据时,需要匹配来自多个数据源的现实世界的等价实体。其中关键的问题是实体识别问题。例如,如何判断一个数据库中的 customer_id 字段与另一个数据库中的 customer_number 是相同的属性。实际上,每个属性的元数据包含名字、含义、数据类型和属性的允许取值范围以及空值处理规则,这样的元数据可以用来帮助避免模式集成的错误。在集成数据时,当一个数据库的属性与另一个数据库的属性匹配时,必须注意其数据结构,这可以保证系统中函数依赖、参数约束与目标系统匹配。

(2)冗余问题。

冗余问题是数据集成的另一个需要考虑的重要问题。如果一个属性(如年收入)能由另一个或者几个属性"导出",那么这个属性就是冗余的。属性名称的不一致可能会导致数据集成时产生冗余。

冗余问题可以通过相关性分析检测得到。对于标准数据,可以使用 χ^2(卡方)检验检测属性之间的相关性;对于数值属性,可以利用相关系数(correlation coefficient)和协方差(covariance)等方法来评估一个属性的值如何随着另外一个属性值变化。

(3)元组重复。

除了属性之间有冗余之外,元组也可能存在冗余,也就是说,一组实体数据存在两个或多个相同的元组。例如,使用去规范化表可能导致数据元组冗余。不一致通常出现在各种不同的副本之间,由于不正确的数据输入,或者由于更新了数据的部分副本而未更新全部副本。

(4)数据值冲突的检测与处理。

数据集成时,由于不同数据源的表示方式、度量方法或编码的区别,数据值可能存在冲突。例如,重量属性可能在一个系统中以国际单位存放,而在另一个系统中以英制单位存放;对于连锁旅馆,不同城市的房价不仅可能涉及不同的货币,而且可能涉及不同的服务(如免费早餐和免费停车等)和税;对于大学采用的评分标准,一所大学采用 A、B、C、D、F 五级分,另一所大学采用 1~10 分十级评分,这两所大学之间很难精准地进行课程成绩变换。

此外,在一个系统中元组的属性的抽象层可能比另一个系统中"相同的"属性低。例如,student sum 在一个数据库中可能指系的学生总数,在另一个数据库中,可能指一个班级的学生总数。

3. 数据变换

数据变换是将数据从一种表现形式变换为另一种表现形式的过程,主要是指通过平滑聚集、数据概化、规范化等方式将数据转换成适用于数据挖掘的形式。假设决定使用诸如 k-means 或聚类这样的基于距离的挖掘算法进行建模或挖掘,如果待分析的数据已经规范化,即按比例映射到一个较小的区间(例如,[0.0,1.0]),则这些方法将得到更好的结果。问题是往往各变量的标准不同,数据的数量级差异比较大,在这样的情况下,如果不对数据进行转化,显然模型反映的主要是大数量级数据的特征,所以通常还需要灵活地对数据进行转换。

数据交换是将数据变换或统一成适合数据挖掘的形式。数据变换常用策略包括光滑数据、数据聚集、属性构造、数据规范化、数据离散化以及数据泛化等。

(1)光滑数据:去掉数据中的噪声,这类技术包括分箱、回归和聚类。

(2)数据聚集:对数据进行汇总或聚集。例如,可以聚集日销售数据,计算月和年销售量。数据聚集通常可以用来为多粒度数据的数据分析构造数据立方体。

（3）属性构造（或特征构造）：根据给定的属性构造新的属性并添加到属性集中，以加快挖掘过程。

（4）数据规范化：将数据的属性按比例缩放，使之落入一个特定的小区间，如 0.0～1.0。

（5）数据离散化：数值属性数据的原始值用区间标签或概念标签替换。例如，将客户年收入数据替换成 1～10,11～20 以及 21～30 区间标签；年龄用少年、中年、老年标签替换，这些标签可以递归地组织成更高层概念，导致数值属性的概念分层。

离散化技术按照离散过程使用类标签信息，可以分为监督的离散化方法（使用类标签信息）和非监督的离散化方法（没有使用类标签信息）。此外，如果离散化过程首先找出一个或几个点来划分整个属性区间，然后在结果区间上递归地重复这一过程，则称为自顶向下离散化。自底向上离散化或合并正好相反，它们首先将所有的连续值看作是可能的分裂点，通过合并邻域的值形成区间，然后在结果区间递归地应用这一过程。

（6）数据泛化：使用概念分层，用高层概念替换低层或"原始"数据。例如，分类的属性，如街道，可以泛化为较高层的概念，如城市和国家。许多属性的概念分层都蕴含在数据库的模式中，可以在模式中自动定义。

下面介绍常用的 3 种规范化方法。

（1）最大最小规范化方法。

该方法对被初始数据进行一种线性转换。

例如，假设属性的最大值和最小值分别是 98 000 元和 12 000 元，利用最大最小规范化方法将"顾客收入"属性的值映射到 0～1 内，则"顾客收入"属性的值为 73 600 元时，对应的转换结果如下：

$$(73\ 600-12\ 000)/(98\ 000-12\ 000)\times(1.0-0.0)\ +\ 0\ =\ 0.716$$

计算公式的含义为"（待转换属性值－属性最小值）/（属性最大值－属性最小值）×（映射区间最大值－映射区间最小值）＋映射区间最小值"。

（2）零均值规范化方法。

该方法是指根据一个属性的均值和方差来对该属性的值进行规范化。

假定属性"顾客收入"的均值和方差分别为 54 000 元和 16 000 元，则"顾客收入"属性的值为 73 600 元时，对应的转换结果如下：

$$(73\ 600-54\ 000)/16000\ =\ 1.225$$

计算公式的含义为"（待转换属性值－属性平均值）/属性方差"。

（3）十基数变换规范化方法。

该方法通过移动属性值的小数位置来达到规范化的目的。所移动的小数位数取决于属性绝对值的最大值。属性的值可以通过以下计算公式获得其映射值 V'：

$$V'=\frac{v}{10^{j}}$$

其中，j 为使 $\max(|V'|)<1$ 成立的最小值。

示例：假设属性的取值范围是 －986～917，则该属性绝对值的最大值为 986。属性的值为 435 时，对应的转换结果如下：

$$435/10^{3}=0.435$$

计算公式的含义为"待转换属性值$/10^j$",其中,j 为能够使该属性绝对值的最大值(986)小于 1 的最小值。

属性构造方法可以利用已有属性集构造出新的属性,并将其加入现有属性集合中以挖掘更深层次的模式知识,提高挖掘结果的准确性。

例如,根据宽、高属性,可以构造一个新属性(面积)。构造合适的属性能够减少学习构造决策树时出现的碎块情况。此外,属性结合可以帮助发现所遗漏的属性间的相互联系,而这在数据挖掘过程中是十分重要的。

4. 数据归约

根据业务需求,从数据仓库中获取了所需要的数据,这个数据集可能非常大,而在海量数据上进行数据分析和数据挖掘成本很高。

数据归约技术可以用来得到数据集的归约表示,使得数据集变小,但同时仍然近于保持原数据的完整性。也就是说,在归约后的数据集上进行挖掘,依然能够得到与使用原数据集近乎相同(或几乎相同)的分析结果。

经典的数据归约策略包括维归约、数量归约和数据压缩。

维归约用于减少所考虑的随机变量或者属性的个数,常用方法包括小波变换和主成分分析等方法,这些方法实际上是将原始数据变换或投影到较小的空间。属性子集选择也是一种维归约方法,它将不相关、弱相关或者冗余的属性、维度删除。这实际上就是特征选择、降维的过程。

数量归约用较小的数据集替换原数据集。常用的方法包括参数的或非参数的,对于参数方法而言,使用模型估计数据,使得一般只需要存放模型参数,而不是实际数据,如回归和对数线性模型。非参数方法包括利用直方图来近似数据的分布;对数据进行聚类,用聚类的代表替换实际数据;对数据进行抽样以及数据立方体聚集等。

数据压缩是指通过数据变换,得到原数据的压缩表示(即数据归约)。如果利用压缩后的数据能够对原数据进行重构,而不损失信息,则称该数据归约为无损的。如果只能得到近似重构的原数据,则称该数据归约为有损的。维归约和数量归约也可以视为某种形式的数据压缩。

1) 小波变换

离散小波变换(Discrete Wavelet Transformation,DWT)是一种线性信号处理技术,可以用于将数据向量 $\boldsymbol{X}$ 变换成不同数值的小波系数 $\boldsymbol{X}'$。

利用这种方法进行数据归约时,可以将元组看成一个 n 维数据向量,即 $\boldsymbol{X}=(x_1, x_2,\cdots,x_n)$。$x_i$ 对应元组各个属性测量值,通过变换成不同数值的小波系数向量 X,然后按照某种规则截取 X,也就是说保存一部分最强的小波系数,从而保留近似的压缩数据。例如,设定某个值,保留大于此值的所有小波系数,这样的结果数据会非常稀疏。如果在此数据上进行计算,由于数据的稀疏性,数据处理速度将大大提高。这种技术还可以用于光滑噪声数据,有效地用于数据清洗。

DWT 与离散傅里叶变换(DFT)有密切关系。DFT 是一种涉及正弦和余弦的信号处理技术。然而,一般来说,DWT 是一种更好的有损压缩。也就是说,对于给定的数据向量,如DWT 和 DFT 保留相同数目的系数,则 DWT 将提供原数据更准确的近似。因此,对于相同的近似,DWT 需要的空间比 DFT 小。与 DFT 不同,小波空间的局部性相当好,有助于保留局部细节。

流行的小波变换包括 Har_2、Daubechies-4 和 Daubechies-6 等方法。离散小波变换一般使用一种层次金字塔算法(pyramid algorithm),这种方法通过迭代将数据减半,从而达到数据归约的目的。首先数据向量 $X=(x_1,x_2,\cdots,x_n)$ 的长度 n 必须是 2 的整数次幂,如果不满足此条件,可以通过向量后添加 0;然后利用求和或加权平均函数以及加权差分函数分别作用向量 X 中的数据点对,即 $(x_{2i},x_{2i}+1)$,每作用一次会产生两个长度为 $n/2$ 的数据集,最后,迭代多次得到数据集中选择的值被认定为数据变换的小波系数。

小波变换可以用于多维数据,如数据立方体。此外。小波变换还可以用于指纹图像压缩、计算机视觉、时序列数据分析和数据清洗。

2) 主成分分析

主成分分析(Principal Component Analysi,PCA)是一种数学变换的方法。它把给定的一组向量通过线性变换转成另一组不相关的向量。也就是说,给定数据向量 $X=(x_1,x_2,\cdots,x_n)$,通过 PCA 变换得到向量 $Y=(y_1,y_2,\cdots,y_k)$,(其中 $k\leqslant n$),并且向量 Y 中的属性互不相关。实际上,这一过程是将原始数据投影到一个小得多的数据空间,实现维归约。

PCA 的基本原理是计算出 k 个标准正交向量,这些向量称为主成分。且输入数据都可以表示为主成分的线性组合;然后将主成分按强度降序排列,去除较弱的成分来归约数据。而用较强的主成分,应该能够重构或者近似重构原始数据。所以,PCA 常常可以发现数据隐含的特征,并给出不同寻常的数据解释。

PCA 可以用于有序和无序的属性,并且可以处理稀疏和倾斜数据。这种方法多用于二维的数据变换。与小波变化相比,PCA 能够更好地处理稀疏数据,而小波变换更适合高维数据。

3) 属性子集选择

现实世界的大数据集通常包含数以百计的属性,而其中大部分属性可能与数据挖掘任务无关成者是冗余的。例如,分析客户的年收入水平并对客户进行分类,这与客户的姓名、联系方式等数据基本是不相关的。尽管领域专家可以利用经验挑选出相关的属性,但是作业量巨大且费时,特别是当数据含义不是十分清楚的时候更是如此。遗漏相关属性或留下不相关的属性可能造成数据挖掘算法无所适从,甚至出现偏差,而且不相关的属性和冗余的数据增加了数据量,还可能减慢数据分析速度。

属性子集选择是通过删除不相关或冗余的属性来减少数据量。属性子集选择的目标是寻找最小属性集,使得数据集的概率分布尽可能地接近使用所有属性得到的原分布。缩小的属性集减少了出现在发现模式上的属性数目,使得挖掘结果更易于理解。

对于属性子集选择,常用的方法是使用压缩搜索空间的启发式算法。这些方法是典型的算法,它们的策略是做局部最优选择,期望由此导致全局最优解。在实践中,这种贪心方法是有效的,并可以逼近最优解。

属性子集选择的基本启发式方法包括逐步向前选择、逐步向后删除以及决策树归纳等方法。

(1) 逐步向前选择:这种方法由空属性集作为归约集开始,确定原属性集中最好的属性,并将它添加到归约集中。在其后的每一次迭代中,将剩下的原属性集中的最好的属性添加到该集合中。

（2）逐步向后删除：这种方法由整个属性集开始。在每一步中，删除尚在属性集中最差的属性。此外，还有向前选择和向后删除组合的方法，这种方法将向前选择和向后删除方法结合在一起，每一步选择一个最好的属性，并在剩余属性中删除一个最差的属性。

（3）决策树归纳：这种方法是利用分类中的决策树算法实现属性子集选择。决策树归纳构造一个类似于流程图的结构，其中每个内部（非树叶）节点表示一个属性上的测试，每个分枝对应于测试的一个结果；每个外部（树叶）节点表示一个类预测。在每个节点上，算法选择"最好"的属性，并将数据划分类。

利用决策树归纳实现属性子集选择时，由给定的数据构建决策树。不出现在树中的所有属性假定是不相关的，出现在树中的属性形成归约后的属性子集。

在某些情况下，根据已有属性可以创建一些新属性，称为属性构造。在某些情况下，属性构造可以提高准确性和对高维数据结构的理解。例如，根据高度属性和宽度属性增加面积属性。通过组合属性，属性构造可以发现关于数据属性间联系的缺失信息，这对知识发现是有用的。

4）聚类

聚类技术把数据元组看作数据对象。它将对象划分为群簇，使得簇内的对象具有较高的相似性，但与其他簇中的对象很不相似。通常，对象在空间中的"接近"程度可以利用基于距离的相似性定义。直径是指簇中两个对象的最大距离，可以用来衡量簇的"质量"。形心距离是指簇中每个对象到簇心的平均距离，这也是衡量质量的方法。

在数据归约中，可以用簇"心"代替整个数据。这实际上也是一种数据压缩。

常用的聚类算法包括基于划分的方法、基于层次的方法、基于密度的方法、基于网格的方法以及基于模型的方法等。k-means是经典的聚类算法，它是一种基于划分的方法，根据输入的初始参数 k 将 n 个数据元组划分为 k 个。这种算法首先从 n 个数据元组任意选择 k 个作为初始聚类中心，然后对于所有剩余的元组，根据它们与这些聚类中心的相似度（如距离），将它们分配给与其最相似的聚类中心所代表的聚类，接着再计算每个新聚类的聚类中心，且不断重复这一过程直到满足标准测度函数的要求。

5）抽样

抽样也可以看作一种数据归约技术。抽样技术允许用小的随机样本（子集）表示大型数据集。常用于数据归约的抽样方法包括无放回简单随机抽样、有放回简单随机抽样、簇抽样以及分层抽样等方法。

（1）无放回简单随机抽样（srswor）。假定大型数据集 D 包含 N 个元组。从 D 的 N 个元组中随机抽取 s 个样本（$s<N$），其中 D 中每个元组被抽取的概率均为 $1/N$，即所有元组的抽取是等可能的。这就是无放回简单随机抽样的工作原理。

（2）有放回简单随机抽样（srswr）。该方法不同于无放回简单随机抽样的是，当一个元组从 D 中抽取后，记录它，然后放回原处。也就是说，一个元组被抽取后，它又被放回 D，以便它可以被再次抽取。

（3）簇抽样。如果将 D 中的元组分组、并放入 M 个互不相交的"簇"，则可以从其中的 s 个簇的简单随机抽样（SRS），其中 $s<M$。例如，数据库中元组通常一次取一页，这样每页就可以视为一个簇，然后利用无放回简单随机抽样或有放回简单随机抽样方法对每页进行

抽样,从而实现数据归约。

(4) 分层抽样。分层抽样类似于簇抽样。它将 D 划分成互不相交的部分,称作"层"。通过对每一层的数据进行无放回简单随机抽样或有放回简单随机投抽样,从而得到 D 的分层抽样。例如,可以得到关于客户的年收入数据的一个分层抽样。其中对客户的不同年龄段进行分层创建。这样,分层抽样的数据获得的较少的数据就能代表所有数据。

与其他的数据归约方法相比,采用抽样技术进行数据归约的空间复杂度和时间复杂度较小。因为,抽样技术得到样本的花费与样本集的大小 s 成正比例,而不是数据集的大小 N。另外,对于固定的样本大小,抽样的复杂度仅随数据的维数 n 线性增加,而直方图的复杂度随 n 呈指数增长。

利用抽样技术进行数据归约时,可以在指定的误差范围内,估计一个给定的函数所需的样本大小 s、而样本的大小 s 相对于 N 可能非常小。对于归约数据的逐步求精,抽样技术还可以通过简单地增加样本大小,实现数据集的进一步求精。

6) 数据立方体聚集

在对现实世界数据进行采集时,采集到的往往并不是用户感兴趣的数据,而是需要对数据进行聚集。例如,客户的收入数据,采集到的可能是每个月的收入,而用户感兴趣的是年收入数据,这就需要对数据进行汇总得到年收入数据。数据集可以减小数据量,但是又不会丢失数据分析所需的信息。

数据立方体是一种多维数据模型,允许用户从多维度对数据建模和观察。现实世界的关系数据库数据都是数据的二维表示,是行和列构成的表格。数据立方体是二组表格的多维扩展,但是数据立方体不局限于 3 个维度。大多数在线分析处理(OLA)系统能用很多个维度构建数据立方体,例如,微软的 SQL Server 工具允许维度数高达 64 个。

数据立方体提供对预计算的汇总数据进行快速访问,因此适合数据分析和数据挖掘。

实际上,数据预处理的这些方法之间存在许多重叠。例如,光滑数据既可以用于数据清洗,也可以用于数据变换;属性构造和聚集可以用于数据集成和数据归约;数据离散化和概念分层产生既是数据归约形式又是数据变换形式,原始数据被少数区间或标签取代,简化了原数据,提高了数据挖掘效率,使得挖掘的结果更容易理解。

虽然数据预处理主要分为以上 4 方面的内容,但它们之间并不是互斥的。例如,冗余数据的删除既是一种数据清洗形式,也是一种数据归约。总之,现实世界的数据一般是脏的、不完整的和不一致的。数据预处理技术可以改进数据的质量,从而有助于提高随后挖掘过程的准确率和效率。由于高质量的决策必然依赖于高质量的数据,因此数据预处理是知识发现过程的重要步骤。

4.4　本章小结

数据采集和预处理是数据分析、挖掘的基础。目前,很多的企事业单位、大中型互联网公司、金融公司、零售行业、医疗行业、煤矿公司等单位每天都有大量的系统日志数据,这些单位希望通过已有的数据获取其公益或者商业等的社会价值。不同的数据使用的采集工具不一样,本章主要介绍了 Cloudera 的 Flume、Apache 的 Kafka 和 Sqoop、Facebook 的 Scribe 等大数据采集框架,这些工具大多采用分布式架构来满足大规模日志采集的需求。

采集的数据、数据类型和组织模式存在多样化、关联关系较繁杂、质量良莠不齐,使得数据的感知、表达、理解和计算等多个环节面临着巨大的挑战。因此,非常有必要使用一定的预处理方法对数据进行提前处理,一方面可以保证挖掘数据的正确性和有效性,另一方面通过对数据格式和内容的调整,使数据更符合挖掘的需要,为下一步做好数据分析、挖掘做好充足的数据准备。

在大数据时代,数据是最坚实的基础,正所谓"得数据者得天下",而大数据价值的实现将从数据采集和预处理开始。

习　　题

1. 大数据采集的定义是什么?
2. 大数据采集的数据来源有哪些?
3. 大数据采集的方法有哪些?
4. 什么是数据预处理?
5. 大数据预处理的主要任务有哪些?
6. 什么是数据清洗? 其目标是什么?

第 **5** 章

大数据分析与大数据挖掘

　　第 4 章讲述了大数据采集与预处理,数据经过采集与预处理后,接下来要做的工作就是要对数据进行分析,数据分析可以分为广义的数据分析和狭义的数据分析、狭义的数据分析是我们常说的数据分析,广义的数据分析包括狭义的数据分析和数据挖掘。数据分析就是为了从数据中发现规律性的信息,帮助企业/个人预测未来的趋势和行为,做出具有针对的决策,从而使得商务和生产活动具有前瞻性。数据分析是数学与计算机科学相结合的产物,在实际应用中,人们可以通过计算工具和数学知识处理数据,得出结果,做出判断,以便采取适当行动。本章主要讲述数据分析、数据挖掘的方法,以及常用的工具,帮助人们从数据中发现规律,提供决策参考。

5.1　大数据分析的基本概念

　　大数据作为时下最火热的 IT 行业的词汇,随之而来的有数据仓库、数据安全、数据分析、数据挖掘等,围绕大数据的商业价值的利用逐渐成为行业人士争相追捧的利润焦点。随着大数据时代的来临,大数据分析应运而生。

5.1.1　数据分析概论

　　大数据分析是指用适当的统计方法对收集来的大量数据进行分析,为了提取有用信息和形成结论而对数据加以详细研究和概括总结的过程。在实际应用中,大数据分析可以帮助人们做出判断,以便采取合适的行动或措施。数据分析的数学基础在 20 世纪早期就已经确立,但直到计算机的出现才使实际操作成为可能,并使数据分析得以推广。数据分析是数学与计算机科学相结合的产物。

　　大数据分析的目的是把隐藏在一大批看来杂乱无章的数据中的信息集中和提炼出来,从而找出所研究对象的内在规律。在实际应用中,数据分析可以帮助人们做出判断,以便采取适当行动。数据分析是有组织、有目的地收集数据、分析数据,使之成为信息的过程。这一过程是质量管理体系的支持过程。在产品的整个寿命周期,包括从市场调研到售后服务和最终处置的各个过程都需要适当运用数据分析过程,以提升有效性。

　　大数据分析是对规模巨大的数据进行分析,挖掘数据的有利信息并加以有效利用,将数据的深层价值体现出来。大数据分析之所以备受关注,本质原因是因为大数据具有巨大的潜在价值。大数据分析技术作为大数据获取数据价值的关键手段,在大数据分析中占有极其重要的位置,可以说是决定大数据价值能否发掘出来的关键因素。数据分析是整个大数据处理流程的核心。在数据分析的过程中,人们采用适当的方法(包括统计分析和数据挖掘等方法),对采集到的海量数据进行详细研究和概括总结,从而发现和利用其中蕴含的信息和规律。大数据分析的主要目的是推测或解释数据、检查数据是否合法、给决策提供合理建议、诊断或推断错误原因以及预测未来将要发生的事情。正是有了大数据分析才能让规模巨大的数据有条有理、正确分类,产生有价值的分析报告,从而应用到各领域中,促进其发展。

5.1.2 数据分析的类型

根据大数据的数据类型,可以把大数据分析划分成如下 3 类。

(1) 结构化数据分析:对传统关系数据库数据的分析。

结构化数据是可以以固定格式存储、访问和处理的任何数据。在一段时间内,计算机科学领域的人才在开发用于处理此类数据的技术方面取得了更大的成功(这种格式已经众所周知),并从中获得了价值。但是,如今,当此类数据的大小大幅增长时,人们可以预见的问题是,典型的数据大小正处于多个 ZB 中。关系数据库管理系统中存储的数据就是结构化数据的一个示例,如图 5-1 所示。

员工ID	员工姓名	性别	部	Salary_In_lacs
2365	拉杰什·库尔卡尼（Rajesh Kulkarni）	男	金融	650000
3398	Pratibha Joshi	女	管理员	650000
7465	舒希尔·罗伊	男	管理员	500000
7500	Shubhojit Das	男	金融	500000

图 5-1   结构化数据示例

(2) 半结构化数据分析:对 HTML 网页或者 XML 文档等半结构化数据的分析。

半结构化数据可以包含 HTML 网页或者 XML 文档等两种形式的数据。可以将半结构化数据视为结构化的形式,但实际上并没有使用例如关系数据库管理系统(DBMS)中的表定义进行定义。半结构化数据的示例是 XML 文件中表示的数据,如图 5-2 所示。

```
<rec> <name>闷闷不乐</ name> <sex>男性</ sex> <age> 35 </ age> </ rec>
<rec> <name> Seema R。</ name> <sex>女性</ sex> <age> 41 </ age> </ rec>
<rec> <name> Satish Mane </ name> <sex> Male </ sex> <age> 29 </ age> </ rec>
<rec> <name> Subrato Roy </ name> <sex> Male </ sex> <age> 26 </ age> </ rec>
```

图 5-2   半结构化数据示例

(3) 非结构化数据分析:对图像、声音和视频等非结构化数据的分析。

任何形式或结构未知的数据都归为非结构化数据。除了庞大的数据量外,非结构化数据在处理从中获得价值的过程中也带来了许多挑战。非结构化数据的典型示例是异构数据源,其中包含简单文本文件、图像、视频等的组合。如今,组织机构拥有大量可用数据,但不幸的是,他们不知道如何从中获取价值,此数据为原始格式或非结构化格式。

大数据分析的出现不是对传统数据分析的否定,而是对传统数据分析的集成和发展。

传统数据分析方法中的数据挖掘和统计分析仍然在大数据分析中发挥着重要作用。同时大数据分析也呈现出和传统数据分析不同的特征,表现在如下 4 方面。

① 分析的数据量不一样。传统的数据分析是对少量的数据样本进行分析,而大数据分析的是与事物相关的所有数据,而不是依靠分析少量的数据样本。

② 分析的侧重点不一样。大数据分析的重点不是发现事务之间的因果关系,而是发现事物之间的相关关系,因此相关分析是大数据分析的重要内容。

③ 分析的数据来源不一样。传统数据分析的对象大多局限在同一个来源的数据,但大数据分析更强调数据的融合,多种来源的原始数据进行融合才能反映事物的全貌。

④ 数据的解释方式不一样。可视化分析在传统数据分析中只是一种辅助分析手段,但大数据分析中更强调可视化分析的应用。

5.2　大数据分析方法

5.2.1　数据分析方法概述

尽管数据的目标和应用领域不同,一些常用的分析方法对大数据同样适用。

(1) 数据挖掘:数据挖掘是发现大数据集中数据模式的计算方法。很多数据挖掘算法已经在人工智能、机器学习、模式识别、统计和数据库领域得到了广泛应用。数据挖掘主要采用决策树、神经网络、关联规则、聚类分析等统计学、人工智能、机器学习等方法进行挖掘;著名的数据挖掘算法包括决策树、k-means 算法、支持向量机、Apriori 算法、PageRank 算法、朴素贝叶斯分类等,覆盖了分类、聚类、回归和统计学习等方面,5.3 节重点讲述数据挖掘相关知识。

(2) 数据分析:在统计理论中,通过概率理论对数据的随机性和不确定性建立模型。统计分析技术可以分析描述性统计分析和推断性统计技术。描述性统计技术对数据集进行总结或描述,而推断性统计技术则能够对过程进行推断。统计分析方法主要有对比分析、回归、因子分析、聚类等。数据分析一般都是得到一个指标统计量结果,如总和、平均值等,这些指标数据都需要与业务结合进行解读,才能发挥出数据的价值与作用。本节的数据分析重点讲述数据分析相关知识。下面介绍几种数据分析方法。

1. 相关分析

事物之间往往存在某种关联性,如果这种关联性可以用函数表示,则称它们之间是一种函数关系。现实中很多事物之间虽然存在某种联系,但不能应用已知的函数关系来表示,这种联系即为相关关系。如果这种相关性只涉及两个事物则为单相关,如果涉及 3 个或者 3 个以上的事物则为复相关、多重相关。

事物之间的相关程度使用相关系数来衡量,相关系数表示事物之间关系的紧密程度。对于复相关,往往采用多重相关系数考察一个变量与其他变量之间的相关程度,采用偏相关系数考察多个变量中两个变量的相关性。

在有 n 个($n \geqslant 3$)变量的系统中,若要考察第 i 个变量与其余 $n-1$ 个变量的相关程度,采用多重相关系数来表示,计算公式为 $\sqrt{1-\dfrac{R}{R_{ii}}}$。$R$ 是单相关系数矩阵对应的行列式,R_{ii}

是 R 的第 i 行、第 i 列的代数余子式。R_{ii} 的代数余子式是在去掉 R 中第 i 行与第 i 列元素得到的行列式,同理 R_{ij} 的代数余子式是在去掉 R 中第 i 行与第 j 列元素得到的行列式。

多重相关性中考察一个变量与另外一个变量之间的相关性用偏相关系数来表示。例如考察变量 i 与变量 j 之间的偏相关性,计算公式为 $(-1)^{(i+j)} \dfrac{R_{ij}}{\sqrt{R_{jj}R_{ii}}}$。该值的绝对值越大,表明变量 i 和 j 的偏相关程度越大,二者的关系越紧密,相互影响越明显。

2. 回归分析

回归分析是一种统计分析方法,用于确定变量之间的函数关系,主要用于函数的预测。回归分析方法的思想是根据若干变量的一系列的实际观测值,推断出这些变量之间存在的函数关系,然后再利用所获得的函数关系预测某个变量的取值。如果回归分析只涉及两个变量且二者的关系可以表示为线性函数时则称为一元线性回归分析;如果回归分析中包含 3 个或 3 个以上的变量且变量之间可以表示成线性函数则称为多重线性回归分析。

进行回归分析时,需要使用残差来衡量回归分析结果的优劣。残差是预测值和实际观测值之间的差额。当获得一个回归分析的函数关系时,对于给定的自变量,可以算出因变量的值,但是这种函数只是尝试去逼近真实的情况,由于随机误差等因素,根据函数关系计算得到的因变量的值(又称预测值)与实际观测值有一定的差距。残差就是用来衡量其大小的指标。残差越小,说明预测值和实际观测值越接近,回归分析的结果也越好。

3. 聚类分析

聚类分析属于探索性的数据分析方法。通常,利用聚类分析可以将看似无序的对象进行分组、归类,以达到更好地理解研究对象的目的。聚类结果要求组内对象相似性较高,组间对象相似性较低。在用户研究中,很多问题都可以借助聚类分析来解决,如网站的信息分类问题、网页的点击行为关联性问题以及用户分类问题等。其中,用户分类是最常见的情况。

聚类分析是根据数据的数值特征对数据进行分类的一种分析方法。与一般的分类算法不同,聚类分析并不能确定数据应该分为几类。聚类分析的目的是将众多的个体先聚集成比较好处理的几个类别或子集,然后再利用判别分析进一步研究各个类别之间的常见情况。

对一组数据,既可以对变量(指标)进行聚类分析,也可以对观测值进行聚类分析。分析的时候,不一定要事先假定有多少类,也可以完全根据数据自身的规律来分类。一般将变量的聚类分析称为 R 型聚类,而将观测值聚类称为 Q 型聚类。

聚类分析中,比较重要的是两个距离的概念,按照远近程度来聚类是聚类分析法的要义,那么这个远近究竟指什么呢?这里的距离一方面是指点与点之间的距离,另一方面是指类和类之间的距离。点间距离本身有多个定义方式也即多种运算方法,因此只要选择一种算法即可。由一个点组成的类是最基本的类,如果每一类都由一个点组成,那么点间距离就是类间距离。但如果一个类包含不止一个点,那么就需要确定类间距离。类间距离是基于点间距离定义的,如两类之间最近点之间的距离可以作为两类间距离,也可以选用最远点的距离,还可以选择各类之间的中心距离。

聚类分析有多种方法,不同的系统提供了不同的聚类分析法。SPSS 提供了 K-平均值聚类、两步聚类和系统聚类 3 种聚类方法,但它们的应用范围和优劣势各有不同。

K-平均值聚类(KCA)又称为大快速聚类,是进行人群细分时最常使用的方法。该方法是单纯应用统计技术根据若干指定变量(应限制为尺度变量)将众多个案分到固定的类别中去。这种方法用于大量(数千)个案的类别划分时非常有效。但该方法可以选择的内容较少,最重要的是选择聚类的数量、迭代的次数以及聚类的中心位置,所以人为经验和判断无形中会起很大作用。KCA 方法本身不仅要求确定分类的类数,而且需要事先确定点,也就是类种子。在实际操作中,SPSS 会自动选取种子,然后根据其他点离这些种子的远近对所有点进行分类。再然后,就是将这几类的中心(均值)作为新的基石再分类,如此迭代。

两步聚类是揭示自然类别的探索性工具。该方法的算法与传统聚类技术相比有一些显著的特点:它可以基于类别变量和连续变量来进行聚类,自动选择聚类结果的最佳类别数;具备有效分析大量数据的能力。

如果只拥有少量的个案(少于数百个),并且想尝试多种聚类方法,测量不同类别之间的差异,则应该尝试使用系统聚类。系统聚类也叫作层次聚类(HCA)。当然,该方法不仅可以对样本聚类,还可以对变量聚类。这种方法的分类结果取决于对聚类方法、距离测量方法、标准化变量的设置。这种方法不事先确定类数,有多少点就是多少类,它沿着最近的距离先聚为一类的思想进行合并,直至最后只有一个大类为止。

5.2.2　数据分析过程

数据分析,是有目的地进行收集、整理、加工和分析数据,提炼有价信息的过程,其过程概括起来主要包括:明确分析目的与思路、数据收集、数据处理、数据分析、数据展现和撰写报告 6 个阶段,如图 5-3 所示。

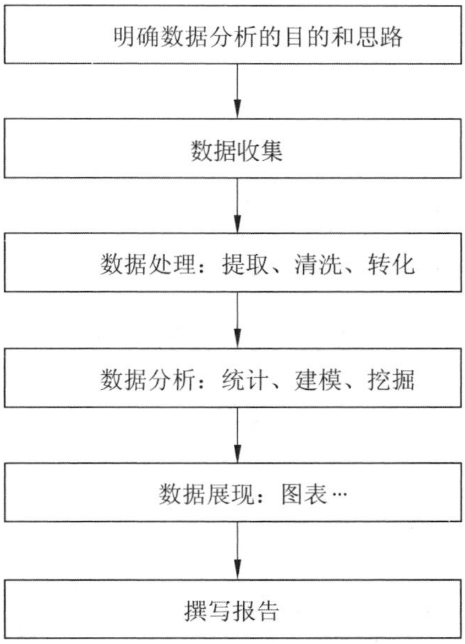

1. 明确数据分析的目的和思路

一个分析项目,数据对象是谁?目的是什么?要解决什么业务问题?数据分析师对这些都要了然于心。数据分析师首先要做的就是整理分析框架和分析思路。不同的项目对数据的要求,使用的分析手段也是不一样的。

2. 数据收集

数据收集是按照确定的数据分析和框架内容,有目的地收集、整合相关数据的过程,它是数据分析的基础。

3. 数据处理

图 5-3　大数据分析过程

数据处理是指对收集到的数据进行加工、整理,以便开展数据分析,它是数据分析前必不可少的阶段。这个过程是数据分析整个过程中最花费时间的,也在一定程度上取决于数据仓库的搭建和数据质量的保证。数据处理主要包括数据清洗、数据转化等。

4. 数据分析

数据分析是指通过分析手段、方法和技巧对准备好的数据进行探索、分析,从中发现因果关系、内部联系和业务规律,并提供决策参考。

到了这个阶段,要能驾驭数据、开展数据分析,就要设计工具和方法的使用,其一要熟悉常规数据分析方法,最基本的是要了解例如方差、回归、因子、聚类、分类、时间序列等多元和数据分析方法的原理、使用范围、优缺点和结果的解释;其二是熟悉数据分析工具,Excel、SPSS、SAS 等是最常见的,一般的数据分析可以通过 Excel 完成,而后要熟悉至少一个专业的分析软件。

5. 数据展现

一般情况下,数据分析的结果都是通过图、表的方式来呈现的。借助数据展现手段,能更直观地让数据分析表述想要呈现的信息、观点和建议。

常用的图表包括饼图、折线图、柱形图/条形图、散点图、雷达图、金字塔图、矩阵图、漏斗图、帕累托图等。

6. 撰写报告

最后阶段就是撰写数据分析报告,这是对整个数据分析成果的呈现。通过分析报告,把数据分析的目的、过程、结果及方案完整呈现出来,提供决策参考。

一份好的数据分析报告,首先需要有好的分析框架,并且图文并茂、层次清晰,能够让阅读者一目了然。结构清晰、主次分明可以使阅读者正确理解报告内容;图文并茂可以令数据更加生动活泼,提高视觉冲击力,有助于阅读者更形象、直观地看清楚问题和结论,从而产生思考。

另外,数据分析报告需要有明确的结论、建议和解决方案,不仅是找出问题,后者更为重要,否则就不是好的分析,同时也失去了报告的意义。数据的初衷就是为解决一个目的才进行的分析,不能舍本求末。

5.2.3　数据处理结果分析

1. 相关分析实例

某上市公司 8 月前 15 个交易日的股票价格、成交金额和收益率的样本数据如表 5-1 所示。现要计算:

表 5-1　8 月份股票交易样本数据

日　期	股票价格/元	成交金额/元	收　益　率
20080801	9.28	41 652 766	0.014 923
20080802	9.23	18 716 130	−0.0023
20080803	9.18	41 314 097	−0.002 315
20080804	8.96	18 393 783	0.003 234

续表

日　期	股票价格/元	成交金额/元	收　益　率
20080805	8.95	34 259 522	−0.007 53
20080806	8.73	31 981 311	−0.025 97
20080807	8.65	43 000 708	−0.011 11
20080808	8.59	35 314 780	0.011 236
20080809	8.52	34 774 469	0.039 535
20080810	8.49	3 288 839	0.002 237
20080811	8.42	23 306 213	−0.018 97
20080812	8.37	38 787 086	−0.014 79
20080813	8.31	30 253 320	0.020 785
20080814	8.26	41 662 276	−0.002 26
20080815	8.21	23 703 595	0.002 245

收益率与股票价格和成交金额的多重相关系数；

收益率与股票价格的偏相关系数；

收益率与成交金额的偏相关系数。

在 Excel 中，对表 5-1 中的数据进行如下分析。

第 1 步，将表 5-1 所示的数据录入 Excel 文件中，该文件中的数据样式如图 5-4 所示。

股票价格/元	成交金额/元	收益率
9.28	41652766	0.014923
9.23	18716130	-0.0023
9.18	41314097	-0.002315
8.96	18393783	0.003234
8.95	34259522	-0.00753
8.73	31981311	-0.02597
8.65	43000708	-0.01111
8.59	35314780	0.011236
8.52	34774469	0.039535
8.49	3288839	0.002237
8.42	23306213	-0.01897
8.37	38787086	-0.01479
8.31	30253320	0.020785
8.26	41662276	-0.00226
8.21	23703595	0.002245

图 5-4　股票交易数据

第 2 步，在该文件中单击"数据"功能区最右边的"数据分析"图标。在弹出的"数据分析"窗口中选择"相关系数"（见图 5-5），单击"确定"按钮，弹出如图 5-6 所示的"相关系数"窗口。

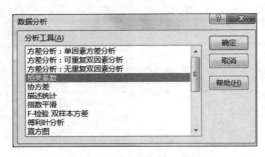

图 5-5　选择"相关系数"

图 5-6　"相关系数"窗口

第 3 步,在如图 5-6 所示的"相关系数"窗口中,在"输入区域"选中$A$1:$C$16 区域;在"分组方式"中选中"逐列",勾选"标志位于第一行";在"输出选项"部分选中"输出区域",并在后边的文本框中选中$A$18。

第 4 步,单击"确定"按钮,从单元格 A18 开始将显示如图 5-7 所示的矩阵信息。

18		股票价格（元）	成交金额（元）	收益率
19	股票价格（元）	1		
20	成交金额/（元）	0.085996155	1	
21	收益率	-0.018816503	0.020194853	1

图 5-7　单相关系数矩阵

第 5 步,根据对称性填充图中矩阵上方的空单元格,结果如图 5-8 所示。

18		股票价格（元）	成交金额（元）	收益率
19	股票价格（元）	1	0.085996155	-0.0188165
20	成交金额/（元）	0.085996155	1	0.02019485
21	收益率	-0.018816503	0.020194853	1

图 5-8　矩阵填充结果

第 6 步,列出 R 的行列式以及 R11、R22、R33、R13、R13 的代数余子式,如图 5-9 所示。

第 7 步,计算的行列式的值。

选中单元格 B49,然后在公式栏中输入如下公式,如图 5-10 所示:＝MDETERM（A25：C27）。

输完代码后按 Enter 键,计算结果如图 5-11 所示。

第 8 步,计算 R_{11} 的行列式的值。

选中单元格 B50,在公式栏中输入公式＝MDETERM（A30：B31）并按 Enter 键,计算结果如图 5-11 所示。

第 9 步,计算 R_{22} 的行列式的值。

选中单元格 B51,并在公式栏中输入公式＝MDETERM（A34：B35）,并按 Enter 键,计算结果如图 5-11 所示,

第 10 步,计算 R_{33} 的行列式的值。

选中单元格 B52,在公式栏中输入公式＝MDETERM（A38：B39）,并按 Enter 键,计算

▲	A	B	C	D
24		单相关系数矩阵		
25	1	0.085996155	-0.018816503	
26	0.085996155	1	0.020194853	
27	-0.018816503	0.020194853	1	
28				
29		R_{11}		
30	1	0.020194853		
31	0.020194853	1		
32				
33		R_{22}		
34	1	-0.018816503		
35	-0.018816503	1		
36				
37		R_{33}		
38	1	0.085996155		
39	0.085996155	1		
40				
41		R_{13}		
42	0.085996155	1		
43	-0.018816503	0.020194853		
44				
45		R_{23}		
46	1	0.085996155		
47	-0.018816503	0.020194853		

图 5-9 各个矩阵数据

图 5-10 计算 R 的公式

▲	A	B
48		
49	R	0.991777412
50	R_{11}	0.999592168
51	R_{22}	0.999645939
52	R_{33}	0.992604661
53	R_{13}	0.020553182
54	R_{23}	0.021813

图 5-11 R、R11、R22、R33、R13、R23 的值

结果如图 5-11 所示。

第 11 步,计算 R_{13} 的行列式的值。

选中单元格 B53,在公式栏中输入公式＝MDETERM(A42:B43),并按 Enter 键,计算结果如图 5-11 所示。

第 12 步,计算 R_{23} 的行列式的值。

选中单元格 B54,在公式栏中输入公式＝MDETERM(A46:B47),并按 Enter 键,计算结果如图 5-11 所示。

第 13 步,计算收益率与股票价格和成交金额的多重相关系数:$\sqrt{\left|1-\dfrac{R}{R_{33}}1\right|}$。

选中单元格 B56,在公式栏中输入公式＝SQRT(1－B49/B52),并按 Enter 键,计算结果如图 5-12 所示。

	A	B
55		
56	多重相关系数	0.028868888
57	偏相关系数1	0.020633813
58	偏相关系数2	0.021897985

图 5-12　多重相关和偏相关系数值

第 14 步,计算收益率与股票价格的偏相关系数 1:$(-1)^{(1+3)}\dfrac{R_{13}}{\sqrt{R_{11}R_{33}}}$。

选中单元格 B57,在公式栏中输入公式＝$(-1)^{(1+3)}*$ B53/SQRT(B50 * B52),并按 Enter 键,计算结果如图 5-12 所示。

第 15 步,计算收益率与成交金额的偏相关系数 2:$(-1)^{(1+3)}\dfrac{R_{23}}{\sqrt{R_{22}R_{33}}}$。

选中单元格 B58,在公式栏中输入公式＝$(-1)^{(1+3)}*$ B54/SQRT(B51 * B52),并按 Enter 键,计算结果如图 5-12 所示。

结果分析与总结:

图 5-12 反映的是收益率、股票价格和成交金额三者之间的相关性。单元格 B56 中反映的是收益率与股票价格和成交金额的多重相关系数,该值越大,表明收益率与股票价格和成交金额的线性相关程度越密切。单元格 B57 与 B58 分别是收益率与股票价格、收益率与成交金额的偏相关系数值。偏相关系数用于多要素组成的系统中,单独考察一个要素对其他要素的影响。其值取值范围介于－1 和 1 之间,绝对值越大表明其偏相关的程度越大。本实例中,相较于成交金额,股票价格对收益率的影响更大。

2．回归分析实例

某媒体公司的管理者认为公司每周的收入与广告费用是密切相关的,他们想对每周的总收入做出预测和评估。这家公司收集了 8 周的历史数据组成样本数据,如表 5-2 所示。

表 5-2　收入与电视广告费、报纸广告费关系数据　　　　　　（单位:千元）

每周的总收入	电视广告费用	报纸广告费用
96	5.0	1.5
90	2.0	2.0
95	4.0	1.5
92	2.5	2.5
95	3.0	3.5
94	3.5	2.3
94	2.5	4.2
94	3.0	2.5

现要进行如下两项工作:

（1）试通过表中的数据给出广告费用与收入的回归方程；

（2）在显著水平为 0.05 时，对方程进行总体显著性和回归系数的显著性检验。

在 Excel 中，对该数据进行如下分析。

第 1 步，将如表 5-2 所示的数据录入 Excel 中，该文件中的数据样本如图 5-13 所示。

	A	B	C	D
1	样本数	每周的总收入	电视广告费用	报纸广告费用
2	1	96	5	1.5
3	2	90	2	2
4	3	95	4	1.5
5	4	92	2.5	2.5
6	5	95	3	3.5
7	6	94	3.5	2.3
8	7	94	2.5	4.2
9	8	94	3	2.5
10				

图 5-13　收入与电视广告费、报纸广告费关系数据

第 2 步，在该文件的"数据"功能区中，单击右边的"数据分析"图标（如无可到选项加载项中添加）。在弹出的"数据分析"窗口中选择"回归"（见图 5-14），单击"确定"按钮，弹出如图 5-15 所示的设置参数窗口。

第 3 步，在弹出的"回归"对话框中配置相关系数。在"Y 值输入区域"输入 B1：B9；在"X 值输入区域"输入 C1：D9，勾选"标志"和"置信度"，在"置信度"中输入 95；在"输出区域"的文本框中输入 A12；在"残差"部分勾选"残差""残差图""标准残差"和"线性拟合图"。配置好相关系数的回归窗口如图 5-15 所示。

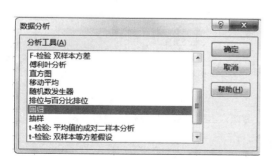

图 5-14　选择"回归"

图 5-15　配置相关系数

第 4 步，单击"确定"按钮后，回归分析结果便出现在 A12 开始的下方单元格中。回归汇总分析结果如图 5-16 所示，残差输出结果如图 5-17 所示，电视广告费用残差图与线性拟合图如图 5-18 所示，报纸广告费用残差图与线性拟合图如图 5-19 所示。

SUMMARY OUTPUT								
回归统计								
Multiple R	0.963955986							
R Square	0.929211142							
Adjusted R	0.900895599							
标准误差	0.600852041							
观测值	8							
方差分析								
	df	SS	MS	F	Significance F			
回归分析	2	23.69488412	11.84744206	32.81629	0.00133325			
残差	5	1.805115875	0.361023175					
总计	7	25.5						
	Coefficients	标准误差	t Stat	P-value	Lower 95%	Upper 95%	下限 95.0%	上限 95.0%
Intercept	83.28284245	1.442065966	57.75244991	2.94E-08	79.5758939	86.98979	79.57589	86.98979
电视广告费	2.283844253	0.281907565	8.101393999	0.000465	1.55917779	3.008511	1.559178	3.008511
报纸广告费	1.274961598	0.288418209	4.420530872	0.006889	0.53355899	2.016364	0.533559	2.016364

图 5-16　回归汇总分析结果

RESIDUAL OUTPUT			
观测值	预测 每周的总收入	残差	标准残差
1	96.61450611	-0.614506111	-1.210103963
2	90.40045415	-0.400454151	-0.788586389
3	94.33066186	0.669338142	1.318080852
4	92.17985708	-0.179857076	-0.354179977
5	94.5967408	0.4032592	0.794110176
6	94.20870901	-0.20870901	-0.410996075
7	94.34729179	-0.347291792	-0.683897469
8	93.3217792	0.678220797	1.335572845

图 5-17　残差输出结果

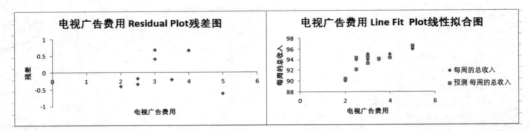

图 5-18　电视广告费用残差图与线性拟合图

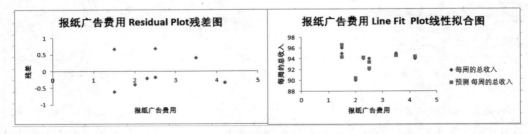

图 5-19　报纸广告费用残差图与线性拟合图

根据图 5-16 中数据表 Coefficients 列的相关数据,可以得到回归方程为

$$Y = 83.28 + 2.28X_1 + 1.27X_2$$

其中,Y 表示收入,X_1 表示电视广告费用,X_2 表示报纸广告费用。当回归的显著性水平为 0.05 时,方程总体拟合优度为 0.90,且通过 F 检验,因此回归方程总体显著。

X1 和 X2 系数的检验值 P 小于 0.05,因此本实例中的电视广告费用和报纸广告费用对收入均有显著性影响。

5.3　数据挖掘概述

通过数据采集与预处理,可以获得大量的数据。面对如此庞大的数据资源,如何得到有价值的信息和知识,以作为决策支持的依据,这就需要用到数据挖掘技术。本节重点讲述数据挖掘的相关知识。

5.3.1　数据和知识

数据是反映客观事物的数字、词语、声音和图像等,是可以进行计算加工的"原料"。数据是对客观事物的数量、属性、位置及其相互关系的抽象表示,适于存储、传递和处理。随着信息技术的发展,每天数以亿计的海量数据被获取、存储和处理。这些海量数据蕴含着大量的信息、潜在的规律或规则。人们可以通过海量数据了解客户的需求、预测市场动向等。然而,数据仅仅是人们运用各种工具和手段观察外部世界所得到的原始材料,从数据到知识再到智慧,需要经过分析、加工、处理和精炼等一系列过程。

知识是人类对客观世界的观察和了解,是人类在实践中认识客观世界的成果。知识推动人类的进步和发展。人类所做出的正确判断和决策以及采取正确的行动都基于智慧和知识。在信息化的现代社会中,知识在各个方面都占据着中心地位,并起着决定性的作用。知识是事物的概念或规律,源于外部世界,所以知识是客观的。但是知识本身并不是客观现实,而是事物的特征与联系在人脑中的反映。数据是知识的源泉,将概念、规则、模式、规律和约束等视为知识,这就好像从矿石中采矿或淘金一样,从数据中获取知识。

"啤酒与尿布"是沃尔玛利用数据获取知识的成功案例。1983 年,沃尔玛借助信息技术发明了条形码、无线扫描枪、计算机跟踪存货等新技术,使各部门、各业务流程运行得迅速、准确。同时,数据库系统中积累了包括大量顾客消费行为记录在内的海量经营数据。沃尔玛在对海量数据进行分析时意外发现:跟尿布一起购买最多的商品是啤酒。经过深入研究,人们发现这些数据揭示了"尿布与啤酒"这一现象背后所隐藏的美国人的一种行为模式,即年龄为 25～35 岁的年轻父亲下班后经常要到超市去给婴儿买尿布,其中 30%～40% 的人会顺手买几瓶啤酒。沃尔玛立即采取了行动,将卖场内原本相隔很远的妇婴用品区与酒类饮料区的空间距离缩短,使顾客更加方便,然后对新生育家庭的消费能力进行了调查,对这两个产品的价格也做了调整,结果使尿布与啤酒的销售量大增。

随着计算机技术、数据库技术、传感器技术和自动化技术的飞速发展,数据的获取、存储变得越来越容易。这些数据和由此产生的信息如实地记录着事物的本质状况。但是海量数据的激增迫使人们不断寻找新的工具,以满足其对规律进行探索,进而为决策提供有效信息

的需求。

5.3.2   数据挖掘的概念

数据挖掘是一种信息处理技术,是从大量数据中自动分析并提取知识的技术。数据挖掘是指从大量的、不完全的、有噪声的、模糊的、随机的实际数据中,提取隐含其内的、人们实现所不知的,但又是有潜在价值的信息和知识的过程。数据挖掘的目的是从所获取的数据中发现新的、规律性的信息和知识,以辅助科学决策,利用各种分析工具对海量数据进行深入归纳、分析,从而获得对所研究对象更深层次的认识,发现隐藏在数据中的数据之间规律性的关系、发现可以预测趋势的数学模型,并用这些知识和规则建立用于决策支持的模型,用来分析风险、进行预测。数据挖掘技术就是指为了完成数据挖掘任务所需要的全部技术。金融、零售等企业已广泛采用数据挖掘技术,分析用户的可信度和购物偏好等。

数据挖掘是近年来伴随数据库系统的大量建立和万维网的广泛应用而发展起来的一门技术。数据挖掘是交叉性学科,它是数据库技术、机器学习、统计学、人工智能、可视化分析、模式识别等多门学科的融合,如图 5-20 所示。

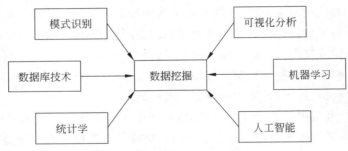

图 5-20   多学科融合的数据挖掘

5.3.3   数据挖掘过程

数据挖掘的步骤会随不同领域的应用而有所变化,每一种数据挖掘技术也会有各自的特性和使用步骤,针对不同问题和需求所制定的数据挖掘过程也会存在差异。此外,数据的完整程度、专业人员支持的程度等都会对建立数据挖掘过程有所影响。这些因素造成了数据挖掘在各不同领域中的运用、规划,以及流程的差异性,即使同一产业,也会因为分析技术和专业知识的涉入程度不同而不同,因此对于数据挖掘过程的系统化、标准化就显得格外重要。数据挖掘完整的步骤如图 5-21 所示。

1. 定义问题,确定业务对象

清晰地定义业务问题,认清数据挖掘的目的是学习数据挖掘的重要一步,挖掘的最后结构是不可预测的,但要探索的问题应是有预见的。

2. 数据准备

数据准备包括:数据采集与数据预处理。

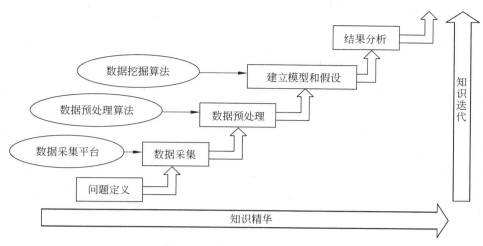

图 5-21　数据挖掘过程示意图

1）数据采集

提取数据挖掘的目标数据集，搜索所有与业务对象有关的内部和外部数据信息，并从中选择用于数据挖掘应用的数据。

2）数据预处理

研究数据的质量，为进一步分析做准备，并确定将要进行的挖掘操作的类型。进行数据再加工，包括检查数据的完整性及数据的一致性、去噪声，填补丢失的域，删除无效数据等。

将数据转换成一个分析模型，这个分析模型是针对挖掘算法建立的，建立一个真正适合挖掘算法的分析模型是数据挖掘成功的关键。

3. 建立模型和假设

数据建模是数据挖掘流程中最核心的环节，使用机器学习算法或统计方法对挖掘的数据进行建模分析，而获得对系统最合适的模型。数据建模环境是开展统计建模科学与研究的场所，主要模型包括分布探索、实验设计、特征估计、假设检验、时间序列、筛选设计、模型拟合、随机过程、多元分析、机器学习等。根据数据功能的类型和数据的特点选择相应的算法，在净化和转换过的数据集上进行规律寻找，建立模型和假设。

4. 结果分析

对数据挖掘的结果进行解释和评价，转换成为能够最终被用户理解的知识。对所得到的经过转换的数据进行挖掘，除了选择合适的挖掘算法外，其余一切工作都能自动完成。

由上述步骤可以看出，数据挖掘牵涉了大量的准备工作与规划工作，事实上许多专家都认为整套数据挖掘的过程中，有 80% 的时间和精力是花费在数据预处理阶段，其中包括数据的净化、数据格式转换、变量整合，以及数据表的链接。可见，在进行数据挖掘技术的分析之前，还有许多准备工作要完成。

5.3.4　数据挖掘技术

数据挖掘技术是数据挖掘方法的集合，数据挖掘方法众多。

　　根据挖掘任务可将数据挖掘技术分为预测模型发现、聚类分析、分类与回归、关联分析、序列模式发现、依赖关系或依赖模型发现、异常和趋势发现、离群点检测等。

　　根据挖掘对象可以分为关系数据库、面向对象数据库、空间数据库、时态数据库、文本数据源、多媒体数据库、异质数据库、遗产数据库以及环球网 Web。

　　根据挖掘方法可以分为机器学习方法、统计方法、神经网络方法和数据库方法。机器学习方法中,可细分为归纳学习方法(决策树、规则归纳等)、基于范例学习、遗传算法等。统计方法中,可细分为回归分析(多元回归、自回归等)、判别分析(贝叶斯判别、费歇尔判别和非参数判别等)、聚类分析(系统聚类、动态聚类等)、探索性分析(主元分析法、相关分析法等)等。神经网络方法中,可细分为前向神经网络(BP 算法等)、自组织神经网络(自组织特征映射、竞争学习等)等。数据库方法主要是多维数据分析或 OLAP 方法,另外还有面向属性的归纳方法。

5.4　分类算法

　　我们可能会碰到这样的问题:

- 如何将信用卡申请人分为低、中、高风险群?
- 如何预测哪些顾客在未来半年内会取消该公司服务,哪些电话用户会申请增值服务?
- 哪些使用 4G 通信网络的手机用户有可能转换到 5G 通信网络?
- 如何有效预测房地产开发中存在的风险?

　　除此之外,市场经理需要进行数据分析,以便帮助他预测具有某些特征的顾客会购买一台新的计算机;医学研究者预测病人应当接受几种具体治疗方案的哪一种:这些都是分类的例子。

　　分类算法是解决分类问题的方法,是数据挖掘、机器学习和模式识别中一个重要的研究领域。分类算法通过对已知类别训练集的分析,从中发现分类规则,以此预测新数据的类别。分类算法的应用非常广泛,银行中风险评估、客户类别分类、文本检索和搜索引擎分类、安全领域中的入侵检测以及软件项目中的应用等。

　　分类是一种重要的数据分析形式,它提取刻画重要数据类的模型。这种模型称为分类器,预测分类的(离散的,无序的)类标号。例如医生对病人进行诊断是一个典型的分类过程,医生不是一眼就看出病人得了哪种病,而是要根据病人的症状和化验单结果诊断病人得了哪种病,采用哪种治疗方案。再例如,零售业中的销售经理需要分析客户数据,以便帮助他猜测具有某些特征的客户会购买某种商品。数据分类是一个两阶段过程,包括学习阶段(构建分类模型)和分类阶段(使用模型预测给定数据的类标号)。

　　(1) 构建分类模型:通过对训练数据集的学习来建立分类模型。

　　(2) 使用模型分类:使用分类模型对测试数据和新的数据进行分类。

　　其中的训练数据集是带有类标号的,也就是说在分类之前,要划分的类别是已经确定的。通常分类模型是以分类规则、决策树或数学表达式的形式给出,图 5-22 就是一个三分类问题。

　　解决分类问题的方法很多,单一的分类方法主要包括决策树、贝叶斯、人工神经网络、K-近邻、支持向量机(Support Vector Machine,SVM)和基于关联规则的分类等;另外还有

图 5-22　分类问题

用于组合单一分类方法的集成学习算法，如 Bagging 和 Boosting 等。

5.4.1　朴素贝叶斯分类

贝叶斯(Bayes)分类算法是统计学分类方法，是一类利用概率统计知识进行分类的算法，它可以预测类隶属关系的概率，如一个给定元组属于一个特定类的概率。贝叶斯分类基于贝叶斯定理。朴素贝叶斯法是基于贝叶斯定理与特征条件独立假设的分类方法。同时是贝叶斯分类中最简单，且较常见的一种分类方法。

1. 贝叶斯定理

贝叶斯定理特别好用，但并不复杂，它解决了生活中经常碰到的问题：已知某条件下的概率，如何得到两条件交换后的概率，也就是在已知 $P(A|B)$ 的情况下如何求得 $P(B|A)$ 的概率。$P(A|B)$ 是后验概率(posterior probability)，也就是常说的条件概率，即在条件 B 下，事件 A 发生的概率。相反 $P(A)$ 或 $P(B)$ 称为先验概率(prior probability)。贝叶斯定理之所以有用，是因为在生活中经常遇到这种情况：很容易直接得出 $P(A|B)$，$P(B|A)$ 则很难直接得出，但更关心 $P(B|A)$，贝叶斯定理就打通了从 $P(A|B)$ 获得 $P(B|A)$ 的道路。

$$P(B|A) = \frac{P(A|B)P(B)}{P(A)}$$

2. 朴素贝叶斯分类的原理

朴素贝叶斯分类的思想真的很朴素，它的思想基础是，对于给出的待分类项，求解此项出现的条件下各个类别出现的概率，哪个最大，就认为此待分类属于哪个类别。

朴素贝叶斯分类的正式定义如下：

(1) 设 $x = \{a_1, a_2, \cdots, a_m\}$ 为一个待分类项，而每个 a 为 x 的一个特征属性。

(2) 有类别集合 $C = \{y_1, y_2, \cdots, y_n\}$。

(3) 计算 $P(y_1|x)$，$P(y_2|x)$，$\cdots$，$P(y_n|x)$。

(4) 如果 $P(y_k|x) = \max\{P(y_1|x), P(y_2|x), \cdots, P(y_n|x)\}$，则 $x \in y_k$。

那么，现在的关键就是如何计算第(3)步中的各个条件概率，具体步骤如下。

(1) 找到一个已知分类的待分类项集合，这个集合叫作训练样本集。

(2) 统计得到在各类别下各个特征属性的条件概率估计，即

$$P(a_1|y_1), P(a_2|y_1), \cdots, P(a_m|y_1)$$
$$P(a_1|y_2), P(a_2|y_2), \cdots, P(a_m|2)$$
$$P(a_1|y_n), P(a_2|y_n), \cdots, P(a_m|y_n)$$

（3）如果各个特征属性是条件独立的，则根据贝叶斯定理有如下推导：

$$P(y_i \mid x) = \frac{P(x \mid y_i)P(y_i)}{P(x)}$$

因为分母对于所有类别为常数，因此只要将分子最大化皆可；又因为各特征属性是条件独立的，所以有：

$$P(x \mid y_i)P(y_i) = P(a_1 \mid y_i), P(a_2 \mid y_i), \cdots, P(y_m \mid y_i)P(y_i)$$

$$= P(y_i)\prod_{j=1}^{m} P(a_j \mid y_i)$$

3. 拉普拉斯校准

计算各个划分的条件概率 $P(a \mid y)$ 是朴素贝叶斯分类的关键性步骤，当特征属性为离散值时，只要能方便地统计训练样本中各个划分在每个类别中出现的频率即可用来估计 $P(a \mid y)$，下面重点讨论特征属性是连续值的情况。

当特征属性为连续值时，通常假定其值服从高斯分布（也称正态分布），即：

$$g(x, \eta, \sigma) = \frac{1}{\sqrt{2\pi}\sigma} e^{\frac{-(x-\eta)^2}{2\sigma^2}}$$

而

$$P(a_k \mid y_i) = g(a_k, \eta_{y_i}, \sigma_{y_i})$$

因此，只要计算出训练样本中各个类别中此特征项划分的各均值和标准差，代入上述公式即可得到需要的估计值。均值与标准差的计算在此不再赘述。

当 $P(x_k \mid C_i) = 0$ 时，即当某个类别下某个特征项没有出现时，会出现的情况是：尽管没有这个零概率，仍然可能得到一个表明 X 属于 C_i 类的高概率。有一个简单的技巧来避免该问题，可以假定训练数据库 D 很大，以至于对每个计数加 1 造成的估计概率的变化可以忽略不计。但可以方便地避免概率值为 0。这种概率估计计数称为拉普拉斯校准或拉普拉斯估计法。

4. 朴素贝叶斯分类的流程

朴素贝叶斯分类的流程分为三个阶段，如图 5-23 所示。

第一阶段——准备工作阶段。这个阶段的任务是为朴素贝叶斯分类做必要的准备，主要工作是根据具体情况确定特征属性，并对每个特征属性进行适当划分，然后由人工对一部分待分类项进行分类，形成训练样本集合。这一阶段的输入是所有待分类数据，输出是特征属性和训练样本。这一阶段是整个朴素贝叶斯分类中唯一需要人工完成的阶段，其质量对整个过程有重要影响，分类器的质量很大程度上由特征属性、特征属性划分及训练样本质量决定。

第二阶段——分类器训练阶段。这个阶段的任务就是生成分类器，主要工作是计算每个类别在训练样本中的出现频率及每个特征属性划分对每个类别的条件概率估计，并将结果记录。其输入是特征属性和训练样本，输出是分类器。这一阶段是机械性阶段，根据前面讨论的公式可以由程序自动计算完成。

第三阶段——应用阶段。这个阶段的任务是使用分类器对待分类项进行分类，其输入是分类器和待分类项，输出是待分类项与类别的映射关系。这一阶段也是机械性阶段，由程

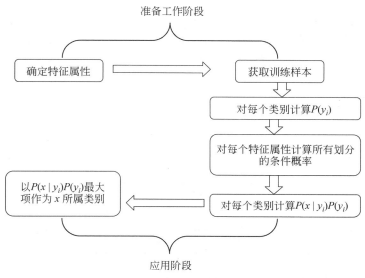

图 5-23　朴素贝叶斯分类的流程

序完成。

5. 朴素贝叶斯的优缺点

优点：对小规模的数据表现很好，适合多分类任务，适合增量式训练。

缺点：对输入数据的表达形式很敏感（离散、连续，值极大极小等）。

6. 朴素贝叶斯分类实例

实例 5-1　根据夏天天气情况决定是否打网球。

表 5-3 是不同天气情况下的网球训练决策数据，天气情况由 4 个离散的自变量组成，分别是天气（Outlook）、温度（Temperature）、空气湿度（Humidity）和风况（Windy）。其中，天气又分为晴朗（sunny）、多云（overcast）和下雨（rain）3 种情况。温度又分为炎热（hot）、适度（mild）和凉爽（cool）3 种情况。空气湿度又分为大（high）和一般（normal）两种情况。风况又分为有风（true）和无风（false）两种情况。是否适合进行网球运动的目标变量（class），适合用 Y 表示，不适合用 N 表示。假设今天天气状况是 Outlook＝sunny，Temperature＝cool，Humidity＝high，Windy＝true，那么今天是否适合打网球呢？

表 5-3　不同天气情况下的网球训练决策数据

Outlook	Temperature	Humidity	Windy	Class
sunny	hot	high	false	N
sunny	hot	high	true	N
overcast	hot	high	false	Y
rain	mild	high	false	Y
rain	cool	normal	false	Y

Outlook	Temperature	Humidity	Windy	Class
rain	cool	normal	true	N
overcast	cool	normal	true	Y
sunny	mild	high	false	N
sunny	cool	normal	false	Y
rain	mild	normal	false	Y
sunny	mild	normal	true	Y
overcast	mild	high	true	Y
overcast	hot	normal	false	Y
rain	mild	high	true	N

从表 5-3 可以直接整理得到表 5-4，假设在给定目标的情况下，天气的情况是彼此条件独立的（其中，p 代表适合打网球的天数，n 代表不适合打网球的天数）。

表 5-4　网球运动各条件概率

天 气 情 况	概　　率	
Outlook	$P(\text{sunny}\mid p)=2/9$	$P(\text{sunnyy}\mid n)=3/5$
	$P(\text{overcast}\mid p)=4/9$	$P(\text{overcast}\mid n)=0$
	$P(\text{rain}\mid p)=3/9$	$P(\text{rain}\mid n)=2/5$
Temperature	$P(\text{hot}\mid p)=2/9$	$P(\text{hot}\mid n)=2/5$
	$P(\text{mild}\mid p)=4/9$	$P(\text{mild}\mid n)=2/5$
	$P(\text{cool}\mid p)=3/9$	$P(\text{cool}\mid n)=1/5$
Humidity	$P(\text{high}\mid p)=3/9$	$P(\text{high}\mid n)=4/5$
	$P(\text{normal}\mid p)=6/9$	$P(\text{normal}\mid n)=1/5$
Windy	$P(\text{true}\mid p)=3/9$	$P(\text{true}\mid n)=3/5$
	$P(\text{false}\mid p)=6/9$	$P(\text{false}\mid n)=2/5$
Class	$P(p)=9/14$	$P(n)=5/14$

考虑样本 Outlook＝sunny，Temperature＝cool，Humidity＝high，Windy＝true，根据朴素贝叶斯模型，由公式分别计算出适合打网球的概率为

$P(p\mid \text{sunny},\text{cool},\text{high},\text{true})$

$=P(\text{sunny},\text{cool},\text{high},\text{true}\mid p)\times P(p)/P(\text{sunny},\text{cool},\text{high},\text{true})$

$=P(\text{sunny}\mid p)\times P(\text{cool}\mid p)\times P(\text{high}\mid p)\times P(\text{true}\mid p)\times P(p)/(P(\text{sunny})\times P(\text{cool})\times P(\text{high})\times P(\text{true}))$

$=2/9\times3/9\times3/9\times3/9\times9/14/(5/14\times4/14\times7/14\times6/14)$

$=0.2420$

同理,不适合打网球的概率为

$$P(n \mid sunny, cool, high, true) = 0.9408$$

从而可以得到:适合打网球的概率<不适合打网球的概率,即不适合打网球。

实例 5-2 检测 SNS 社区中不真实账号。

为了简单起见,对例子中的数据做了适当的简化。对于 SNS 社区来说,不真实账号(使用虚假身份注册的或用户的小号)是一个普遍存在的问题。作为 SNS 社区的运营商,希望可以检测出这些不真实账号,从而在一些运营分析报告中避免这些账号的干扰,还可以加强对 SNS 社区的了解与监管。

如果通过纯人工检测,需要耗费大量的人力,效率也十分低下,如能引入自动检测机制,必将大大提升工作效率。这个问题说白了,就是要将社区中所有账号在真实账号和不真实账号两个类别上进行分类,下面逐步实现这个过程。

首先设 $C=0$ 表示真实账号, $C=1$ 表示不真实账号。

第 1 步,确定特征属性及划分。

这一步要找出可以区分真实账号与不真实账号的特征属性,在实际应用中,特征属性的数量是很多的,划分也会比较细致,但这里为了简单起见,用少量的特征属性进行较粗的划分,并对数据做了修改。

选择 3 个特征属性: a_1 表示日志数量/注册天数, a_2 表示好友数量/注册天数, a_3 表示是否使用真实头像。在 SNS 社区中这 3 项都是可以直接从数据库里得到或计算出来的。

下面给出划分: a_1: $\{a \leqslant 0.05, 0.05 < a < 0.2, a \geqslant 0.2\}$, a_1: $\{a \leqslant 0.1, 0.1 < a < 0.8, a \geqslant 0.8\}$, a_3: $\{a = 0(\text{不是}), a = 1(\text{是})\}$。

第 2 步,获取训练样本。

这里使用运维人员曾经人工检测过的 10 000 个账号作为训练样本。

第 3 步:计算训练样本中每个类别的频率。

用训练样本中真实账号和不真实账号数量分别除以 10 000,得到:

$$P(C=0) = \frac{8900}{100\,000} = 0.89$$

$$P(C=1) = \frac{110}{100\,000} = 0.11$$

第 4 步,计算每个类别条件下各个特征属性划分的频率。

$$P(a_1 <= 0.05 \mid C=0) = 0.3$$
$$P(0.05 < a_1 < 0.2 \mid C=0) = 0.5$$
$$P(a_1 \geqslant 0.2 \mid C=0) = 0.2$$
$$P(a_1 <= 0.05 \mid C=1) = 0.8$$
$$P(0.05 < a_1 < 0.2 \mid C=1) = 0.1$$
$$P(a_1 \geqslant 0.2 \mid C=1) = 0.1$$
$$P(a_2 <= 0.1 \mid C=0) = 0.1$$
$$P(0.1 < a_2 < 0.8 \mid C=0) = 0.7$$
$$P(a_2 \geqslant 0.8 \mid C=0) = 0.2$$
$$P(a_2 <= 0.1 \mid C=1) = 0.7$$
$$P(0.1 < a_2 < 0.8 \mid C=1) = 0.2$$

$$P(a_2 >= 0.8 \mid C = 1) = 0.1$$
$$P(a_3 = 0 \mid C = 0) = 0.2$$
$$P(a_3 = 1 \mid C = 0) = 0.8$$
$$P(a_3 = 0 \mid C = 1) = 0.9$$
$$P(a_3 = 1 \mid C = 1) = 0.1$$

第 5 步：使用分类器进行鉴别。

下面使用第 4 步训练得到的分类器鉴别一个账号，这个账号使用非真实头像，日志数量与注册天数的比率为 0.1，好友数与注册天数的比率为 0.2。

$$P(C = 0)P(x \mid C = 0) = P(C = 0)P(0.05 < a_1 < 0.2 \mid C = 0)$$
$$\cdot P(0.1 < a_2 < 0.8 \mid C = 0)P(a_3 = 0 \mid C = 0)$$
$$= 0.89 \times 0.5 \times 0.7 \times 0.2 = 0.0623$$
$$P(C = 1)P(x \mid C = 1) = P(C = 1)P(0.05 < a_1 < 0.2 \mid C = 1)$$
$$\cdot P(0.1 < a_2 < 0.8 \mid C = 1)P(a_3 = 0 \mid C = 1)$$
$$= 0.11 \times 0.1 \times 0.2 \times 0.9 = 0.00198$$

可以看到，虽然这个用户没有使用真实头像，但是通过分类器的鉴别，更倾向于将此账号归入真实账号类别。这个例子也展示了当特征属性充分多时，朴素贝叶斯分类对个别属性的抗干扰性。

5.4.2　SVM 算法

支持向量机是 Vapnik 根据统计学习理论提出的一种新的学习方法，它的最大特点是根据结构风险最小化准则，以最大化分类间隔构造最优分类超平面来提高学习机的泛化能力，较好地解决了非线性、高维数、局部极小点等问题。对于分类问题，支持向量机算法根据区域中的样本计算该区域的决策曲面，由此确定该区域中未知样本的类别。

SVM 属于有监督（有指导）学习方法，即已知训练点的类别，求训练点和类别之间的对应关系，以便将训练集按照类别分开，或者是预测新的训练点所对应的类别。由于 SVM 在实例的学习中能够提供清晰直观的解释，所以其在文本分类、文字识别、图像分类、升降序列分类等方面的实际应用中，都呈现了非常好的性能。

1. 支持向量机基本思想

SVM 构建了一个分隔两类的超平面（这也可以扩展到多类问题）。在构建的过程中，SVM 算法试图使两类之间的分隔达到最大化，如图 5-24 所示。

以一个很大的边缘分隔两个类可以使期望泛化误差最小化。"最小化泛化误差"的含义是：当对新的样本（数值未知的数据点）进行分类时，基于学习所得的分类器（超平面），使得我们（对其所属分类）预测错误的概率被最小化。直觉上，这样的一个分类器实现了两个分类之间的分离边缘最大化。图 5-24 解释了"最大化边缘"的概念。和分类器平面平行，分别穿过数据集中的一个或多个点的两个平面称为边界平面（bounding plane），这些边界平面的距离称为边缘（margin），而通

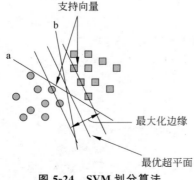

图 5-24　SVM 划分算法

过 SVM 学习的含义是找到最大化这个边缘的超平面。落在边界平面上的(数据集中的)点称为支持向量(support vector)。这些点在这一理论中的作用至关重要,故称为"支持向量机"。支持向量机的基本思想简单总结起来,就是与分类器平行的两个平面,此两个平面能很好地分开两类不同的数据,且穿越两类数据区域集中的点,现在欲寻找最佳超几何分隔平面使之与两个平面间的距离最大,如此便能实现分类总误差最小。支持向量机是基于统计学模式识别理论之上的,其理论相对晦涩难懂一些。

2. 支持向量机理论基础

支持向量机最初是在研究线性可分问题的过程中提出的,所以这里先来介绍线性 SVM 的基本原理。一般而言,假设容量为 n 的训练样本集$\{(x_i, Y_j), i = 1, 2, \cdots, n\}$由两个类别组成(**粗**体符号表示向量或矩阵,下同),若 x_i 属于第一类,则记为 $Y_j = 1$;若 X_i 属于第二类,则记为 $Y_j = -1$,如图 5-25 所示。

通常使用以下方式来表达最优超平面:$\boldsymbol{\omega}^{\mathrm{T}} x + b = 0$。

能够将样本正确地划分成两类,即相同类别的样本都落在分类超平面的同一侧,则称该样本集是线性可分的,即满足

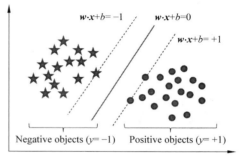

图 5-25　线性 SVM

$$\begin{cases} \boldsymbol{\omega}^{\mathrm{T}} x_i + b \geqslant 1, & y_i = 1 \\ \boldsymbol{\omega}^{\mathrm{T}} x_i + b \leqslant -1, & y_i = -1 \end{cases} \quad (5\text{-}1)$$

此处,可知平面 $\boldsymbol{\omega}^{\mathrm{T}} x_i + b = 1$ 和 $\boldsymbol{\omega}^{\mathrm{T}} x_i + b = -1$,即为该分类问题中的边界超平面,这个问题可以回归到初中学过的线性规划问题。边界超平面 $\boldsymbol{\omega}^{\mathrm{T}} x_i + b = 1$ 到原点的距离为 $\dfrac{|b-1|}{\|\boldsymbol{\omega}\|}$;而边界超平面 $\boldsymbol{\omega}^{\mathrm{T}} x_i + b = -1$ 到原点的距离为 $\dfrac{|+b+1|}{\|\boldsymbol{\omega}\|}$;所以这两个边界超平面的距离是 $\dfrac{2}{\|\boldsymbol{\omega}\|}$;同时注意,这两个边界超平面是平行的。而根据 SVM 的基本思想,最佳超平面应该使两个边界平面的距离最大化,即最大化 $\dfrac{2}{\|\boldsymbol{\omega}\|}$,也就是最小化其倒数,即

$$\min: \frac{1}{2} \|\omega\| = \frac{1}{2} \sqrt{\boldsymbol{\omega}^{\mathrm{T}} \omega} \quad (5\text{-}2)$$

为了求解这个超平面的参数,可以以最小化式(5-2)为目标,而其要满足式(5-1)的表达式,而该式中的两个表达式可以综合表达为

$$y_i(\boldsymbol{\omega}^{\mathrm{T}} x_i + b) \geqslant 1$$

为此可以得到如下目标规划问题:

$$\min: \frac{1}{2} \|\boldsymbol{\omega}\| = \frac{1}{2} \sqrt{\boldsymbol{\omega}^{\mathrm{T}} \omega}$$

$$\text{s.t. } y_i(\boldsymbol{\omega}^{\mathrm{T}} x_i + b) \geqslant 1, \quad i = 1, 2, \cdots, n$$

到这个形式以后,就可以很明显地看出来,它是一个凸优化问题,或者更具体地说,它是一个二次优化问题——目标函数是二次的约束条件是线性的。这个问题可以用现成的 QP (Quadratic Programming)的优化包进行求解。虽然这个问题确实是一个标准 QP 问题,但

是它有特殊结构,通过拉格朗日(Lagrange)变换到对偶变量(dual variable)的优化问题之后,可以找到一种更加有效的方法来进行求解,而且通常情况下,这种方法比直接使用通用的 QP 优化包进行优化高效得多,而且便于推广。拉格朗日变化的作用,简单地说,就是通过给每一个约束条件加上一个拉格朗日乘值(Lagrange multiplier)a,就可以将约束条件融合到目标函数中(也就是说把条件融合到一个函数里,现在只用一个函数表达式便能清楚地表达出问题)。该问题的拉格朗日表达式为

$$(\omega, b, \alpha) = \frac{1}{2} \| \boldsymbol{\omega} \|^2 - \sum a_i [y_i (\boldsymbol{\omega}^\mathrm{T} x_i + b) - 1]$$

其中,$a_i > 0$,$i = 1, 2, \cdots, n$,为拉格朗日系数。

然后依据拉格朗日对偶理论将其转化为对偶问题,即

$$\begin{cases} \max: L(\alpha) = \sum_{i=1}^{n} a_i - \frac{1}{2} \sum_{i=1}^{n} \sum_{i=1}^{n} a_i a_j y_i y_j (x_i^\mathrm{T} x_j) \\ \text{s.t. } \sum_{i=1}^{n} a_i y_i = 0, a_i \geqslant 0 \end{cases}$$

这个问题可以用二次规划方法求解。设求解所得的最优解为 $a^* = [a_1^*, a_2^*, \cdots, a_n^*]^\mathrm{T}$,则可以得到最优的 ω^* 和 b^* 为:

$$\begin{cases} \boldsymbol{\omega}^* = \sum_{i=1}^{n} a_i^* x_i y_i \\ b^* = -\frac{1}{2} \boldsymbol{\omega}^* (\boldsymbol{x}_t + \boldsymbol{x}_s) \end{cases}$$

其中,$\boldsymbol{x}_t$ 和 $\boldsymbol{x}_s$ 为两个类别中任意的一对支撑向量。

最终得到的最优分类函数为 $f(x) = \mathrm{sgn} \left[\sum_{i=1}^{n} a_i^* y_i (x_i^\mathrm{T} x_j) + b^* \right]$

在输入空间中,如果数据不是线性可分的,支持向量机通过非线性映射 $\varnothing: R^n - \varnothing F$ 将数据映射到某个其他点积空间(称为特征空间)F,然后在 F 中执行上述线性算法。这只需计算点积 $\varnothing(x)^\mathrm{T} \varnothing(x)$ 即可完成映射。这一函数称为核函数(Kernel),用 $K(x, y) = \varnothing(x)^\mathrm{T} \varnothing(x)$ 表示。

支持向量机的理论有如下几个要点。

- 最大化间距;
- 核函数;
- 对偶理论。

对于线性 SVM,还有一种更便于理解和 MATLAB 编程的求解方法,即引入松弛变量,转化为纯线性规划问题。同时引入松弛变量后,SVM 更符合大部分的样本,因为对于大部分的情况,很难将所有的样本明显地分成两类,总有少数样本导致寻找不到最佳超平面的情况。为了加深大家对 SVM 的理解,这里详细介绍该种 SVM 的解法。

一个典型的线性 SVM 模型可以表示为:

$$\begin{cases} \min: \dfrac{\| \boldsymbol{\omega} \|^2}{2} + v \sum_{i=1}^{n} \lambda_i \\ \text{s.t.} \begin{cases} y_i (\boldsymbol{\omega}^\mathrm{T} x_i + b) + \lambda_i \geqslant 1 \\ \lambda_i \geqslant 0 \end{cases}, \quad i = 1, 2, \cdots, n \end{cases}$$

Mangasarian 证明该模型与下面模型的解几乎完全相同：

$$
\begin{cases}
\min: v \sum_{i=1}^{n} \lambda_i \\
\text{s.t.} \begin{cases} y_i (\boldsymbol{\omega}^{\mathrm{T}} x_i + b) + \lambda_i \geqslant 1 \\ \lambda_i \geqslant 0 \end{cases}, \quad i = 1, 2, \cdots, n
\end{cases}
$$

这样，对于二分类的 SVM 问题就可以转化为非常便于求解的线性规划问题。

3. SVM 的优缺点

SVM 的主要优点如下。

（1）非线性映射是 SVM 方法的理论基础，SVM 利用内积核函数代替向高维空间的非线性映射。

（2）对特征空间划分的最优超平面是 SVM 的目标，最大化分类边际的思想是 SVM 方法的核心。

（3）支持向量是 SVM 的训练结果，在 SVM 分类决策中起决定性作用。因此，模型需要存储空间小，算法鲁棒性（robust）强。

SVM 的主要缺点如下。

（1）SVM 算法对大规模训练样本难以实施。由于 SVM 是借助二次规划来求解支持向量，而求解二次规划将涉及 m 阶矩阵的计算（m 为样本的个数），当 m 数目很大时该矩阵的存储和计算将耗费大量的机器内存和运算时间。

（2）用 SVM 解决多分类问题存在困难。

5.5　聚类算法

我们可能会碰到这样的问题：

（1）如何通过一些特定的症状归纳某类特定的疾病？

（2）谁是银行信用卡的黄金客户？

（3）谁喜欢打国际长途，在什么时间，打到哪里？

（4）如何对住宅区进行聚类，确定自助提款机（ATM）的安放位置？

（5）如何对用户 WAP 上网行为进行分析，通过客户分群进行精确营销？

除此之外，促销应该针对哪一类客户，这类客户具有哪些特征？ 这类问题往往是在促销前首要解决的问题，对整个客户做分群，将客户分组在各自的群组里，然后对每个不同的群组，采取不同的营销策略。这些都是聚类分析的例子。

聚类就像回归一样，有时候人们描述的是一类问题，有时候描述的是一类算法。聚类算法通常按照中心点或者分层的方式对输入数据进行归并。所有的聚类算法都试图找到数据的内在结构，以便按照最大的共同点将数据进行归类。聚类算法是在数据中发现数据对象之间的关系，将数据进行分组，组内的相似性越大，组间的差别越大，则聚类效果越好。与分类不同，分类需要先定义类别和训练样本，是有指导的学习。聚类是将数据划分或分割成相交或者不相交的群组的过程，通过确定数据之间存在预先指定的属性上的相似性，就可以完成聚类任务，是无指导的学习。

"聚类算法"试图将数据集中的样本划分为若干通常是不相交的子集,每个子集称为一个"簇"(cluster),通过这样的划分,每个簇可能对应于一些潜在的概念或类别。聚类的输入是一组未被标记的数据,根据数据自身的距离或相似度进行划分。划分的原则是保持最大的组内相似性和最小的组间相似性,也就是使不同聚类中的数据尽可能地不同,而同一聚类中的数据尽可能地相似。聚类分析建模原理如图 5-26 所示。

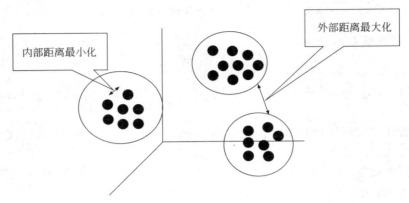

图 5-26　聚类分析建模原理

常见的聚类算法包括 k-means 算法、基于密度的聚类算法(Density-Based Spatial Clustering of Applications with Noise,DBSCAN)以及层次方法、基于网格方法、基于模型的方法。

5.5.1　k-means 算法

k-means 算法是一种聚类算法,所谓聚类,即根据相似性原则,将具有较高相似度的数据对象划分至同一类簇,将具有较高相异度的数据对象划分至不同类簇。k-means 是一种基于距离的排他的聚类划分方法。

1. k-means 算法原理

k-means 算法中的 k 代表类簇个数,means 代表类簇内数据对象的均值(这种均值是一种对类簇中心的描述),因此,k-means 算法又称为 k-均值算法。k-means 算法是一种基于划分的聚类算法,以距离作为数据对象间相似性度量的标准,即数据对象间的距离越小,则它们的相似性越高,则它们越有可能在同一个类簇。数据对象间距离的计算有很多种,k-means 算法通常采用欧氏距离来计算数据对象间的距离。

k-means 算法是一个迭代过程,每一次迭代分为两个步骤,第一步为分类成簇,第二步为移动簇中心,直到簇中心不变。分类成簇的判定方法是将与簇中心的欧几里得距离最小的数据点归为对应的一类。而簇中心的计算方式是该类所有数据点的平均值。

2. k-means 算法要点

1) k 值的选择

对于 k-means 算法,首先要注意的是 k 值的选择,一般来说,可以根据对数据的先验经验选择一个合适的 k 值,如果没有什么先验知识,则可以通过交叉验证选择一个合适的 k 值。

在确定了 k 的个数后,需要选择 k 个初始化的质心,k 个初始化的质心的位置选择对最后的聚类结果和运行时间都有很大的影响,因此需要选择合适的 k 个质心,最好这些质心不能太近。

2) 距离的度量

给定样本 $x^{(i)} = \{x_1^{(i)}, x_2^{(i)}, \cdots, x_n^{(i)}\}$ 与 $x^{(j)} = \{x_1^{(j)}, x_2^{(j)}, \cdots, x_n^{(j)}\}$,其中 $i, j = 1, 2, \cdots, m$,表示样本数,m 表示特征数。距离的度量方法主要分为如下几种。

(1) 有序属性距离度量(离散属性 $\{1, 2, 3\}$ 或连续属性)。

① 闵可夫斯基距离(**Minkowski distance**):

$$\text{dist}_{mk}(x^{(i)}, x^{(j)}) = \left(\sum_{u=1}^{n} | x_u^{(i)} - x_u^{(j)} |^P \right)^{\frac{1}{p}}$$

② 欧氏距离(**Euclidean distance**),即当 $p = 2$ 时的闵可夫斯基距离:

$$\text{dist}_{ed}(x^{(i)}, x^{(j)}) = \| x^{(i)} - x^{(j)} \|_2 = \sqrt{\sum_{u=1}^{n} | x_u^{(i)} - x_u^{(j)} |^2}$$

③ 曼哈顿距离(**Manhattan distance**),即当 $p = 1$ 时的闵可夫斯基距离:

$$\text{dist}_{man}(x^{(i)}, x^{(j)}) = \| x^{(i)} - x^{(j)} \|_1 = \sum_{u=1}^{n} | x_u^{(i)} - x_u^{(j)} |$$

(2) 无序属性距离度量(Value Difference Metric,VDM)如{飞机,火车,轮船}。

$$\text{VDM}_p(x_u^{(i)}, x_u^{(j)}) = \sum_{z=1}^{k} \left| \frac{m_{u, x_u^{(i)}, z}}{m_{u, x_u^{(i)}}} - \frac{m_{u, x_u^{(j)}, z}}{m_{u, x_u^{(j)}}} \right|^p$$

其中,$m_{u, x_u^{(i)}}$ 表示在属性 u 上取值为 $x_u^{(i)}$ 的样本数,$m_{u, x_u^{(i)}, z}$ 表示在第 z 个样本簇中属性 u 上取值为 $x_u^{(i)}$ 的样本数,$\text{VDM}_p\left(x_u^{(i)}, x_u^{(j)}\right)$ 表示在属性 u 上两个离散值 $x_u^{(i)}$ 与 $x_u^{(j)}$ 的 VDM 距离。

(3) **混合属性距离度量**,即为有序与无序的结合:

$$\text{MinkovDM}_p(x^{(i)}, x^{(j)}) = \left(\sum_{u=1}^{n_c} \left| x_u^{(i)} - x_u^{(j)} \right|^P + \sum_{u=n_c+1}^{n} \text{VDM}_p(x_u^{(i)}, x_u^{(j)}) \right)^{\frac{1}{p}}$$

其中,含有 n_c 个有序属性,与 $n - n_c$ 个无序属性。

3) 更新"簇中心"

对于划分好的各个簇,计算各个簇中的样本点均值,将其均值作为新的簇中心。

3. k-means 算法流程

输入:样本集 $D = \{x_1, x_2, \cdots x_m\}$,聚类的簇树 k,最大迭代次数 N。

输出:簇划分 $C = \{C_1, C_2, \cdots C_k\}$。

从数据集 D 中随机选择 k 个样本作为初始的 k 个质心向量:$\{\mu_1, \mu_2, \cdots, \mu_k\}$。

对于 $n = 1, 2, \cdots, N$,有:

第 1 步,将簇划分 C 初始化为 $Ct = \varnothing (t = 1, 2, \cdots, k)$

第 2 步，对于 $i=1,2,\cdots,m$，计算样本 x_i 和各个质心向量 $\pmb{\mu}_j(j=1,2,\cdots,k)$ 的距离：$d_{ij}=\parallel x_i-\mu_j\parallel_2^2$，将 x_i 标记最小的为 d_{ij} 所对应的类别 λ_i，此时更新 $C_{\lambda_i}=C_{\lambda_i}\bigcup\{x_i\}$。

第 3 步，对于 $j=1,2,\cdots,k$，对 C_j 中所有的样本点重新计算新的质心 $\pmb{\mu}_j=\dfrac{1}{\mid C_j\mid}\sum\limits_{x\in C_j}x$。

第 4 步，如果所有的 k 个质心向量都没有发生变化，则转到下一步骤，即输出簇划分 $C=\{C_1,C_2,\cdots C_k\}$。

4. k-means 算法的优缺点

k-means 算法的主要优点如下。

（1）它是解决聚类问题的一种经典算法，简单、快速。

（2）对处理大数据集，该算法是相对可伸缩和高效率的。因为它的复杂度是 $0(n,k,t)$，其中，n 是所有对象的数目，k 是簇的数目，t 是迭代的次数。通常 $k<n$ 且 $t<n$。

（3）当结果簇是密集的，而簇与簇之间区别明显时，它的效果较好。

主要缺点如下。

（1）在簇的平均值被定义的情况下才能使用，这对于处理符号属性的数据不适用。

（2）必须事先给出 k（要生成的簇的数目），而且对初始值敏感，对于不同的初始值，可能会导致不同结果。

（3）它对于"噪声"和孤立点数据是敏感的，少量的该类数据能够对平均值产生极大的影响。

5. k-means 算法实例

假如给定如下要进行聚类的样本：$\{2,4,10,12,3,20,30,11,25\}$，并假设 $k=2$。初始时用前两个数值作为簇的均值：$m_1=2$ 和 $m_2=4$。利用欧式距离，可得 $K_1=\{2,3\}$ 和 $K_2=\{4,10,12,20,30,11,25\}$。数值 3 与两个均值的距离相等，所以可以任意地选择 K_1 作为其所属的簇。在这种情况下，可以进行任意指派。计算均值可得 $m_1=2.5$ 和 $m_2=16$。重新对簇中的成员进行分配可得：

$$K_1=\{2,3,4\} \text{ 和 } K_2=\{10,12,20,30,11,25\}$$

再不断重复这个过程，直到收敛，如表 5-5 所示。

表 5-5   k-means 过程

m_1	m_2	K_1	K_2
3	18	$\{2,3,4,10\}$	$\{12,20,30,11,25\}$
4.75	19.5	$\{2,3,4,10,11,12\}$	$\{20,30,25\}$
7	25	$\{2,3,4,10,11,12\}$	$\{20,30,25\}$

由表 5-5 中可以看出，最后两步中簇的成员是一致的，所以均值不再变化。也就是说，均值收敛了。所以该数据的两个簇是

$$K_1 = \{2,3,4,10,11,12\} \quad 和 \quad K_2 = \{20,30,25\}$$

k-means 算法的时间复杂性为 $O(tkn)$。其中，t 为迭代次数，利用 k-means 算法可以找到局部最优解，但不能找到全局最优解。

5.5.2　DBSCAN 算法

k-means 算法存在几个缺陷，其中之一就是该算法无法聚类非凸的数据集，也就是说，k-means 聚类的形状一般只能是球状的，不能推广到任意的形状。本节介绍一种基于密度的聚类方法，可以聚类任意的形状。

基于密度的聚类是根据样本的密度分布来进行聚类。通常情况下，密度聚类从样本密度的角度出发，考查样本之间的可连接性，并基于可连接样本不断扩展聚类簇，以获得最终的聚类结果。其中最著名的算法就是 DBSCAN 算法。

1. DBSCAN 算法原理

DBSCAN(Density-Based Spatial Clustering of Applications with Noise，具有噪声的基于密度的聚类方法)是一种基于密度的空间聚类算法。该算法将具有足够密度的区域划分为簇，并在具有噪声的空间数据库中发现任意形状的簇，它将簇定义为密度相连的点的最大集合。

2. DBSCAN 算法要点

在 DBSCAN 算法中将数据点分为如下 3 类，如图 5-27 所示。

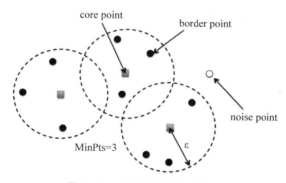

图 5-27　DBSCAN 算法数据点

（1）核心点(core point)。若样本 x_i 的 ε 邻域内至少包含了 MinPts 个样本，即 $N_\varepsilon(X_i) \geqslant$ MinPts，则称样本点 x_i 为核心点。

（2）边缘点(border point)。若样本 x_i 的 ε 邻域内包含的样本数目小于 MinPts，但是它在其他核心点的邻域内，则称样本点 x_i 为边界点。

（3）噪音点(noise)。既不是核心点也不是边界点的点。

在这里有两个量，一个是半径 Eps(ε)，另一个是指定的数目 MinPts。

- ε 邻域：给定对象半径为 ε 内的区域称为该对象的 ε 邻域；
- MinPts：给定点在 ε 邻域内成为核心点的最小邻域点数。

在 DBSCAN 算法中,还定义了如下一些概念,如图 5-28 所示。

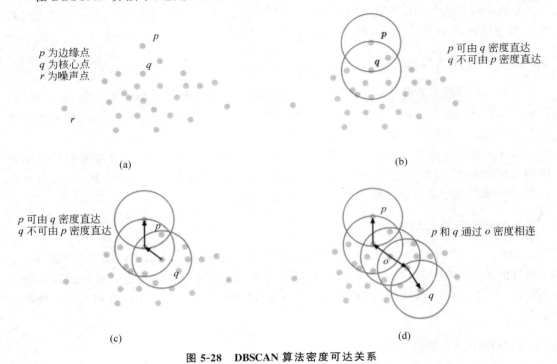

图 5-28　DBSCAN 算法密度可达关系

(1) 密度直达(directly density-reachable):可以称样本点 p 是由样本点 q 对于参数 $\{\varepsilon, \text{MinPts}\}$ 密度直达的,如果它们满足 $p \in N\varepsilon(q)$ 且 $|N\varepsilon(q)| \geqslant \text{MinPts}$(即样本点 q 是核心点)。

(2) 密度可达(density-reachable):可以称样本点 p 是由样本点 q 对于参数 $\{\varepsilon, \text{MinPts}\}$ 密度可达的,如果存在一系列的样本点 $p_1, \cdots, p_n$(其中 $p_1 = q, p_n = p$)使得对于 $i = 1, \cdots, n-1$,样本点 p_{i+1} 可由样本点 p_i 密度可达。

(3) 密度相连(density-connected):可以称样本点 p 与样本点 q 对于参数 $\{\varepsilon, \text{MinPts}\}$ 是密度相连的,如果存在一个样本点 o,使得 p 和 q 均由样本点 o 密度可达。

基于密度的聚类算法通过寻找被低密度区域分离的高密度区域,并将高密度区域作为一个聚类的"簇"。在 DBSCAN 算法中,聚类"簇"定义为由密度可达关系导出的最大的密度连接样本的集合。

3. DBSCAN 聚类算法流程

输入:样本集 $D = (x_1, x_2, \cdots, x_m)(x_1, x_2, \cdots, x_m)$,邻域参数 $(\varepsilon, \text{MinPts})(\varepsilon, \text{MinPts})$,样本距离度量方式;

输出:簇划分 $C = \{C1, C2, \cdots, Ck\}$。

第 1 步,初始化核心对象集合 $\Omega = \varnothing$,初始化聚类簇数 $k = 0$,初始化未访问样本集合 $\Gamma = D$,簇划分 $C = \varnothing$。

第 2 步,对于 $j = 1, 2, \cdots m$,按下面的步骤找出所有的核心对象:

- 通过距离度量方式，找到样本 x_j 的 ε 邻域子样本集 $N_\varepsilon(x_j)$；
- 如果子样本集样本个数满足 $|N_\varepsilon(x_j)| \geqslant \mathrm{MinPts}$，将样本 x_j 加入核心对象样本集合：$\Omega = \Omega \bigcup \{x_j\}$。

第 3 步，如果核心对象集合 $\Omega = \varnothing$，则算法结束，否则转入第 4 步。

第 4 步，在核心对象集合 Ω 中，随机选择一个核心对象 o，初始化当前簇核心对象队列 $\Omega cur = \{o\}$，初始化类别序号 $k = k+1$，初始化当前簇样本集合 $C_k = \{o\}$，更新未访问样本集合 $\Gamma = \Gamma - \{o\} \Gamma = \Gamma - \{o\}$。

第 5 步，如果当前簇核心对象队列 $\Omega cur = \varnothing \Omega cur = \varnothing$，则当前聚类簇 $C_k C_k$ 生成完毕，更新簇划分 $C = \{C_1, C_2, \cdots, C_k\}\{C_1, C_2, \cdots, C_k\}$，更新核心对象集合 $\Omega = \Omega - C_k$，转入第 3 步。

第 6 步，在当前簇核心对象队列 Ωcur 中取出一个核心对象 o'，通过邻域距离阈值 ε 找出所有的 ε 邻域子样本集 $N_\varepsilon(o')$，令 $\Delta = N_\varepsilon(o') \bigcap \Gamma$，更新当前簇样本集合 $C_k = C_k \bigcup \Delta$，更新未访问样本集合 $\Gamma = \Gamma - \Delta$，转入第 5 步。

第 7 步，输出结果：簇划分 $C = \{C_1, C_2, \cdots, C_k\}$。

4. DBSCAN 算法的优缺点

DBSCAN 算法的主要优点如下。

（1）相比 k-means 算法，DBSCAN 算法不需要预先声明聚类数量。

（2）DBSCAN 算法可以对任意形状的稠密数据集进行聚类，相对的，k-means 之类的聚类算法一般只适用于凸数据集。

（3）DBSCAN 算法可以在聚类的同时发现异常点，对数据集中的异常点不敏感。

（4）DBSCAN 算法聚类结果没有偏倚，相对的，k-means 之类的聚类算法初始值对聚类结果有很大影响。

DBSCAN 算法主要缺点如下。

（1）当空间聚类的密度不均匀、聚类间距差相差很大时，聚类质量较差，因为这种情况下参数 MinPts 和 Eps 选取困难。

（2）如果样本集较大时，聚类收敛时间较长，此时可以对搜索最近邻时建立的 KD 树或者球树进行规模限制来改进。

（3）在两个聚类交界边缘的点会视它在数据库的次序决定加入哪个聚类，但是这种情况并不常见，而且对整体的聚类结果影响不大（DBSCAN 变种算法，它把交界点视为噪音，达到完全决定性的结果）。

（4）调参相对于传统的 k-means 之类的聚类算法稍复杂，主要需要对距离阈值 Eps，邻域样本数阈值 MinPts 联合调参，不同的参数组合对最后的聚类效果有较大影响。

5. DBSCAN 算法实例

表 5-6 所示的数据集，其在二维空间中的分布情况如图 5-29 所示，用户输入 Eps＝1，MinPts＝4，采用 DBSCAN 算法进行聚类的过程如下。

表 5-6   数据集示例

序号	属性 1	属性 2	序号	属性 1	属性 2
1	1	0	7	4	1
2	4	0	8	5	1
3	0	1	9	0	2
4	1	1	10	1	2
5	2	1	11	4	2
6	3	1	12	1	2

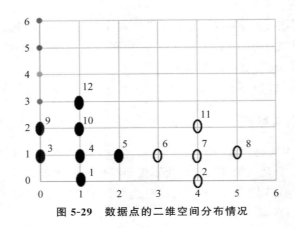

图 5-29   数据点的二维空间分布情况

第 1 步。在数据集中选择一个点 1,由于在以它为圆心,以 1 为半径的圆内包括 2 个点(小于 4),因此它不是核心点,选择下一个点。

第 2 步。在数据集中选择一个点 2,由于在以它为圆心,以 1 为半径的圆内包括 2 个点,因此它不是核心点,选择下一个点。

第 3 步。在数据集中选择一个点 3,由于在以它为圆心,以 1 为半径的圆内包括 3 个点,因此它不是核心点,选择下一个点。

第 4 步。在数据集中选择一个点 4,由于在以它为圆心,以 1 为半径的圆内包括 5 个点,因此它是核心点,寻找从它出发密度可达的点(直接密度可达 4 个,间接密度可达 3 个),产生簇 1,包含点{1,3,4,5,9,10,12},选择下一个点。

第 5 步。在数据集中选择一个点 5,已经在簇 1 中,选择下一个点。

第 6 步。在数据集中选择一个点 6,由于在以它为圆心,以 1 为半径的圆内包括 3 个点,因此它不是核心点,选择下一个点。

第 7 步。在数据集中选择一个点 7,由于在以它为圆心,以 1 为半径的圆内包括 5 个点,因此它是核心点,寻找从它出发可达的点,产生簇 2,包含点{2,6,7,8,11},选择下一个点。

第 8 步。在数据集中选择一个点 8,已经在簇 2 中,选择下一个点。

第 9 步。在数据集中选择一个点 9,已经在簇 1 中,选择下一个点。

第 10 步。在数据集中选择一个点 10,已经在簇 1 中,选择下一个点。

第 11 步。在数据集中选择一个点 11,已经在簇 2 中,选择下一个点。

第 12 步。在数据集中选择一个点 12,已经在簇 1 中,由于这已经是最后一个点,所有点都已处理,程序终止。

上述过程如表 5-7 所示,最后产生两个簇,$C_1 = \{1,3,4,5,9,10,12\}$,$C_2 = \{2,6,7,8,11\}$。

表 5-7　DBSCAN 算法的执行过程

步　　骤	选择的点	在 Eps 领域中点的个数	通过计算可达点而找到的新簇
1	1	2	无
2	2	2	无
3	3	3	无
4	4	5	簇 $C_1 = \{1,3,4,5,9,10,12\}$
5	5	3	已在簇 C_1 中
6	6	3	无
7	7	5	簇 $C_2 = \{2,6,7,8,11\}$
8	8	2	已在簇 C_2 中
9	9	3	已在簇 C_1 中
10	10	4	已在簇 C_1 中
11	11	2	已在簇 C_2 中
12	12	2	已在簇 C_1 中

5.6　Apriori 频繁项集挖掘算法

作为大型购物超市,经常会碰到这样的问题:

哪组商品顾客可能会在一次购物时同时购买?

这里就需要对大量的数据进行关联分析。最终提出以下解决方案:

- 经常同时购买的商品可以摆近一点,以便进一步刺激这些商品一起销售;
- 规划哪些附属商品可以降价销售,以便刺激主体商品的捆绑销售。

Apriori 算法是常用于挖掘出数据关联规则的算法,能够发现事物数据库中频繁出现的数据集,这些联系构成的规则可以帮助用户找出某些行为特征,以便进行企业决策。例如,某食品商店希望发现顾客的购买行为,通过购物篮分析得到大部分顾客会在一次购物中同时购买面包和牛奶,那么该商店便可以通过降价促销面包的同时提高面包和牛奶的销量。本节重点介绍 Apriori 算法,在这之前,先介绍一些基本概念。

(1) 事务数据库:设 $I = \{i_1, i_2, \cdots, i_m\}$ 是一个全局项的集合,事物数据库 $D = \{t_1, t_2, \cdots, t_n\}$ 是一个事务的集合,每个事务 $t_i (1 \leqslant i \leqslant n)$ 都对应 I 上的一个子集,例如 $t_1 = \{i_1, i_3, i_7\}$。

(2) 关联规则:关联规则表示项之间的关系,是形如 $X \rightarrow Y$ 的蕴含表达式,其中 X 和

Y 是不相交的项集,X 称为规则的前件,Y 称为规则的后件。例如{谷物食品,牛奶}→{水果}关联规则表示购买谷类食品和牛奶的人也会购买水果。通常关联规则的强度可以用支持度和置信度来度量。

(3) 支持度:支持度表示关联数据在数据集中出现的次数或所占的比重。

$$support(X \to Y) = P(X \cup Y) = |X \cup Y| / |D|$$

(4) 置信度:置信度表示发生事件 Y 的基础上发生事件 X 的概率,Y 数据出现后,也可以说是数据的条件概率。

$$confidence(X \Leftarrow Y) = P(X | Y) = P(XY) / P(Y)$$

(5) 提升度:提升度体现 X 和 Y 之间的关联关系,提升度大于 1 表示 X 和 Y 之间具有强关联关系,提升度小于或等于 1 表示 X 和 Y 之间无有效的强关联关系。

$$lift(X \Leftarrow Y) = confidence(X \Leftarrow Y) P(X) = P(XY) / (P(X)P(Y))$$

(6) k 项集:如果事件 A 中包含 k 个元素,那么称这个事件 A 为 k 项集,并且事件 A 满足最小支持度阈值的事件称为频繁 k 项集。

(7) 由频繁项集产生强关联规则:K 维数据项集 LK 是频繁项集的必要条件是它所有 $K-1$ 维子项集也为频繁项集,记为 LK-1,如果 K 维数据项集 LK 的任意一个 $K-1$ 维子集 LK-1,不是频繁项集,则 K 维数据项集 LK 本身也不是最大数据项集。

LK 是 K 维频繁项集,如果所有 $K-1$ 维频繁项集合 LK-1 中包含 LK 的 $K-1$ 维子项集的个数小于 K,则 LK 不可能是 K 维最大频繁数据项集。

同时满足最小支持度阈值和最小置信度阈值的规则称为强关联规则。

关联规则的挖掘目标是找出所有的频繁项集和根据频繁项集产生强关联规则。对于 Apriori 算法来说,其目标是找出所有的频繁项集,因此,对于数据集合中的频繁数据集,需要自定义评估标准来找出频繁项集,常用的评估标准就是用第(3)条介绍的支持度。

5.6.1 Apriori 算法原理

Apriori 算法是一种最有影响力的挖掘布尔关联规则的频繁项集的算法,它是由 Rakesh Agrawal 和 Ramakrishnan Skrikant 提出的。

Apriori 算法的目标是找到最多的 K 项频繁集。那么什么是最多的 K 项频繁集呢?例如,当找到符合支持度的频繁集 AB 和 ABE,可以选择 3 项频繁集 ABE。下面我们介绍 Apriori 算法选择频繁 K 项集过程。

Apriori 算法采用迭代的方法,先搜索出候选 1 项集以及对应的支持度,剪枝去掉低于支持度的候选 1 项集,得到频繁 1 项集。然后对剩下的频繁 1 项集进行连接,得到候选 2 项集,筛选去掉低于支持度的候选 2 项集,得到频繁 2 项集。如此迭代下去,直到无法找到频繁 $k+1$ 集为止,对应的频繁 k 项集的集合便是算法的输出结果。接下来通过例子来介绍具体迭代过程。

实例 5-3 图 5-30 中,数据集包含 4 条记录{'134','235','1235','25'},利用 Apriori 算法来寻找频繁 k 项集,最小支持度设置为 50%。

首先生成候选 1 项集,共包含 5 个数据{'1','2','3','4','5'},计算 5 个数据的支持度,然后对低于支持度的数据进行剪枝。其中数据{4}支持度为 25%,低于最小支持度,进行剪枝处理,最终频繁 1 项集为{'1','2','3','5'}。根据频繁 1 项集连接得到候选 2 项集{'12','13','15',

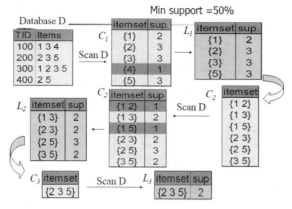

图 5-30　Apriori 算法数据集

'23','25','35'},其中数据{'12','15'}低于最低支持度,进行剪枝处理,得到频繁 2 项集为{'13', '23','25','35'}。如此迭代下去,最终能够得到频繁 3 项集{'235'},由于数据无法再进行连接, 算法至此结束。

实例 5-4　表 5-8 是顾客购买记录的数据库 D,包含 6 个事务。项集 $I=\{$网球拍,网 球,运动鞋,羽毛球$\}$。

表 5-8　客户购买记录数据库

TID	网球拍	网球	运动鞋	羽毛球
1	1	1	1	0
2	1	1	0	0
3	1	0	0	0
4	1	0	1	0
5	0	1	1	1
6	1	1	0	0

考虑关联规则:网球拍⇒网球,事务 1,2,3,4,6 包含网球拍,事务 1,2,6 同时包含网球 拍和网球,支持度 support＝3/6＝0.5,置信度 confident＝3/5＝0.6。若给定最小支持度 $\boldsymbol{\alpha}$＝0.5,最小置信度 $\boldsymbol{\beta}$＝0.6,关联规则网球拍⇒网球是有趣的,认为购买网球拍和购买网球 之间存在强关联。

5.6.2　Apriori 算法的基本思想

Apriori 算法过程分为如下两个步骤。

(1) 通过迭代,检索出事务数据库中的所有频繁项集,即支持度不低于用户设定的阈值 的项集。

(2) 利用频繁项集构造出满足用户最小信任度的规则。

具体做法如下。

首先找出频繁 1-项集,记为 L_1;然后利用 L_1 来产生候选项集 C_2,对 C_2 中的项进行判

定挖掘出 L_2，即频繁 2-项集；如此循环直到无法发现更多的频繁 k-项集为止。每挖掘一层 L_k 就需要扫描整个数据库一遍。算法利用的性质如下。

Apriori 性质：任一频繁项集的所有非空子集也必须是频繁的。意思就是说，生成一个 k-itemset 的候选项时，如果这个候选项有子集不在$(k-1)$-itemset（已经确定是 frequent 的）中时，那么这个候选项就不用拿去和支持度判断了，直接删除。具体介绍如下。

1. 连接步

为找出 L_k（所有的频繁 k 项集的集合），通过将 L_{k-1}（所有的频繁 $k-1$ 项集的集合）与自身连接产生候选 k 项集的集合。候选集合记作 C_k。设 l_1 和 l_2 是 L_{k-1} 中的成员。记 $l_i[j]$ 表示 l_i 中的第 j 项。假设 Apriori 算法对事务或项集中的项按字典次序排序，即对于 $(k-1)$ 项集 l_i，$l_i[1] < l_i[2] < \cdots < l_i[k-1]$。将 L_{k-1} 与自身连接，如果$(l_1[1]=l_2[1])$ && $(l_1[2]=l_2[2])$ && $\cdots$ && $(l_1[k-2]=l_2[k-2])$ && $(l_1[k-1]<l_2[k-1])$，那么认为 l_1 和 l_2 是可连接的。连接 l_1 和 l_2 产生的结果是 $\{l_1[1],l_1[2],\cdots,l_1[k-1],l_2[k-1]\}$。

2. 剪枝步

C_K 是 L_K 的超集，也就是说，C_K 的成员可能是也可能不是频繁的。通过扫描所有的事务（交易），确定 C_K 中每个候选的计数，判断是否小于最小支持度计数，如果不是，则认为该候选是频繁的。为了压缩 C_K，可以利用 Apriori 性质：任一频繁项集的所有非空子集也必须是频繁的，反之，如果某个候选的非空子集不是频繁的，那么该候选肯定不是频繁的，从而可以将其从 C_K 中删除。

5.6.3   Apriori 算法流程

Apriori 算法的流程如下。

（1）输入数据：数据集合 D 和最小支持度 α。

（2）输出数据：最大的频繁 k 项集。

① 扫描数据集，得到所有出现过的数据，作为候选 1 项集。

② 挖掘频繁 k 项集。

a. 扫描计算候选 k 项集的支持度。

b. 剪枝去掉候选 k 项集中支持度低于最小支持度 α 的数据集，得到频繁 k 项集。如果频繁 k 项集为空，则返回频繁 $k-1$ 项集的集合作为算法结果，算法结束。如果得到的频繁 k 项集只有一项，则直接返回频繁 k 项集的集合作为算法结果，算法结束。

c. 基于频繁 k 项集，连接生成候选 $k+1$ 项集。

（3）利用步骤②，迭代得到 $k=k+1$ 项集结果。

5.6.4   Apriori 算法的优缺点

Apriori 算法的主要优点如下。

（1）适合稀疏数据集。

（2）算法原理简单，易实现。

（3）适合事务数据库的关联规则挖掘。

Apriori 算法的主要缺点如下。

(1) 可能产生庞大的候选集。在每一步产生候选项目集时循环产生的组合过多,没有排除不应该参与组合的元素。

(2) 算法需多次遍历数据集,算法效率低,耗时。每次计算项集的支持度时,都对数据库 D 中的全部记录进行了一遍扫描比较,如果是一个大型的数据库,这种扫描比较会大大增加计算机系统的 I/O 开销,代价是随着数据库中记录的增加呈现出几何级数的增加。

5.6.5　Apriori 算法实例

下面以图例的方式说明该算法的运行过程。

实例 5-5　假设有一个数据库 D,其中有 4 个事务记录,分别表示为

TID	Items
T1	I1,I3,I4
T2	I2,I3,I5
T3	I1,I2,I3,I5
T4	I2,I5

这里预定最小支持度 min support＝2,下面用图例说明算法运行的过程。

(1) 扫描 D,对每个候选项进行支持度计数 C_1:

项集	支持度计数
{I1}	2
{I2}	3
{I3}	3
{I4}	1
{I5}	3

(2) 比较候选项支持度计数与最小支持度 min support,产生 1 维最大项目集 L_1:

项集	支持度计数
{I1}	2
{I2}	3
{I3}	3
{I5}	3

(3) 由 L_1 产生候选项集 C_2:

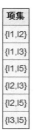

项集
{I1,I2}
{I1,I3}
{I1,I5}
{I2,I3}
{I2,I5}
{I3,I5}

(4) 扫描 D,对每个候选项集进行支持度计数:

项集	支持度计数
{I1,I2}	1
{I1,I3}	2
{I1,I5}	1
{I2,I3}	2
{I2,I5}	3
{I3,I5}	2

（5）比较候选项支持度计数与最小支持度 min support，产生二维最大项目集 L_2：

项集	支持度计数
{I1,I3}	2
{I2,I3}	2
{I2,I5}	3
{I3,I5}	2

（6）由 L_2 产生候选项集 C_3：

项集
{I2,I3,I5}

（7）比较候选项支持度计数与最小支持度 min support，产生三维最大项目集 L_3：

项集	支持度计数
{I2,I3,I5}	2

（8）算法终止。

5.7   常用挖掘工具

数据挖掘工具是使用数据挖掘技术从大型数据集中发现并识别模式的计算机软件。数据在当今世界中就意味着金钱，但是因为大多数数据都是非结构化的。因此，拥有高效的数据挖掘工具至关重要。下面介绍几款常用的数据挖掘工具。

5.7.1   Mahout

Mahout 是 Apache Software Foundation(ASF)旗下的开源项目，提供一些可扩展的机器学习领域经典算法的实现，旨在帮助开发人员更加方便快捷地创建智能应用程序。Mahout 包含许多实现，包括聚类、分类、推荐过滤、频繁子项挖掘。此外，通过使用 Apache Hadoop 库，Mahout 可以有效地扩展到云中。

Mahout 这个名称来源于 Hadoop 徽标上的大象，如图 5-31 所示。Mahout 的意思是大象的饲养者及驱赶者。

1. Mahout 的特性

虽然在开源领域中相对较为年轻，但 Mahout 已经提供

图 5-31   Mahout 微标

了大量功能,特别是在集群和 CF 方面。Mahout 的主要特性如下。

（1）Taste CF。Taste 是 Sean Owen 在 SourceForge 上发起的一个针对 CF 的开源项目,并在 2008 年被赠予 Mahout。

（2）一些支持 Map Reduce 的集群实现,包括 k-means、模糊 k-means、Canopy、Dirichlet 和 Mean-Shift。

（3）Distributed Naive Bayes 和 Complementary Naive Bayes 分类实现。

（4）针对进化编程的分布式适用性功能。

（5）Matrix 和矢量库。

（6）上述算法的示例。

2. 系统架构

利用开放源码项目并竭力使项目的代码与自己的代码协同工作的人越多,基础架构就越充实。对于 Mahout 来说,这种演进方式促成了多项改进。最显著的一项就是经过重大改进、一致的命令行界面,它使得在本地和 Apache Hadoop 上提交和运行任务更加轻松。这个新脚本位于 Mahout 顶层目录（＄MAHOUT_HOME）下的 bin 目录中。

任何机器学习库都有两个关键组件,即可靠的数学库和一个有效的集合包。数学库（位于＄MAHOUT_HOME 下的数学模块中）提供了多种功能：范围从表示向量、矩阵的数据结构、操作这些数据结构的相关操作符一直到生成随机数的工具和对数似然值等有用的统计数据。Mahout 的集合库包含的数据结构与 Java 集合提供的数据结构相似（Map、List 等）,不同之处在于它们原生地支持 Java 原语,例如 int、float 和 double,而非其 Object 对应部分 Integer、Float 和 Double。这一点非常重要,因为在处理拥有数百万项特征的数据集时,需要精打细算地考虑每个位。此外,在较大的规模上,原语及其 Object 对应部分之间的封包成本将成为严重的问题。

Mahout 还引入了一种新的集成模块,其中包含的代码旨在补充或扩展 Mahout 的核心功能,但并非所有用户在所有情况下都需要使用这种模块。例如推荐机制（协同过滤）代码现在支持将其模型存储在数据库（通过 JDBC）、MongoDB 或 Apache Cassandra 中。集成模块还包含多种将数据转为 Mahout 格式的机制,以及评估所得到的结果的机制。例如,其中包含可将存满文本文件的目录转为 Mahout 向量格式的工具。

最后,Mahout 提供了大量新示例,包括通过 Netfix 数据集计算推荐内容、聚类 Last.fm 音乐以及其他许多示例。

3. 具体算法集

具体算法集如表 5-9 所示。

表 5-9　算法集

算　法　类	算　法　名	中　文　名
分类算法	logistic regression	逻辑回归
	Bayesian	贝叶斯
	SVM	支持向量机

算 法 类	算 法 名	中 文 名
分类算法	perceptron	感知器算法
	neural network	神经网络
	random forests	随机森林
	restricted Boltzmann machines	有限玻尔兹曼机
聚类算法	Canopy clustering	Canopy 聚类
	k-means clustering	K 均值算法
	fuzzy k-means	模糊 K 均值
	expectation maximization	EM 聚类（期望最大化聚类）
	mean shift clustering	均值漂移聚类
	hierarchical clustering	层次聚类
	Dirichlet process Clustering	狄利克雷过程聚类
	Latent Dirichlet Allocation	LDA 聚类
	spectral clustering	谱聚类
关联规则挖掘	parallel FP Growth algorithm	并行 FP Growth 算法
回归	locally weighted linear regression	局部加权线性回归
降维/维约简	singular value decomposition	奇异值分解
	principal components analysis	主成分分析
	independent component analysis	独立成分分析
	Gaussian discriminative analysis	高斯判别分析
进化算法	并行化 Watchmaker 框架	
推荐/协同过滤	Non-distributed recommenders	Taste(UserCF，ItemCF，SlopeOne)
	distributed recommenders	ItemCF
向量相似度计算	RowSimilarityJob	计算列间相似度
	VectorDistanceJob	计算向量间距离
非 Map-Reduce 算法	hidden Markov models	隐马尔可夫模型
集合方法扩展	Collections	扩展了 Java 的 Collections 类

5.7.2 Spark MLlib

Spark 是 Apache 的顶级项目，是一个快速、通用的大规模数据处理引擎。MLlib 是构建在 Spark 上的分布式数据挖掘工具，利用 Spark 的内存计算和适合迭代计算的优势，使性能大幅度提升。同时，Spark 算子丰富的表现力，让大规模数据挖掘的算法开发不再复杂。MLlib(Machine Learnig lib) 实际上是 Spark 对常用的机器学习算法的实现库。MLlib 作为 Spark 的一部分，目前已经完全包含在 Spark 中。MLlib 在整个 Spark 生态系统中的位置如图 3-5 所示。MLlib 机器学习库还在不断更新中，Apache 的研究人员仍在不停地为其添加更多的机器学习算法。目前 MLlib 中已经有通用的学习算法和工具类，包括分类、回归、聚类以及协同过滤、降维等，同时还包括底层的优化原语和高层的管道 API。具体来说，主要包括以下几方面的内容,如图 5-32 所示。

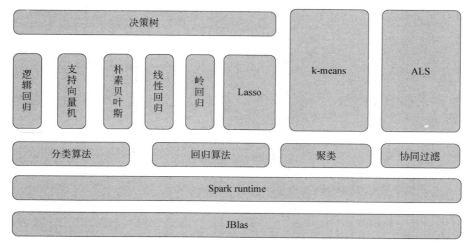

图 5-32　Spark MLlib

(1) 算法工具:常用的学习算法,如分类、回归、聚类和协同过滤。

(2) 特征化工具:特征提取、转化、降维和选择工具。

(3) 管道(pipeline):用于构建、评估和调整机器学习管道的工具。

(4) 持久化:保存和加载算法、模型和管道。

(5) 实用工具:线性代数、统计、数据处理等工具。

MLlib 采用 Scala 语言编写,Scala 语言是运行在 JVM 上的函数式编程语言,特点就是可移植性强,"一次编写,到处运行"是其最重要的特点。

从架构图 5-33 可以看出 MLlib 主要包含如下 3 部分。

■ 底层基础:包括 Spark 的运行库、矩阵库和向量库。

■ 算法库:包含广义线性模型、推荐系统、聚类、决策树和评估的算法。

■ 实用程序:包括测试数据的生成、外部数据的读入等功能。

1. MLlib 的底层基础解析

底层基础部分主要包括向量接口和矩阵接口,这两种接口都会使用 Scala 语言基于 Netlib 和 BLAS/LAPACK 开发的线性代数库 Breeze。

MLlib 支持本地的密集向量和稀疏向量,并且支持标量向量。

MLlib 同时支持本地矩阵和分布式矩阵,支持的分布式矩阵分为 RowMatrix、IndexedRowMatrix、CoordinateMatrix 等。

RowMatrix 直接通过 RDD[Vector]来定义并可以用来统计平均数、方差、协同方差等。IndexedRowMatrix 是带有索引的 Matrix,但其可以通过 toRowMatrix 方法来转换为 RowMatrix,从而利用其统计功能。CoordinateMatrix 常用于稀疏性比较高的计算中,是由 RDD[MatrixEntry]来构建的,MatrixEntry 是一个 Tuple 类型的元素,其中包含行、列和元素值。

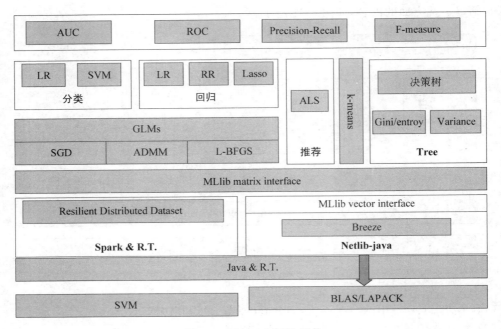

图 5-33　Spark MLlib 架构

2. MLlib 的算法库分析

是 MLlib 算法库的核心内容如图 5-34 所示。

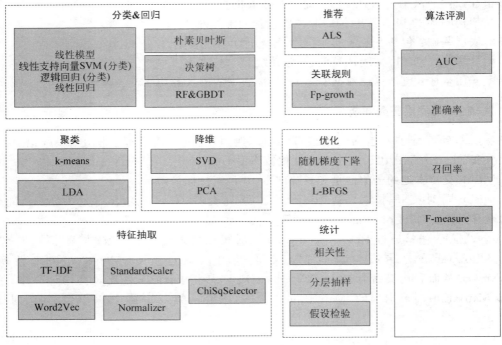

图 5-34　MLlib 算法库

3. MLlib 的实用程序分析

实用程序部分包括数据的验证器、Label 的二元和多元的分析器、多种数据生成器、数据加载器。

5.8 本章小结

通过数据采集与预处理,可以获得大量的数据。面对如此庞大的数据资源,如何得到有价值的信息和知识,以作为决策支持的依据,这就需要用到大数据分析和数据挖掘。广义的数据分析包括狭义的数据分析和数据挖掘。本章重点讲述了数据分析的概念、数据分析的类型、数据分析的方法以及利用数据分析方法如何进行数据处理;还介绍了数据挖掘的相关知识、数据挖掘的过程、部分数据挖掘算法:k-means 算法、Apriori 算法、朴素贝叶斯分类等,以及 Mahout、Spark MLlib 等常用的挖掘工具。

习 题

1. 什么是大数据分析?
2. 大数据分析过程有哪些?
3. 数据分析的类型有哪些?
4. 什么是数据挖掘?
5. 数据挖掘的过程有哪些?
6. k-means 算法的原理是什么?
7. DBSCAN 算法的原理是什么?
8. Apriori 算法的流程是什么?
9. 假设数据库有 4 个事务,设最小支持度为 60%,最小可信度为 80%,使用 Apriori 算法找出所有的频繁项目集。

TID	Transaction
T1000	K,A,D,B
T1001	D,A,C,E,B
T1002	C,A,B,E
T1003	B,A,D

第 6 章
数据存储与HDFS

传统的数据仓库已经不能有效存储类型多样化的海量数据,为此,较早之前,谷歌开发了分布式文件系统 GFS(Google File System),通过网络实现了文件在多台计算机上的分布式存储,较好地满足了海量数据的存储需求。在 GFS 的基础上,Hadoop 对其进行了开源实现。HDFS 可以运行于廉价的计算机集群上实现海量数据的分布式存储,且具有较好的容错能力。

本章首先介绍大数据几种典型的存储系统和云存储,其次,简要介绍数据仓库和数据集市,再次,详细介绍 HDFS 的重要概念、基本技术、体系结构、存储原理以及读写过程。最后,介绍 HDFS 编程方面的基础知识和实例。

6.1 大数据存储

6.1.1 大数据存储概述

21 世纪是数据信息大发展的时代,社交、搜索、电商等互联网平台上每一天都在产生大量的数据。除了互联网之外,还有移动互联网、物联网、安全监控、金融、电信等领域都在疯狂产生着数据。所以说,现在各种数据正在迅速膨胀并变大。根据著名咨询机构 IDC 做出的预推测,数据一直都在以每年 50% 的速度增长,也就是说,每两年就增长一倍,这是根据大数据摩尔定律来推测的。人类在最近两年产生的数据量相当于之前产生的全部数据量。截至 2020 年,全球总共拥有 35ZB 的数据量,相较于 2010 年,数据量增长近 30 倍。人们每天每时每刻都在产生大量的数据,所以说现在正处于数据大爆炸时代。从大数据本身的 4V 特征来看,这些海量数据中只有 10% 是结构化数据,剩下 90% 是非结构化数据,而且与人类信息密切相关。因此,传统的数据仓库等数据管理工具无法实现大数据的处理和分析工作,需要寻找新的方法来存储大数据。

现实中,要想弄明白海量数据是如何存储的,往往会同时谈到海量数据的处理,主要涉及两大核心技术,一个是分布式存储,一个是分布式处理。面对海量数据不可能只用一台计算机就能够将数据存储完毕,怎么办呢? 可以把成千上万台服务器构成一个集群网络,可以借助这个集群网络上的诸多服务器进行存储,像这样的存储方式,称为分布式存储。接下来,如果要对海量数据进行数据处理和分析时,单台计算机是没办法完成的,同理,也要构建一个由成百上千甚至几十万台计算机构成的集群,由这个集群去完成对海量数据的处理和分析,这样的方式,称为分布式处理。分布式存储和分布式处理,主要是以谷歌技术为代表的,最核心的就是分布式数据库(HBase)、分布式文件系统(HDFS)以及分布式存储技术。

分布式处理就是谷歌技术的 MapReduce，MapReduce 将在第 7 章中详细介绍。

简言之，大数据存储可以通过数据采集（ETL）技术将数据资源从源系统中提取，并被转换为一个标准的格式，再使用 NoSQL 数据库进行数据库存取管理，通过分布式网络文件系统将数据信息存储在整个互联网络资源中，并用可视化的操作界面随时满足用户的数据处理需求。

6.1.2　分布式存储系统

1. 数据的存储方式

1）集群存储

集群存储是将每个存储设备作为一个存储节点，通过高速互联网络连接起来，将数据分散存储在多台独立的设备上，这些设备可以独立运作，相互之间又可以合作。每个 IO 节点不仅可以访问本节点的存储空间，还可以访问其他节点的存储空间。所有存储节点的空间以一个虚拟磁盘的方式提供给客户端用户。简单地说，集群存储就是由若干普通性能的存储设备联合起来组成的存储集群。集群存储采用开放式的架构，一般包括存储节点、前端网络、后端网络 3 个构成元素，每个元素都可以非常容易地采用业界最新技术而不用改变集群存储的架构，且扩展起来也非常方便。同时，集群存储通过分布式操作系统的作用，会在前端和后端都实现负载均衡。

此外，集群存储若采用了分布式文件系统混合并行文件系统后，则称为集群并行存储。并行存储允许客户端和存储直接打交道，这样可以极大地提高性能。通过在相互独立的存储设备上复制数据来提高可用性。通过廉价的集群存储系统来大幅降低成本，并解决扩展性方面的难题。集群存储有效地提升了存储设备的容量可扩展性、性能稳定性及系统可管理性。集群存储非常适合那些持续增长的所有规模的不同环境，实现即时供应（just-in-time）存储，避免破坏性升级和增加管理的复杂性。在大型数据中心或高性能计算中心的集群存储解决方案，具有高性价比、简单、易于维护、高可靠性/可用性，具有非常高的整合带宽等优点。集群存储最典型系统是谷歌体系结构，它是大量机器内硬盘的组合，含 899 个机架（每架 80 台 PC，每台 PC 有 2 个硬盘），共 79 112 台 PC，有 158 224 个硬盘，总容量为 6180TB。

2）对等（P2P）存储

P2P 的全称是 Peer-To-Peer，是计算机网络和分布式系统结合的产物，核心思想是去掉了中央服务器的概念，将互联网建立在对等互联的基础上，实现最大程度的资源共享。P2P 存储最大的特点就是有别于传统的分布式系统，采用无中心结构，节点之间对等，不易形成系统瓶颈，不易受攻击，可扩展性好，自组织性好，通过互相合作来完成用户任务，解决了一些集中式存储的问题。说得简单一点，P2P 存储思想就是让客户也成为服务器，在存储数据的同时，也提供空间让别人来存储，这就很好地解决了传统的分布式系统由于服务器很少而产生的瓶颈问题，同时提高了运行速度。

P2P 存储与集群存储都是分布式存储。P2P 存储是构建更大规模的分布式存储系统，可以跨多个大型数据中心或高性能计算中心使用。集群存储多在大型数据中心或高性能计算中心使用。

3）网格存储

所谓网格存储就是指所有的存储、服务器和网络资源都被虚拟为一个资源池，并将其视作共享资源，这个资源池就是网格存储。网格存储的关键是虚拟化与统一性管理问题。

网格存储既可应用于 SAN（存储区域网络）环境，又可应用于 NAS（网络附加存储）环境，它提供快速简单的对于容量、性能、服务质量和连接协议的可升级性，可对公司所有数据进行统一查看和管理，远远超出当前有限的虚拟化实现途径，还可以优化分布式企业远程数据访问的性能。网格存储架构可以实现数据库和企业之间更紧密的应用整合，提供更高的数据保护，并可以按照有关规定更简单地管理数据资源。这些优势极大降低了用户在购买、扩容和管理时的费用。

2．典型分布式存储系统

根据存储的类型，可将存储系统分为文件存储、块存储和对象存储。当前，HDFS、GPFS、GFS、Ceph、Swift 是典型的主流分布式存储系统，其中，HDFS、GPFS、GFS 三者都属于文件存储，Swift 属于对象存储，而 Ceph 由于支持文件存储、块存储和对象存储，因此，Ceph 可以形象化地称为统一存储。

1）GFS

2003 年，谷歌公司提出分布式文件存储系统 GFS，是闭源的分布式文件系统，是为存储海量搜索数据而设计的专用系统。它适用于大量的顺序读取和顺序追加，如大文件的读写。它不适合小文件存储，不适合多用户同时写入。

GFS 系统集群是由一个 master 节点和大量的 chunkserver 节点构成，并被许多客户（Client）访问。GFS 把文件分成 64MB 的块，减少了元数据的大小，使 Master 节点能够非常方便地将元数据放置在内存中以提升访问效率。若干数据块被分布在集群的机器上，并被存储在本地 Linux 文件系统的磁盘上，同时，每个数据块默认情况下会保存 3 份冗余副本，当然也可以根据用户需要进行设置。另外，GFS 是支持并发写入的，会减少同时写入带来的数据一致性问题，在写入流程上，架构相对比较简单，容易实现。

2）HDFS

HDFS（Hadoop Distributed File System），即 Hadoop 分布式文件系统，是 Hadoop 大数据架构中的重要存储组件，是 Hadoop 的核心子项目，是基于流数据模式访问和处理超大文件的需求而开发的，是谷歌 GFS 的开源实现，主要用于大数据的存储场景。它有着高容错性的特点，并且设计用来部署在低廉的计算机集群上，实现了异构软硬件平台间的可移植性。在整个计算机集群中，硬件故障是常态，而不是异常，自动地维护数据的多份复制，并且在任务失败后能自动地重新部署计算任务，实现了故障的检测和自动快速恢复。6.3～6.7节会对 HDFS 的具体工作原理进行详细介绍。

3）GPFS

GPFS（General Parallel File System）是 IBM 的共享文件系统，它是一个并行的磁盘文件系统，可以保证在资源组内的所有节点可以并行访问整个文件系统。GPFS 的磁盘数据结构可以支持大容量的文件系统和大文件，通过采用分片存储、较大的文件系统块、数据预读等方法获得了较高的数据吞吐率。它采用扩展哈希（extensible hashing）技术来支持含有大量文件和子目录的大目录，提高文件的查找和检索效率。

GPFS 提供了许多标准的 UNIX 文件系统接口,允许应用不需修改或者重新编辑就可以在其上运行。GPFS 允许客户共享文件,而这些文件可能分布在不同节点的不同硬盘上。

GPFS 是由网络共享磁盘(NSD)和物理磁盘组成,这有别于其他分布式存储系统。网络共享磁盘是由物理磁盘映射出来的虚拟设备,与磁盘之间是一一对应的关系,因此可以使用两台传统的集中式存储设备,通过划分不同的网络共享磁盘,也可以部署 GPFS。GPFS 文件系统允许在同一个节点内的多个进程使用标准的 UNIX 文件系统接口并行地访问相同文件进行读写,性能比较高。GPFS 支持传统集中式存储的仲裁机制和文件锁,保证数据安全和数据的正确性,这是其他分布式存储系统无法比拟的。GPFS 主要用于 IBM 小型机和 UNIX 系统的文件共享和数据容灾等场景。

4) Swift

Swift 最初是由 Rackspace 公司开发的高可用分布式对象存储服务,于 2010 年贡献给 OpenStack 开源社区,并作为其最初的核心子项目之一,为其 Nova 子项目提供虚机镜像存储服务。Swift 搭建在廉价的存储设备上,通过在软件层面引入一致性散列技术和数据冗余性,牺牲一定程度的数据一致性来达到高可用性和可伸缩性。同时,它支持多租户模式、容器和对象读写操作,主要用于解决非结构化数据存储问题。

Swift 主要面向的是对象存储,并采用完全对称、面向资源的分布式系统架构设计,所有组件都可扩展,避免因单点失效而影响整个系统的可用性。Swift 的数据模型采用层次结构,共设 3 层,即 Account/Container/Object(即账户/容器/对象),每层节点数均没有限制,可以任意扩展。

5) Ceph

Ceph 起源于 2004 年 Sage 就读博士期间的工作成果,并随后贡献给开源社区,成为一个开源的存储项目。经过多年的发展,它已得到众多云计算和存储厂商的支持,成为当前应用最广泛的开源分布式存储平台之一。当前,许多超融合系统的分布式存储都是基于 Ceph 深度定制。而且 Ceph 已经成为 Linux 系统和 OpenStack 的"标配",用于支持各自的存储系统。Ceph 可以提供对象存储、块存储和文件存储服务。同时支持 3 种不同类型的存储服务的特性,在分布式存储系统中,是很少见的。

Ceph 没有采用 HDFS 的元数据寻址方案,而是采用 crush、hash 等算法,不仅存储数据,同时还充分利用了存储节点上的计算能力,在存储每一个数据时,都会通过计算得出该数据存储的位置,尽量将数据分布均衡,并行度高,使得它不存在传统的单点故障,且随着规模的扩大,性能并不会受到影响,这有别于其他分布式存储系统。而且在支持块存储特性上,数据可以具有强一致性,可以获得传统集中式存储的使用体验。在对象存储服务上,Ceph 支持 Swift 的 API 接口。在块存储方面,支持精简配置、快照、克隆。在文件系统存储服务方面,支持 Posix 接口,支持快照。但是目前,Ceph 支持文件的性能相当其他分布式存储系统与相似,部署稍显复杂,性能也稍弱。因此,一般将 Ceph 应用于块和对象存储。

Ceph 是去中心化的分布式解决方案,需要提前做好规划设计,对技术团队的要求能力比较高。特别是在 Ceph 扩容时,由于其数据分布均衡的特性,会导致整个存储系统性能的下降。

6.1.3　云存储

1. 定义

云存储(cloud storage),是在云计算(cloud computing)概念上延伸和衍生发展出来的新概念,是一种网上在线存储模式。它是通过集群应用、网格技术或分布式文件系统等功能,将网络中大量不同类型的存储设备通过应用软件集合起来协同工作,共同对外提供数据存储和业务访问功能的系统。简单来说,云存储就是将储存资源放到云上供人存取的一种新兴方案。使用者可以在任何时间、任何地方,通过任何可连网的装置连接到云上方便地存取数据。

2. 云存储结构

云存储是由网络设备、存储设备、服务器、应用软件、公用访问接口、接入网和客户端程序等组成的复杂系统。以存储设备为核心,通过应用软件来对外提供数据存储和业务访问服务,云存储的结构如图 6-1 所示。

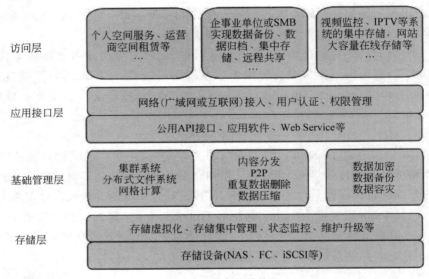

图 6-1　云存储结构

1) 存储层

存储层是云存储最基础的部分。存储设备可以是光纤通信存储设备,可以是 NAS 和 iSCSI 等 IP 存储设备,也可以是 SCSI 或 SAS 等 DAS 存储设备。云存储中的存储设备往往数量庞大且分布于不同地域。彼此之间通过广域网、互联网或者光纤通信网络连接在一起。在存储设备之上是一个统一存储设备管理系统,实现存储设备的逻辑虚拟化管理、多链路冗余管理,以及硬件设备的状态监控和故障维护。

2) 基础管理层

基础管理层是云存储最核心的部分,也是云存储中最难以实现的部分。基础管理层通过集群、分布式文件系统和网格计算等技术,实现云存储设备之间的协同工作,使多个的存储设备可以对外提供同一种服务,并提供更大更强更好的数据访问性能。

数据加密技术保证云存储中的数据不会被未授权的用户访问,数据备份和数据容灾技术可以保证云存储中的数据不会丢失,保证云存储自身的安全和稳定。

3) 应用接口层

应用接口层是云存储最灵活多变的部分。不同的云存储运营商根据业务类型,开发不同的服务接口,提供不同的应用服务。例如视频监控平台、网络硬盘应用平台、视频点播应用平台以及远程数据备份应用平台等。

4) 访问层

用户只要被运营商授权,就可以通过标准的公用应用接口去登录云存储系统,享受云存储服务。用户使用云存储,并不是使用某一个存储设备,而是使用整个云存储系统带来的数据访问服务。所以严格来讲,云存储不是存储,而是一种服务。

3. 云存储的分类

当前,云存储可分为如下 3 类。

1) 公有云存储

公有云通常指供应商为用户提供的能够使用的云,用户一般可以通过互联网使用它,像亚马逊公司的 Simple Storage Service(S3)和 Nutanix 公司提供的存储服务一样,它们可以低成本提供大量的文件存储。供应商可以保持每个客户的存储和应用都是独立的、私有的。其中以 Dropbox 为代表的个人云存储服务是公有云存储发展较为突出的代表,国内比较突出的代表有百度云盘、360 云盘、OneDrive、阿里云、腾讯微云等。

2) 私有云储存

私有云存储是从公有云存储划出一部分用作私有云存储的,是为一个客户单独使用而构建的,因而提供对数据、安全性和服务质量的最有效控制。私有云可部署在企业数据中心的防火墙内,也可以将它们部署在一个安全的主机托管场所,私有云的核心属性是专有资源。私有云可以是企业提供的,也可以是自己架设的。公有云融合了公有云和私有云。私有云的安全性是超越公有云的,而公有云的计算资源又是私有云无法企及的。提供私有云的平台有 Eucalyptus、3A Cloud、minicloud 安全办公私有云、联想网盘等。

3) 混合云存储

这种云存储把公有云和私有云结合在一起。主要用于按客户要求的访问,特别是需要临时配置容量的时候。从公有云上划出一部分容量配置一种私有云可以帮助公司面对迅速增长的负载波动或高峰时很有帮助。混合云存储既可以利用私有云的安全,将内部重要数据保存在本地数据中心;同时也可以使用公有云的计算资源,更高效快捷地完成工作,相比私有云或公有云都更完美。尽管如此,混合云存储带来了跨公有云和私有云分配应用的复杂性。

6.2　数据仓库

6.2.1　数据仓库概述

数据仓库(Data Warehouse,DW/DWH),是比尔·恩门(Bill Inmon)于 1990 年提出来的,在其 *Building the Data Warehouse* 一书中给数据仓库下了如下定义:数据仓库是一个面向主题的(Subject Oriented)、集成的(Integrate)、相对稳定的(Non-Volatile)、反映历史变化(Time Variant)的数据集合,用于支持管理决策。对这个数据仓库的定义,可以有两方面的理解。第一,数据仓库用于支持决策,面向分析型数据处理,它不同于企业现有的操作型数据库;第二,数据仓库是对多个异构的数据源有效集成,集成后按照主题进行了重组,并包含历史数据,而且存放在数据仓库中的数据一般不再修改。因此,数据仓库可以简单地认为是为企业所有级别的决策制定过程,提供所有类型数据支持的战略集合。数据仓库是以单个数据存储的,是出于分析性报告和决策支持目的而创建。数据仓库中的数据是在对原有分散的数据库数据抽取、清洗的基础上经过系统加工、汇总和整理得到的,必须消除源数据中的不一致性,以保证数据仓库内的信息是关于整个企业的一致的全局信息。

然而,数据仓库并不是指"大型数据库",而是指在数据库已经大量存在的情况下,为了进一步挖掘数据资源,为了决策需要而产生的。数据仓库方案建设的目的是为前端查询和分析打下基础,由于有较大的冗余,所以需要的存储也较大。为了更好地为前端应用服务,数据仓库具有以下特点。

1. 面向主题

操作型数据库的数据组织面向事务处理任务,而数据仓库中的数据是按照一定的主题域进行组织。主题是指用户使用数据仓库进行决策时所关心的重点方面,一个主题通常与多个操作型信息系统相关。每一个主题对应一个宏观的分析领域。数据仓库排除对于决策无用的数据,提供特定主题的简明视图。

2. 数据是集成的

数据仓库可以整合来自不同数据源的数据,将所需数据从原来的数据中抽取出来,进行加工与集成,统一与综合成为标准化数据之后才能进入数据仓库。同时,一个主题往往与多个系统相关,集成的数据很好地满足了主题构建的数据需求。数据仓库在对原有的分散的数据库进行数据抽取、清洗的基础上经过系统加工、汇总整理得到,清除原数据中的不一致性(面向事务的数据库往往单独存放单个系统的数据,且不同数据库相互独立,且是异构的)。

3. 相对稳定的

数据仓库的数据主要供企业决策分析之用,所涉及的数据操作主要是数据查询,一旦某个数据进入数据仓库以后,一般情况下将会被长期保留,也就是数据仓库中一般有大量的查询操作,但修改和删除操作很少,通常只需要定期加载、刷新。

4. 效率较高

数据仓库的分析数据一般分为日、周、月、季、年等,可以看出,日为周期的数据要求的效率最高,要求 24 小时甚至 12 小时内,客户能看到昨天的数据分析。

5. 数据质量好

数据仓库所提供的各种信息,肯定需要是准确的数据,但由于数据仓库流程通常分为多个步骤,包括数据清洗、装载、查询、展现等,复杂的架构会有更多层次,那么由于数据源有"脏"数据或者代码不严谨,都可能导致数据失真。客户看到错误的信息就可能导致分析出错误的决策,造成损失。

6. 扩展性好

有的大型数据仓库系统架构设计复杂,是因为考虑到了未来 3～5 年的扩展性,这样的话,未来不用太快花钱去重建数据仓库系统,就能很稳定地运行。主要体现在数据建模的合理性,数据仓库方案中多出一些中间层,使海量数据流有足够的缓冲,不至于数据量太大,就运行不起来了。

6.2.2 数据仓库架构及构建

1. 数据仓库系统的概念

数据仓库系统是一个系统的工程,而不是一件产品,提供用户用于决策支持的当前和历史的数据(这些数据在传统的操作型数据库中很难或不能得到),并通过联机分析处理(也叫作分析型数据库,即 OLAP)、数据挖掘(DM)和快速报表工具等技术对这些数据进行处理,为决策提供需要的信息。

数据仓库技术是为了有效地把操作型数据集成到统一的环境中以提供决策型数据访问,并进行分析、挖掘的各种技术和模块的总称。

2. 数据仓库系统的构成

一个典型的数据仓库系统主要有以下几部分构成,如图 6-2 所示。

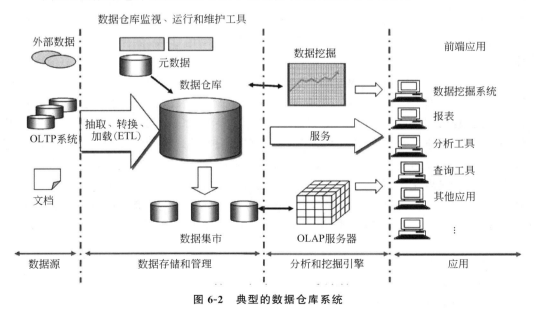

图 6-2 典型的数据仓库系统

简单地说,数据仓库系统的数据来自操作型数据库(OLTP)、文件、网络等,并作为数据源,再通过 ETL 集成工具进行数据抽取、清洗、转换、加载等工作,进入数据仓库和数据集市,进而通过 OLAP 服务器支持前台的多维分析、查询报表、数据挖掘等操作。

1) 数据仓库数据库

数据仓库数据库是以企业数据采集为目的,为了使得跨表或跨数据库(有时甚至是跨服务器)的汇总输出变得快速、高效率,而创建的一个可供数据分析查询用的信息中心储备库。数据仓库数据库是整个数据仓库环境的核心,是数据存放的地方,可以提供对数据检索的支持。相对于操作型数据库来说,其突出的特点是对海量数据的支持和快速的检索技术。

2) 操作型数据库(OLTP)

OLTP 也叫联机事务处理(online transaction processing),表示事务性非常高的系统,一般都是高可用的在线系统,以小的事务以及小的查询为主,评估其系统的时候,一般看其每秒执行的 Transaction 以及 Execute SQL 的数量。OLTP 主要用于业务支撑。一个公司往往会使用并维护若干数据库,这些数据库保存公司的日常操作数据,如商品购买、酒店预订、学生成绩录入等;OLTP 系统强调数据库内存效率,强调内存各种指标的命令率,强调绑定变量,强调并发操作。

此外,由于企业级关系数据库管理软件旨在集中存储由大公司或政府机构中的日常事务所产生的数据。而且,这些系统也是基于计算机并记录企业的业务事务,因此,被称为联机事务处理系统。

3) ETL 工具

ETL 工具,即集成工具。它是 Extract-Transform-Load 的缩写,包括数据抽取(extracting)、数据清洗(cleaning)、数据转换(transforming)、数据加载(loading)等工序。数据抽取,就是从不同数据源中选择数据仓库所需要的数据。这些数据可能具有的特点是,来自不同平台、不同结构、不同类型等。数据清洗,由于数据来自不同的数据源,因此数据质量难以保证,如存在数据不一致性、量纲不同、值缺失等情况,就需要对抽取到的数据进行清洗。数据转换,就是将面向应用的数据转换成面向主题的数据。数据加载,就是将数据装入数据仓库中。

ETL 工作是 BI/DW 项目的核心和灵魂,它按照统一的规则集成并提高数据的价值,是负责完成数据从数据源向目标数据仓库转化的过程,是实施数据仓库的重要步骤。如果说数据仓库的模型设计是一座大厦的设计蓝图,数据是砖瓦,那么 ETL 就是建设大厦的过程。在整个项目中,最难的部分是用户需求分析和模型设计,而 ETL 规则设计和实施则是工作量最大的,占整个项目的 60%~80%,这是国内外从众多实践中得到的普遍共识。

用 ETL 工具就是把数据从各种各样的存储方式中抽取出来,进行必要的转化、整理后,再存放到数据仓库内。同时,对各种不同数据存储方式的访问能力是数据抽取工具的关键,应能生成 COBOL 程序、MVS 作业控制语言(JCL)、UNIX 脚本以及 SQL 语句等,以访问不同的数据。

4) 元数据

元数据是描述数据仓库内数据的结构和建立方法的数据,可将其按用途的不同分为两类,技术元数据和商业元数据。

技术元数据是数据仓库的设计和管理人员用于开发和日常管理数据仓库使用的数据。技术元数据主要包括数据源信息,数据转换的描述,数据仓库内对象和数据结构的定义,数据清理和数据更新时用的规则,源数据到目的数据的映射,用户访问权限,数据备份历史记录、数据导入历史记录、信息发布历史记录等。

商业元数据从商业业务的角度描述了数据仓库中的数据,包括业务主题的描述,包含的数据、查询、报表。

元数据为访问数据仓库提供了一个信息目录(information directory),这个目录全面描述了数据仓库中都有什么数据、这些数据怎么得到的和怎么访问这些数据。它是数据仓库运行和维护的中心,数据仓库服务器利用它来存储和更新数据,用户通过它来了解和访问数据。

一般情况下,元数据的管理是通过元数据资料库(metadata repository)来统一地存储和管理元数据,其主要目的是使数据仓库的设计、部署、操作和管理能达成协同和一致。

5) 数据集市(data marts)

为了特定的应用目的或应用范围而从数据仓库中独立出来的一部分数据,也可以称为部门数据或主题数据(subject area)。可以简单地认为数据集市就是一个小型的部门或工作组级别的数据仓库,就是数据仓库的一个子集。在数据仓库的实施过程中往往可以从一个部门的数据集市着手,以后再用几个数据集市组成一个完整的数据仓库。6.2.3 节会进行详细介绍。

6) OLAP

OLAP,即联机分析处理(online analytical processing)系统,有的时候也叫作 DSS 决策支持系统或分析型数据库,主要用于历史数据的分析。这类数据库作为公司的单独数据存储,负责利用历史数据对公司各主题域进行统计分析;OLAP 系统强调的是数据分析,因为一条语句的执行时间可能会非常长,读取的数据也非常多。所以,在这样的系统中,考核的标准往往是磁盘子系统的吞吐量(带宽),如能达到每秒多个兆的流量,也强调磁盘 I/O,强调分区等。

OLAP 是使分析人员、管理人员或执行人员能够从多种角度对从原始数据中转化出来的、能够真正为用户所理解的、并真实反映企业特性的信息进行快速、一致、交互地存取,从而获得对数据的更深入了解的一类软件技术。

OLAP 服务器,是使用 OLAP 服务器对分析需要的数据按照多维数据模型进行再次重组,以支持用户多角度、多层级的数据分析。

7) 访问工具

为用户访问数据仓库提供手段。有数据查询和报表工具、应用开发工具、管理信息系统工具、在线分析(OLAP)工具和数据挖掘(DM)工具等。各种访问工具既可以从数据仓库中获取数据,还可以从数据集市中获取数据。

数据挖掘,是指从大量原始数据中抽取模式的一个处理过程,抽取出来的模式就是所谓的知识,必须具备可信、新颖、有效和易于理解这 4 个特点。

8) 数据仓库管理

数据仓库管理主要包括安全和特权管理、跟踪数据的更新、数据质量检查、管理和更新元数据、审计和报告数据仓库的使用和状态、删除数据、复制、分割和分发数据、备份和恢复以及存储管理。

9) 信息发布系统

信息的发布是把数据仓库中的数据或其他相关的数据发送给不同的地点或用户。基于

Web 的信息发布系统是对付多用户访问的最有效方法。

3. 数据仓库的基本架构

数据仓库的目的是构建面向分析的集成化数据环境，为企业提供决策支持（decision support）。

其实，数据仓库本身并不"生产"任何数据，同时，自身也不需要"消费"任何的数据，数据来源于外部，并且开放给外部应用，这也是为什么叫"仓库"，而不叫"工厂"的原因。

因此，数据仓库的基本架构主要包含的是数据流入流出的过程，可以分为 3 层——源数据、数据仓库、数据应用，如图 6-3 所示。

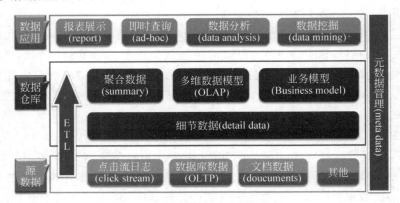

图 6-3　数据仓库的基本架构

数据仓库的数据来源于不同的源数据，并提供多样的数据应用，数据自上而下流入数据仓库后向上层开放应用，而数据仓库只是中间集成化数据管理的平台。

数据仓库从各数据源获取数据及在数据仓库内的数据转换和流动都可以认为是 ETL 的过程，ETL 是数据仓库的流水线，也可以认为是数据仓库的血液，它维系着数据仓库中数据的新陈代谢，而数据仓库日常的管理和维护工作的大部分精力就是保持 ETL 的正常和稳定。

另外，数据仓库中数据存储是源数据通过 ETL 的日常任务调度导出，并经过转换后以特性的形式存入数据仓库。其实这个过程一直有很大的争议，就是到底数据仓库需不需要存储细节数据。一种观点是数据仓库面向分析，所以只要存储特定需求的多维分析模型；另一种观点是数据仓库先要建立和维护细节数据，再根据需求聚合和处理细节数据生成特定的分析模型。本书认为数据仓库是基于维护细节数据的基础上再对数据进行处理，即数据仓库是需要存储细节数据的，这样才能使其能够真正地应用于分析。

总之，数据仓库本身既不生产数据也不消费数据，只是作为一个中间平台集成化地存储数据。数据仓库实现的难度在于整体架构的构建及 ETL 的设计，这也是日常管理维护中的重头。数据仓库的真正价值体现在数据的应用上，如果没有有效的数据应用，也就失去了构建数据仓库的意义。

6.2.3　数据集市

1.数据集市的定义

数据集市（data mart），就是满足特定的部门或者用户的需求，按照多维的方式进行存储，包括定义维度、需要计算的指标、维度的层次等，生成面向决策分析需求的数据立方体。

数据集市就是企业级数据仓库的一个子集，它主要面向部门级业务，并且只面向某个特定的主题。为了解决灵活性与性能之间的矛盾，数据集市就是数据仓库体系结构中增加的一种小型的部门或工作组级别的数据仓库，如图 6-4 所示。数据集市存储为特定用户预先计算好的数据，从而满足用户对性能的需求。数据集市可以在一定程度上缓解访问数据仓库的瓶颈。因此，可以简单地认为数据集市就是一个小型的部门或工作组级别的数据仓库。

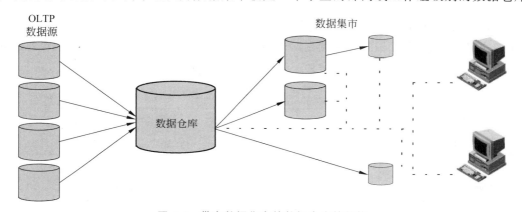

图 6-4　带有数据集市的数据仓库的架构

2.数据集市的数据结构

数据集市的数据结构通常被定义成星状结构或雪花结构，一般由一张事实表和若干张维度表组成。

事实表描述数据集市中最密集的数据，记录分析内容的全部信息，包含每个事情的具体要素，以及具体发生的事情。在电话公司中，用于呼叫的数据是典型的最密集数据；在银行中，与账目核对和自动柜员机有关的数据是典型的最密集数据。对于零售业而言，销售和库存数据是最密集的数据等。

维度表是围绕着事实表建立的，是对事实表中事件要素的描述信息，就是观察该事务的角度。维度表包含非密集型数据，它通过外键与事实表相连。典型的维度表建立在数据集市的基础上，包括产品目录、客户名单、厂商列表等。

3.数据集市的类型

按照数据的获取方式，将数据集市分为从属型数据集市和独立型数据集市。从属型数据集市就是从企业级数据仓库中获取数据，这类数据集市之间是互连的。独立型数据集市就是直接从操作型数据库等数据源中获取数据，这类数据集市之间没有联系，是相互独立的。从长远的角度看,从属型数据集市在体系结构上比独立型数据集市更稳定。

独立型数据集市的存在会给人造成一种错觉,似乎可以先独立地构建数据集市,当数据集市达到一定的规模可以直接转换为数据仓库,然而这是不正确的,多个独立的数据集市的累积并不能形成一个企业级的数据仓库,这是由数据仓库和数据集市本身的特点决定的。如果脱离集中式的数据仓库,独立地建立多个数据集市,企业只会又增加一些信息孤岛,仍然不能以整个企业的视图分析数据。数据集市为各个部门或工作组所用,各个集市之间会存在不一致性。当然,独立型数据集市是一种既成事实,为满足特定用户的需求而建立的一种分析型环境,但是,从长远的观点看,是一种权宜之计,必然会被企业级的数据仓库所取代。

4. 数据集市与数据仓库的区别

数据集市与数据仓库之间既有联系又有区别,数据集市是按照部门或者业务分类进行组织的小型数据仓库,而数据仓库则是面向整个企业的。二者的不同,一是主题域的不同,二是数据规模的不同,三是访问效率的不同,详见表 6-1。

表 6-1　数据仓库与数据集市的区别

项　目	数　据　仓　库	数　据　集　市
数据来源	外部数据、OLTP 系统、文档等	数据仓库
范围	企业级	部门级或工作组级
主题	企业主题	部门或特殊的分析主题
数据结构	第三范式的规范化结构	星状或雪花结构
数据粒度	较细的粒度	较粗的粒度
历史数据	大量的历史数据	适度的历史数据
优化	处理海量数据;数据探索	便于访问和分析;快速查询

6.3　HDFS 简介

6.3.1　HDFS 概述

1. 分布式文件系统

相对于传统的本地文件系统而言,分布式文件系统是一种通过网络实现文件在多台主机上进行分布式存储的文件系统。简言之,利用多个节点共同协作完成一项或多项具体业务功能的系统就是分布式系统。目前,广泛应用的分布式文件系统有 GFS 和 HDFS,后者是针对前者的开源实现。

2. HDFS

HDFS,全称是 Hadoop 平台上的分布式文件系统,即 Hadoop Distributed File System。

它是 Hadoop 项目的核心子项目,是分布式计算中数据存储管理的基础,是基于流数据模式访问和处理超大文件的需求而开发的,可以运行于廉价的商用服务器上。总之,HDFS 就是为了解决海量数据的分布式存储问题的系统。

　　目前的分布式文件系统所采用的计算机集群,都是由普通硬件构成的,这就大大降低了硬件上的开销。分布式文件系统在物理结构上是由计算机集群中的多个节点构成的,这些节点分为两类,一类被称为名称结节点(NameNode),另一类叫被称为数据节点(DataNode)。

6.3.2　HDFS 的优点和缺点

　　HDFS 在设计之初,就充分考虑了硬件出错在普通服务器集群中是一种常态情况,而不是异常情况。因此,HDFS 采取了多种机制保证了在硬件出错的环境中,实现数据的完整性。

1. HDFS 的优点

　　HDFS 的优点如下。

　　(1) 高效的硬件响应。

　　HDFS 可以由大量成百上千台廉价的服务器构成,每个服务器上都存储着文件系统的部分数据,常常会出现节点失效的情况。因此,HDFS 设计了快速检测硬件故障和进行自动恢复的机制,可以实现持续监视、错误检查、容错处理和自动恢复,从而使得在硬件出错的情况下,也能实现数据的完整性,这是 HDFS 的最大优点。

　　(2) 实现流式数据的读写。

　　普通的文件系统主要是用于随机读写以及与用户进行交互,而 HDFS 则是为了满足批量数据处理的要求而设计的,它的设计目标就是对大量数据的读写,以流式方式来访问文件系统数据,要么全部读取,要么读取大部分数据,而不会去访问整个文件的某个子集,而是为了满足大规模数据的批量处理需求。

　　(3) 支持大规模数据集。

　　HDFS 中的文件小的有几百兆,大的可以达到吉(GB),甚至太(TB)级别,一个数百台机器组成的集群里面可以支持千万级别这样规模的文件。因此,运行在 HDFS 上的文件一般都要具有很大的数据集。

　　(4) 支持简单的文件模型。

　　HDFS 要支持非常高效的数据读写,就要对文件进行一些简化,忽略一些相关的性能,从而达到快速地批量处理数据的目的。HDFS 只允许追加数据,而不允许去修改数据,因此,HDFS 采用“一次写入,多次读取”的文件访问模型。

　　(5) 跨平台兼容性好。

　　Hadoop 整个集群都是基于 Java 语言来开发的,Java 语言本身就具有很好的跨平台兼容性,因此,Hadoop 集群中的 HDFS 也是具有非常好的跨平台特性的,这种特性方便了HDFS 作为大规模数据应用平台的推广。

2. HDFS 的缺点

HDFS 的缺点如下。

（1）不适合低延迟的数据访问。

HDFS 设计上是为了大批量数据的读写，要么读完，要么读取大部分数据，而不是精确地定位到某个数据去做实时处理，也就是说，它不支持数据的低延迟访问，不能满足实时的数据处理需求。什么能满足实时性的数据处理需求呢？HBase 就是一个更好的选择，它是具有随机读写特性的，可以满足实时性处理需求。

（2）无法高效存储大量小文件。

HDFS 无法高效存储和处理大量小文件，过多小文件会给系统扩展和其他性能带来很多问题。HDFS 实际上是通过元数据来指引客户端到底到哪个节点寻找相关的文件，因为一个文件会被切分并存储到不同节点上，而这些元数据都会被保存在 HDFS 的名称节点中去。准确地说，是保存到内存中去，要到内存中去检索，HDFS 会建立一个索引数据结构，如果小文件太多的话，这个索引结构将会非常大，在这个非常大的索引结构里面去搜索的话，效率就很低。所以，HDFS 不适合存储大量小文件。

（3）不支持多用户写入和任意修改文件。

HDFS 只允许一个文件有一个写入者，不允许多个用户对同一个文件执行写的操作，也就是说不允许多用户对同一文件的写入操作。此外，因为 HDFS 在设计时，就规定只允许追加数据，不允许修改数据，所以也不支持任意修改文件。

6.4   HDFS 基本技术

6.4.1   数据块

普通的文件系统中，为了提高磁盘的读写效率，一般以数据块为单位，而不是以字节为单位。同样，在 HDFS 中也采用块为存储单位，HDFS 上的文件也会被拆分成多个块，默认的 HDFS 的一个数据块是 64MB，也可以根据需要设置为 128MB，但是，普通文件的数据块大小一般只有几千字节，可以明显看出，HDFS 在块的大小设计上要远远超过普通文件系统的数据块，HDFS 如此做的目的就是最小化寻址开销。当然，块的大小不能过大，块过大会导致 MapReduce 中执行的任务太少，否则，不能发挥 MapReduce 并行处理作业的速度。

HDFS 采用数据块为单位进行存储文件，有以下 3 方面的益处。

1. 支持大规模文件的存储

文件以块为单位进行存储，一个大规模文件可以被拆分成若干文件块，不同的文件块可以被分发到不同的节点上。因此，一个文件的大小不会受到单个节点的存储容量的限制，可以远远大于网络中任意节点的存储容量。

2. 简化系统设计

首先，大大简化了存储管理，因为文件块大小是固定的，这样就可以很容易计算出一个节点可以存储多少文件块;其次,方便了元数据的管理,元数据不需要和文件块一起存储,可以由其他系统负责管理元数据。

3. 适合数据备份

每个文件块都可以冗余存储到多个节点上,大大提高了系统的容错性和可用性。因此,HDFS 使用数据块为单位进行存储文件非常方便做数据的备份。

6.4.2　名称节点、数据节点和第二名称节点

在整个 HDFS 中,会有很多台计算机,每一台计算机对应一个节点,也就会有很多个节点。其中,有一个节点是主节点,叫名称节点,其他的节点就是从节点,叫作数据节点,数据节点是负责存储实际数据的。

1. 名称节点

名称节点管理着 HDFS 的命名空间(namespace),维护着文件系统树(filesystem tree)以及文件树中所有的文件和文件夹的元数据(metadata)信息,如命名空间信息、块信息等。元数据信息由 3 部分构成,即每个文件块的名称及文件有哪些块组成、每个文件块和上面的文件的映射关系、记录每个文件块存储在哪台服务器上的信息。因此,元数据可以起到数据目录的作用。这些元数据信息在名称节点中保存在两个文件中,分别是 FsImage(命名空间镜像)和 EditLog(编辑日志),如图 6-5 所示。因此,名称节点保存了 FsImage 和 EditLog 这两个核心的数据结构。其中,FsImage 用于保存文件系统树以及文件树中所有的文件和文件夹的元数据,而 EditLog 记录了所有文件的创建、删除、重命名等操作。

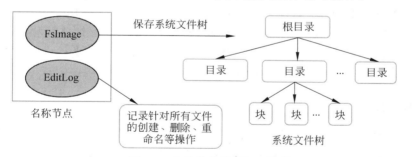

图 6-5　名称节点的数据结构

名称节点是 HDFS 系统中的管理者,负责整个文件系统元数据的存储。因为当其他的客户端(Client)来访问具体数据时,一个 TB 级别大的文件会被切分成许多的数据块,这些数据块会被分散地存储到很多不同的机器上,那这些数据块到底被放到哪些数据节点上了呢? 这时,名称节点就记录了这些信息,也就是说,名称节点记录了数据块被存到哪台机器的信息。因此,名称节点记录了每个文件中各个块所在的数据节点的位置信息,提供了元数据的服务,起到数据目录的作用,是整个 HDFS 集群的管理者。需要注意的是,名称节点虽然记录着每个文件中各个块所在的数据节点的位置信息,但是它并不持久化存储这些信息,而是在每次名称节点启动的时候,数据节点会向名称节点汇报自己保存的信息,名称节点会动态地重建这部分信息。

为什么要创建 FsImage、EditLog 两个数据结构呢？因为 FsImage 是存储相关元数据信息的，包括文件的修改、文件的访问时间、访问权限、块大小、文件被分成块的数量等信息，但是 FsImage 并不会记录块到底存储在哪个数据节点上。然而，上面提到过名称节点要保存块的具体存储信息，这时，系统会单独在内存中开辟一个区域，用于保存块的存储信息，而且 FsImage 也不会维护块的存储信息，只维护上面提到的文件访问权限、文件的修改等信息。当数据节点被加入一个 HDFS 集群中时，数据节点会告知名称节点保存了哪些数据块，而作为管家的名称节点会自己创建一个清单，用于记录这些数据块到底被分配到了哪些节点的位置信息，而不是通过 FsImage 来保存的，是通过名称节点和数据节点在运行过程中共同实时地维护这些信息的，而且这些数据块的位置信息都是保存在内存中。

名称节点启动后，FsImage、EditLog 两大数据结构到底是怎么运行的呢？用 Shell 命令启动名称节点后，系统后台将 FsImage 中所有元数据信息的内容从底层磁盘加载到内存中，然后，再与 EditLog 里面的各项操作进行合并得到新的元数据。这里特别强调的是，FsImage 里面保存的是旧的数据信息，而在系统运行期间，被修改的数据是被保存在 EditLog 里的，只有把旧的数据和被修改的数据进行合并，才能得到最新的元数据，并被保存到一个新的被创建好的 FsImage 文件中，称为新的 FsImage 文件，并把原来的 FsImage 文件删掉，同时也创建一个空的 EditLog 文件。这就是名称节点启动时，系统就按照以上模式来运行。接下来，随着数据的不断增加删除，新的数据信息都会被保存到 EditLog，所以，要创建 FsImage 和 EditLog 两个数据结构。

元数据信息都被保存到新的 FsImage 文件中了，为什么还要创建一个空的 EditLog 文件呢？因为对于分布式文件系统而言，FsImage 文件一般都很大（GB 级别的很常见），如果所有的更新操作都往 FsImage 文件中添加，这样会导致系统运行得十分缓慢。针对这种情况，HDFS 进行了优化处理，就是把更新的数据信息单独存放到 EditLog 中，而不会存到 FsImage 中。由于 EditLog 要比 FsImage 小很多，所以它的操作效率很高。但是，随着 HDFS 不断地更新操作数据，这些新的数据都会被写入 EditLog 文件中，那么，EditLog 文件也会越来越大，大到一定程度后，又会影响整个系统的性能。

2. 数据节点

数据节点，是文件系统的工作节点，就是负责数据的存储和读取，会根据客户端或名称节点的调度来进行数据的存储和检索。每个数据节点的数据最终是要存储到各自节点的磁盘里去的，即保存到各自本地的 Linux 文件系统中。

集群中的每个服务器都运行一个数据节点后台程序，这个后台程序负责把 HDFS 数据块读写到本地的文件系统。当需要通过客户端读写某个数据时，先由名称节点告诉客户端去哪个数据节点进行具体的读写操作，然后，客户端直接与这个数据节点服务器上的后台程序进行通信，并且对相关的数据块进行读写操作。

3. 第二名称节点

在名称节点运行期间，由于 HDFS 不断地更新操作会导致 EditLog 文件越来越大。然而，当名称节点重启时，需要将 FsImage 加载到内存中，为了使得 FsImage 保持最新，就必须逐条执行庞大的 EditLog 中的记录，这样就会导致整个系统运行缓慢，使得名称节点在启动过程中长期处于"安全模式",从而无法对外提供写的操作,大大影响了用户的使用。因此,为了有效解决 EditLog 不断变大带来的这个问题,这就需要第二名称节点(Secondary NameNode),第二名称节点一方面可以解决 EditLog 不断变大的问题,另外,一旦名称节点发生故障,第二名称节点还可以作为名称节点的冷备份,如图 6-6 所示。第二名称节点具体工作过程如下。

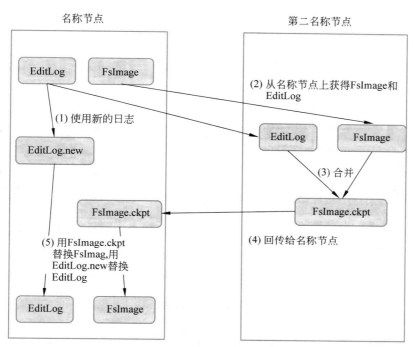

图 6-6　第二名称节点工作过程示意图

　　(1) 使用新的日志。第二名称节点会定期和名称节点进行通信,在某个阶段会请求名称节点停止使用 EditLog 文件,就是别再往 EditLog 写数据了,第二名称节点要从名称节点上获得当前这个 EditLog,同时将名称节点上的新的写操作写到一个新的 EditLog.new 文件上,也就是又生成一个新的 EditLog,原来旧的 EditLog 让第二名称节点取走。

　　(2) 第二名称节点会通过 HTTP GET 方式从名称节点上获取 FsImage 和旧的 EditLog 文件,并下载到本地的相应目录下。这里特别要注意的是,FsImage 一直都是没变化的,HDFS 在运行期间的修改都是写到 EditLog 中,第二名称节点会把 FsImage 和旧的 EditLog 文件复制过来后,进行第 3 步合并操作。

　　(3) 合并后得到一个新的 FsImage,显然,这个新的 FsImage 要比原来的 FsImage 大。

　　(4) 把这个新的 FsImage 回传给名称节点。

　　(5) 名称节点会把原来的 FsImage 文件替换成新的 FsImage,同时将 EditLog.new 替换为 EditLog 文件。最后,在名称节点得到了新的 FsImage 和新的 EditLog,新的 FsImage 保存了名称节点上的 FsImage 和旧的 EditLog,而新的 EditLog,即 EditLog.new 在维护期间,记录了所有到达的更新数据信息,通过这种操作实现了不断增大的 EditLog 和 FsImage 的合并,从而使得名称节点上的 EditLog 变小了,一旦名称节点出现故障,还能实现冷备份。

6.5　HDFS 体系结构

6.5.1　HDFS 体系结构概述

HDFS 采用了主从(Master/Slave)结构模型,一个 HDFS 集群包括一个名称节点和若干数据节点,如图 6-7 所示。

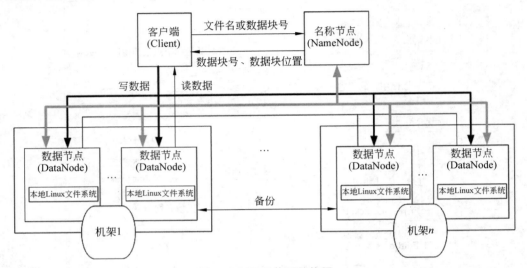

图 6-7　HDFS 体系结构图

名称节点也是主节点,整个集群中只有一个主节点,有若干数据节点。名称节点作为中心服务器,负责管理文件系统的命名空间及客户端对文件的访问,起着"管家"的作用。集群中的数据节点一般是一个节点运行一个数据节点进程,负责数据存储以及处理文件系统客户端的读写请求,在名称节点的统一调度下进行数据块的创建、删除和复制等操作。

同时,名称节点还管理着不同机架上的数据节点,机架与机架之间是通过光纤高速连接的。客户端要读取文件的话,客户端首先要联系名称节点,获取元数据信息,从而知道需要读取的文件被分成了多少个数据块以及每个数据块到底被存在哪些数据节点上了。然后,客户端就清楚了有多少个数据块需要下载,也清楚了存储每个数据块的数据节点位置,然后,客户端会跑到各个机器上面去下载它所需要的数据,这是读数据,写数据的流程类似。当用户需要写数据的时候,客户端首先访问这个名称节点"管家",名称节点会反馈一个指令,即写入的文件应被分成多少个数据块以及每个数据块应存储到哪些数据节点上。接下来,客户端得到这个指令后,会把相关的数据块存到对应的数据节点上,这是写数据。

HDFS 采用 Java 语言开发,因此,名称节点和数据节点可以部署在只要支持 JVM 的机器上。一台机器上可以运行多个数据节点,甚至名称节点和数据节点可以同时被运行在一台机器上。在实际部署中,名称节点通常部署在一台性能较好的机器上,数据节点部署在其他机器上。

6.5.2　HDFS 命名空间

HDFS 命名空间包含目录、文件和块。在整个 HDFS 集群中，只有一个命名空间，并且只有一个名称节点，该节点负责对这个命名空间进行管理。

HDFS 使用的是传统的分级文件体系，因此，访问 HDFS 文件系统时，也可以像访问普通文件系统一样，即/＋目录名称，如/user/hadoop。因此，用户可以像使用普通文件一样，创建、删除目录和文件，在目录间转移文件，重命名文件等。

需要特别注意的是，在 HDFS 1.0 体系结构中，整个 HDFS 集群中只有一个命名空间，并且只有唯一一个名称节点，该节点负责对这个命名空间进行管理。

6.5.3　通信协议和客户端

HDFS 是一个部署在集群上的分布式文件系统，因此，很多数据需要通过网络进行传输。所有的 HDFS 通信协议都是构建在 TCP/IP 协议的基础上，而且不同组件之间，它的通信协议可能有所不同，如客户端的名称节点发起的 TCP 连接，是使用客户端的协议和名称节点进行交互。整个集群中名称节点和数据节点之间的交互是使用数据节点协议进行交互的。另外，还经常涉及客户端读数据，客户端需要和数据节点进行交互，它是通过远程调用 RPC 来实现的。整个 HDFS 客户端向外界提供了 HDFS 文件系统的接口，一般通过客户端可以实现整个文件的读取、打开、写入等常见文件操作，整个操作除了可以通过 Java API 来作为应用程序访问文件系统的客户端编程接口外，也可以通过 Shell 命令的方式来访问 HDFS 中的数据。客户端是用户操作 HDFS 最常见的方式，HDFS 在部署时都提供了客户端。

6.5.4　HDFS 1.0 体系结构的局限性

1. 命名空间的限制

HDFS 的整个名称节点所有元数据都是保存在内存中的，由于内存空间始终是有限的，因此，名称节点能够容纳的元数据（文件、块）的个数就会受到内存空间大小的限制。

2. 性能的瓶颈

整个分布式文件系统的吞吐量受限于单个名称节点的吞吐量。客户端要访问数据都得先访问名称节点这个管家，获取元数据，然后才能读取数据，随着单位时间内客户端访问名称节点越来越多，单个名称节点也会达到访问上限，整个分布式文件系统的吞吐量也会受到限制。

3. 隔离问题

由于集群中只有一个名称节点，只有一个命名空间，因此，无法对不同应用程序进行隔离。不同应用程序之间没有做到有效的安全隔离。

4. 集群的可用性

凡是只有一个名称节点为 HDFS 提供管家服务时，都会面临单点故障问题。一旦这个唯一的名称节点发生故障，就会导致整个集群变得不可用。或许有人会问，前面不是提到第二名称节点可以备份吗？这里要强调一下，第二名称节点不是热备份，而是冷备份。所谓冷备份，就是发生故障时不能及时进行备份，而是要停止一段时间后，从第二名称节点慢慢恢复数据，数据完全恢复后再对外提供服务，在恢复的这段时间，整个系统是不能使用的。这一单点故障问题主要表现在 HDFS 1.0 中，随着技术的完善和更新，在 HDFS 2.0 中已经得到解决，也就是说，HDFS 2.0 已经不在只设置一个名称节点，而是设置两个名称节点进行管理，一个用于热备份，另一个用于为 HDFS 提供管家服务。

6.5.5   HDFS 2.0 设计

针对以上提到的 HDFS 1.0 中的名称节点单点故障问题以及单个名称节点制约 HDFS 的扩展性问题，Hadoop 2.0 提出了 HDFS Federation，它让多个名称节点分管不同的目录进而实现访问隔离和横向扩展。同时，对于运行中名称节点的单点故障，通过名称节点热备方案（NameNode HA）实现。

名称节点热备方案，即 NNHA 方案，处理 HDFS 中的名称节点单点故障问题。在 Hadoop 2.0 中为 HDFS 增加了 NNHA 功能，其主要功能是将名称节点分为 Active 和 Standby 这两种角色，其中，Active 是指正在运行中的名称节点。Standby 又分为如下 3 类。

（1）冷备份（Cold Standby）。它是当 Active 名称节点停止运行后才启动的，它本身没有保存任何数据，所以并不会减少恢复时间。

（2）温备份（Warm Standby）。它是在 Active 名称节点停止运行前启动的，其中保存了一部分数据，所以在恢复时只需要恢复没有的数据，减少了恢复时间。

（3）热备份（Hot Standby）。里面保存的数据和 Active 是完全一样的，可以直接热切换到它上面继续服务。

HDFS Federation 是针对 HDFS 中名称节点容量和性能问题，同时也是为解决单点故障提出的名称节点水平扩展方案。允许 HDFS 创建多个 NameSpace 以提高集群的扩展性和隔离性。

6.6   HDFS 存储原理

6.6.1   数据的冗余存储

HDFS 作为分布式文件系统，是架构在廉价的计算机集群上的，这些廉价的计算机会不断出现故障，因此，在 HDFS 中每个数据块都会被进行冗余存储，冗余副本默认为 3 个，即一个数据块会被保存为 3 份。当然，也可以设置为更多冗余副本，但是太多的话，就会导致系统磁盘开销过大。需要特别说明的是，伪分布式文件系统，冗余副本只能为 1，只有一个数据块。

HDFS 采用了多副本方式对数据进行冗余存储，通常一个数据块的多个副本会被分布到不同的数据节点上。这种多副本方式具有以下 3 方面的优点。

（1）加快数据传输速度。

因为在 HDFS 中，每个数据块都被冗余保存为多个副本，并且被存储到不同数据节点上。当多个客户端同时访问同一个文件时,不同的客户端可以去不同的数据节点上读取数据块,从而加快了数据传输速度。

（2）容易检查数据错误。

HDFS 的数据节点之间是通过网络传输数据的,每个数据块都会被冗余存储为多个副本数据块,通过副本数据块可以很容易地判断传输的数据块是否错误。

（3）保证数据可靠性。

正是由于 HDFS 采取的是数据的冗余存储策略,即使某个数据节点出现故障失效时,出现故障的数据节点里面的数据也可以从其他含有该数据的数据节点上进行自动复制,生成新的副本,从而对该数据的冗余副本进行补充。所以,不会造成数据丢失。

6.6.2 如何存取数据

1. 数据存放

HDFS 默认的冗余副本为 3 个,每一个数据块会被同时保存到 3 个地方,其中,有两个副本放在同一个机架的不同机器(即数据节点)上,第三个副本放在不同机架的机器上面,这样既可以保证机架发生故障时的数据恢复,也可以提高数据读写性能。一般而言,数据块副本的放置方法如图 6-8 所示。

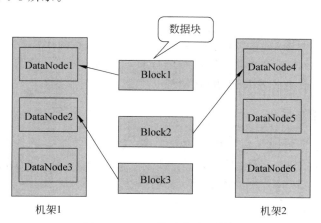

图 6-8 Block 的副本放置策略

假如数据块来了以后,需要保存为 3 份数据块副本,即 Block1、Block2、Block3,这 3 个数据块副本是完全一样的,那么它们如何进行存放呢？

（1）第一个副本(Block1)放置在上传文件的数据节点,这里假设上传文件的数据节点是机架 1 上面的第一个数据节点 DataNode1,则第一个副本(Block1)被优先存放在第一个数据节点 DataNode1 上,就不用通过网络传送到其他机器上;如果上传文件的数据节点不在集群内,则随机挑选一台磁盘不太满、CPU 不太忙的数据节点。这是第一个副本的放置原则。

（2）第二个副本(Block2)放置在与第一个副本不同的机架的节点上,因为刚才的第一个副本(Block1)已经放置在机架 1 上,则第二个副本(Block2)只能放置在机架 2 的任意一个数据节点上,如放置在图 6-8 所示的 DataNode4 上。这是第二个副本的放置原则。

（3）第三个副本（Block3）放在与第一个副本相同的机架（即机架 1）的其他节点上，如放置在图 6-8 所示的 DataNode2 上。

（4）若还有更多的副本：全部采取随机算法，随机放置到数据节点上。

这是数据块的存放策略。

2. 数据读取

为了减少网络开销，数据读取遵循就近读取的原则，那么如何读取就近数据呢？

HDFS 有一种机制可以计算出哪个数据块离客户端比较近。在 HDFS 中，它提供了一个 API，这个 API 可以确定一个数据节点所属的机架 ID，凡是相同的机架 ID，说明这些数据节点在同一个机架上，机架内部不同数据节点之间的数据传输是非常快的，那么就可以确定某一个数据节点所处的机架 ID。此外，客户端也可以调用 API 获取自己所属的机架 ID。

当客户端读取数据时，从名称节点获得数据块不同副本的存放位置列表，列表中包含了副本所在的数据节点，可以调用 API 来确定客户端和这些数据节点所属的机架 ID，当发现某个数据块副本所在的数据节点对应的机架 ID 和客户端对应的机架 ID 相同时，即在同一个机架内时，就优先选择该数据节点读取数据，如果没有发现，就随机选择一个数据节点读取数据。

6.6.3　如何恢复数据

HDFS 具有较高的容错性，可以兼容廉价的硬件，它把硬件出错看作一种常态，而不是异常，并设计了相应的机制检测数据错误和进行自动恢复，主要包括名称节点出错与恢复、数据节点出错与恢复和数据本身出错与恢复。

1. 名称节点出错与恢复

名称节点保存了所有的元数据信息，为 HDFS 提供管家服务。其中，最核心的两大数据结构是 FsImage 和 Editlog，如果这两个文件发生损坏，那么整个 HDFS 实例将失效。因此，HDFS 设置了备份机制，在 HDFS 1.0 中，平时会做一个冷备份，会将元数据信息备份到第二名称节点上，当名称节点出现问题后，它会暂停服务一段时间，把相关的元数据信息从第二名称节点上恢复过来，恢复之后，在对外提供服务。到了 HDFS 2.0 以后，就不存在这个问题了，马上就可以使用热备份提供服务了。

2. 数据节点出错与恢复

在 HDFS 运行期间，每个数据节点会定期向名称节点发送"心跳"信息，向名称节点报告自己的状态。当数据节点发生故障，或者网络发生断网时，名称节点就无法收到来自一些数据节点的心跳信息，这时，这些数据节点就会被标记为"宕机"，节点上面的所有数据都会被标记为"不可读"，名称节点不会再给它们发送任何 I/O 请求。

这时，有可能出现一种情形，即由于一些数据节点的不可用，会导致一些数据块的副本数量小于原来设定的冗余副本数量，即冗余因子。名称节点会定期检查这种情况，一旦发现某个数据块的副本数量小于冗余因子，就会启动数据冗余复制，为它生成新的副本，并保存在其他数据节点上。

因此,HDFS 和其他分布式文件系统的最大区别就是可以调整冗余数据的位置。

3.数据本身出错与恢复

数据本身出错是不可避免的,数据块被保存到不同的服务器上,肯定会遇到网络传输和磁盘错误等情况,这些都会造成数据错误。那么如何知道数据本身出错了呢?

客户端在读取到数据后,会采用校验码对数据块进行校验,如果发现校验码不对,就说明这个数据块出了问题。这个校验码是文件被创建的时候生成的,客户端每次往系统里写一个文件时,都会为数据块生成一个校验码,并保存在同一文件目录下面。

当客户端读取文件的时候,会一起读数据块和校验码,然后,对读到的数据块进行校验码计算,把计算得到的校验码和原来生成的校验码进行比较,如果不一致,说明数据在存储过程中发生了错误,接下来就要对错误数据进行恢复,进行冗余副本的再次复制,这就是数据本身出错与恢复。

6.7　HDFS 的文件读写操作过程

6.7.1　HDFS 读取数据的过程

HDFS 读取数据的设计思路就是客户端直接连接数据节点来检索数据并且名称节点来负责为每一个 Block 提供最优的数据节点,名称节点仅仅处理 Block location 的请求,这些信息都加载在名称节点的内存中,HDFS 通过数据节点集群可以承受大量客户端的并发访问。HDFS 读取数据的参考代码如下:

```java
import java.io.BufferedReader;
import java.io.InputStreamReader;
import org.apache.hadoop.conf.Configuration;
import org.apache.hadoop.fs.FileSystem;
import org.apache.hadoop.fs.Path;
import org.apache.hadoop.fs.FSDataInputStream;

public class Chapter6 {
    public static void main(String[] args) {
        try {
            Configuration conf = new Configuration();
            FileSystem fs = FileSystem.get(conf);
            Path file = new Path("hdfs://localhost:9000/user/hadoop/test.txt");
            FSDataInputStream getIt = fs.open(file);
            BufferedReader d = new BufferedReader(new InputStreamReader(getIt));
            String content = d.readLine();          //读取文件一行
            System.out.println(content);
            d.close();                              //关闭文件
            fs.close();                             //关闭 hdfs
        } catch (Exception e) {
            e.printStackTrace();
        }
    }
```

　　这段代码实现了在 HDFS 中读取数据的过程,代码中首先用 import 导入了一些包,定义了一个类 Chapter6,类中有一个 main()函数,在 main()函数中,用 Configuration 类来先声明一个环境配置变量 conf,即 Configuration conf＝new Configuration();执行这句代码时,会默认把工程下面的两个配置文件 hdfs-site.xml 和 core-site.xml 自动加载进来,从而获得 fs.defaultFS 这个重要的参数,通过这个参数可以知道整个分布式文件系统的地址,如第 5 章提到的 hdfs://localhost:9000,通过这个地址可以去访问整个 HDFS 中的各种数据。然后,用 FileSystem 类来声明一个文件系统实例 fs,再用 Path 类来声明一个 file 变量,通过 new Path 给这个 file 变量赋了一个 HDFS 文件地址,内容为 hdfs://localhost:9000/user/hadoop/test.txt,注意,test.txt 是即将读取的文件名。用输入流(InputStreamReader)来打开 file 文件,接下来用 readLine()函数来读取文件内容,然后用 println()函数来输出文件内容,最后,关闭文件,这样就实现了在 HDFS 中读取数据。读者可以进行上机调试。

　　在 HDFS 内部,读取数据的过程如图 6-9 所示,通过以下 7 个步骤可以完成对数据的读取。

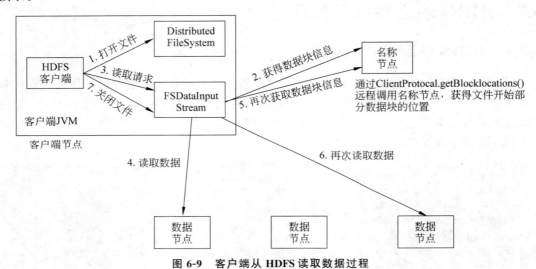

图 6-9　客户端从 HDFS 读取数据过程

　　(1)打开文件。通过 HDFS 客户端发起读数据,首先就是打开文件,用 FileSystem 声明一个对象 fs,代码段是 FileSystem fs ＝ FileSystem.get(conf),有了这段代码后就会对照它底层的 HDFS 去实现,它的抽象基类是 FileSystem,conf 是环境变量,前面提到这个环境变量 conf 表示分布式文件系统底层的配置会被加载进来。然后,生成 FileSystem 的一个子类 DistributedFileSystem,因此,fs 实际上是 DistributedFileSystem 类的实例对象,fs 与 HDFS 是紧密相关的,这在用户编写代码中是看不出来的,被 Hadoop 平台自动屏蔽掉了,只能看到 FileSystem 创建的相关的输入流或输出流。接下来,还需要通过 FSDataInputStream 类来创建一个输入流,即 FSDataInputStream getIt ＝ fs.open(file),调用 open()方法后,就创建了输入流 FSDataInputStream。对于 HDFS 而言,具体的输入流是 DFSInputStream,DFSInputStream 被封装于 FSDataInputStream 中,是真正与名称节点打交道的,而用户编程只需要通过 FSDataInputStream 类来创建一个输入流就可以了,这样就可以打开文件了,打开以后生成一个实例对象。

（2）获取数据块信息。通过 FSDataInputStream 封装中的 DFSInputStream 与名称节点打交道，通过 ClientProtocal.getBlockLocations()方法远程调用名称节点，从而获得文件开始部分数据块的保存位置，因为这个文件可能非常大，需要分多次获得数据块位置信息。那么拿到这个数据块的地址后接下来需要做什么呢？

（3）读取请求。客户端通过输入流 FSDataInputStream 获得了数据块的位置后，就可以调用 read()函数来读取数据，而且会选择距离客户端最近的数据节点建立连接，并读取数据。

（4）读取数据。就是要把数据从该数据节点读到客户端，读完后，FSDataInputStream 要关闭和数据节点的连接。通过以上第（2）～（4）步完成了从一个数据节点上读完数据，有可能还有剩余数据没读完，

（5）再次获取数据块信息。继续重复第（2）步，再次通过 ClientProtocal.getBlockLocations()方法查找下一个数据块的地址信息，再返回给输入流 FSDataInputStream。

（6）再次读取数据。继续通过 read()函数和另外的数据节点建立连接，并读取数据，读完后，关闭和该数据节点的连接，一直循环，直到所有数据块都读完。

（7）关闭文件。所有数据块都读完后，调用输入流的 close()函数关闭整个文件。

特别需要注意的是，执行第（3）步时，如果 HDFS 读取数据块（Block）的时候，DFSInputStream 和数据节点的通信发生异常，就会尝试正在读的 Block 的排第二近的数据节点，并且会记录发生错误的数据节点，剩余的 Blocks 读的时候就会直接跳过该数据节点。DFSInputStream 也会检查 Block 数据校验，如果发现一个坏的 Block，就会先报告到名称节点，然后 DFSInputStream 在其他的数据节点上读该 Block 的镜像。

6.7.2 HDFS 写入数据的过程

HDFS 写入数据的参考代码如下：

```
import org.apache.hadoop.conf.Configuration;
import org.apache.hadoop.fs.FileSystem;
import org.apache.hadoop.fs.FSDataOutputStream;
import org.apache. hadoop.fs.Path;
public class Chapter6 {
    public static void main(String[]args){
        try {
            Configuration conf =new Configuration();
            conf. set("fs.defaulfFS","hdfs://localhost:9000");
            conf. set("fs.hdfs.impl","org.apache.hadoop.hdfs.DistributedFileSystem");
            FileSystem fs =FileSystem.get(conf);
            Byte[] buff ="Hello world".getBytes():        //要写入的内容
            String filename ="test";                      //要写入的文件名
            FsDataOutputStream os =fs.create(new Path(filename));
            os.write(buff,0, buff.length);
            System.out.println("Create:"+filename);
            os.close();
```

```
        fs.close();
    } catch (Exception e){
        e.printStackTrace();
    }
  }
}
```

这段代码实现了在 HDFS 中写入数据的过程。首先,同样也是用 FileSystem 声明一个文件对象 fs。然后,再用 FileSystem 中的 create()方法返回给输出流 FSDataOutputStream 对象 OS。最后,用 write()方法向 HDFS 中写入数据,写完之后,关闭输出流,这样就完成了数据的写入。这段代码在后台是如何执行的呢? 客户端从 HDFS 写入数据的具体过程如图 6-10 所示。

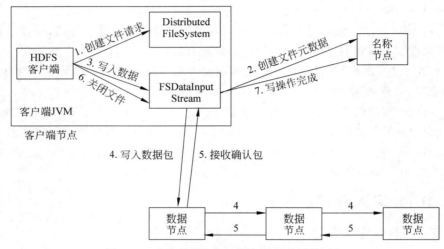

图 6-10　客户端从 HDFS 写入数据的具体过程

(1) 创建文件请求。当客户端向 HDFS 发起写入数据时,首先就是要创建文件请求,用 FileSystem 实例化一个对象 fs,fs 实际上是 DistributedFileSystem 类的实例对象。因此,调用 create()方法后,DistributedFileSystem 会创建一个输出流 FSDataOutputStream,对于 HDFS 而言,具体的输出流是 DFSDataOutputStream,特别说明的是,DFSDataOutputStream 被封装于 FSDataOutputStream 中,这里与名称节点进行沟通的是 DFSDataOutputStream。

(2) 创建文件元数据。要想知道一个文件到底被分成了多少个数据块,这些数据块到底要被写到哪些数据节点上,这时,就需要 FSDataOutputStream 的子类 DFSDataOutputStream 通过 RPC 远程调用名称节点,让这个名称节点在文件系统的命名空间中新建一个文件。当然,名称节点在创建这个新文件前会做一些简单检查,如检查文件是否存在,客户端是否有权限创建文件等。检查通过之后,才创建一个新文件。

(3) 写入数据。写入数据是通过 DFSDataOutputStream 输出流写的,具体是采用流水线复制方法来进行写入数据。首先,DFSDataOutputStream 会将写入的数据分成多个分包,这些分包会被分别放入 DFSDataOutputStream 输出流的对象的内部队列中去,然后,DFSDataOutputStream 就向名称节点申请保存这些数据块的数据节点,从而知道这些分包到底要放到哪些数据节点上的信息,并返回给客户端。

(4) 写入数据包。通过第(3)步后,客户端知道了每个分包具体放置到哪些数据节点上。客户端会把分包先发到第一个数据节点进行数据的备份,由第一个数据节点再发往第二个数据节点进行数据的备份,由第二数据节点再发往第三个数据节点进行数据的备份,这样,数据包会流过管道上的各个数据节点,每个数据节点上都有该数据包的备份,这就完成了流水线复制方法写入数据包的过程。

(5) 接收确认包。第(4)步数据写入后,到底有没有成功呢?因此必须向客户端发送确认包,告诉它是否都已成功写入数据。但是确认包不是由各个数据节点直接发给客户端,而是由最后一个数据节点将它的确认包传到前面一个数据节点,前面一个数据节点将自己的确认包和最后一个节点的确认包一起再传给它前面的数据节点,以此类推,最后就是第一个数据节点把所有的确认包传给客户端,当客户端接收到确认包后,会将对应的分包从内部队列中删除。重复第(4)～(5)步,直到所有的分包数据全部写完。

(6) 关闭文件。客户端调用 close() 方法关闭整个文件。

(7) 写操作完成。到此,整个写数据的过程就完成了。

在写入数据的过程中,有可能出现节点异常。然而这些异常信息对于 Client 端来说是透明的,Client 端不会关心写数据失败后数据节点、会采取哪些措施,但是,有必要了解它的处理细节。首先,在发生写入数据异常后,数据流管道会被关闭,在已发送到管道中的数据,但是还没有收到确认包文件,该部分数据被重新添加到数据流,这样保证了无论数据流管道的哪个节点发生异常,都不会造成数据丢失。而当前正常工作的数据节点会被赋予新的版本号,并通知名称节点。即使在故障节点恢复后,上面只有部分数据的 Block 会因为 Blcok 的版本号与名称节点保存的版本号不一致而被删除。之后,再重新建立新的管道,并继续写数据到正常工作的数据节点,在文件关闭后,名称节点会检测 Block 的副本数是否达标,在未达标的情况下,会选择一个新的数据节点并复制其中的 Block,创建新的副本。这里需要注意的是,数据节点出现异常,只会影响一个 Block 的写操作,后续的 Block 写入不会受到影响。

6.8　HDFS 编程实例

6.8.1　使用 Shell 命令与 HDFS 进行交互

在 Linux 命令终端上,使用 Shell 命令来对 Hadoop 进行操作。Hadoop 安装成功后,已经包含 HDFS 和 MapReduce,不需要再安装 HDFS。可以使用 Shell 命令来对 HDFS 中的文件进行一系列操作,如文档的复制、删除、查看、上传、下载等,HDFS 的 Shell 命令可以用以下统一的格式进行表示。

```
hadoop command[genericOptions][commandOptions]
```

对 HDFS 文件的相关操作主要使用 hadoop fs、hadoop dfs、hdfs dfs 这 3 个命令,其中 hadoop fs 是操作 HDFS 文件最常用的命令,具体格式如下。

```
hadoop fs [genericOptions][commandOptions]
```

接下来,举例说明用 fs 命令对 HDFS 文件的操作。

(1) hdfs dfs -mkdir [-p] <paths>表示创建目录,-p 选项用于递归创建多个文件夹。例如:

```
hdfs dfs -mkdir /user/gtg/test          #创建一个 test 目录
```

(2) hadoop fs -ls [-R] <paths>表示查看(显示)目录下的内容,包括文件名、权限、所有者、大小和修改时间,-ls[-R] 递归显示目录结构,例如:

```
hadoop fs -ls /user/gtg/test            #显示 test 目录下的内容
```

(3) hadoop fs -rm [-R] <paths>表示删除文件或目录,-rm [-R]递归删除目录和文件,例如:

```
hadoop fs -rm /user/gtg/test            #删除 test 目录
hdfs dfs -rm /user/gtg/file1.txt        #删除/user/gtg/file1.txt 文件
```

(4) hadoop fs -put [localsrc][dst]表示将本地文件或目录上传到 HDFS 中的路径,例如:

```
hdfs dfs -put file2.txt /user/gtg
#从本地文件系统中将 file2.txt 文件上传(复制)到 HDFS 的/user/gtg 文件夹中
```

(5) hadoop fs -get [dst][localsrc]表示将文件或目录从 HDFS 中的路径复制到本地文件路径,例如:

```
hadoop fs -get /user/gtg/file1.txt
#将 HDFS 中的/user/gtg/file1.txt 文件复制到本地目录下
```

(6) hadoop fs - copyFromLocal [localsrc][dst]表示从本地加载文件到 HDFS,与 put 一致。

(7) hadoop fs-copyToLocal [dst][localsrc]表示从 HDFS 导出文件到本地,与 get 一致。

(8) hadoop fs -test -e <paths>表示检测目录和文件是否存在,存在返回值为 0,不存在返回 1,例如:

```
hadoop fs -test -e /user/gtg/file1.txt
#检测 file1 文件是否存在
```

(9) hadoop fs -cat <paths> 表示显示<paths>制定的文件内容到标准输出上,例如:

```
hadoop fs -cat /user/gtg/file1.txt              #输出(显示)file1 文件内容
```

（10）hadoop fs -du ＜paths＞表示统计目录下各文件大小，单位字节。-du -s 汇总目录下文件大小，-du -h 显示单位。

（11）hadoop fs -touchz ＜paths＞表示创建＜paths＞指定的空文件，例如：

```
hadoop fs -touchz /user/gtg/file3.txt
#创建一个空文件 file3
```

（12）hadoop fs -cp［src］［dst］表示从源目录复制文件到目标目录。

（13）hadoop fs -mv［src］［dst］表示从源目录移动文件到目标目录。

需要说明的是，hadoop fs 命令适用于任何不同的文件系统，如本地文件系统和 HDFS 文件系统，hadoop dfs 命令只能适用于 HDFS 文件系统，而 hdfs dfs 与 hadoop dfs 的命令作用一样，也只能适用于 HDFS 文件系统。

此外，在使用以上命令之前，要先启动 Hadoop，执行如下命令：

```
$cd/usr/local/hadoop
$/sbin/start-dfs.sh        #启动 hadoop
```

6.8.2 在 Web 上显示 HDFS

在配置好 Hadoop 集群之后，可以通过浏览器登录 https：//［NameNodeIP］：50070 访问 HDFS 文件系统，其中，［NameNodeIP］表示名称节点的 IP 地址。这里在本地上安装的是伪分布式 Hadoop 系统，故可以登录 http：//localhost：50070 查看文件系统信息。例如，通过 Web 界面中的 Browse the filesystem 查看目录，结果如图 6-11 所示，可以与用 Shell 命令 $ bin/Hadoop fs -ls 实现同样的效果。

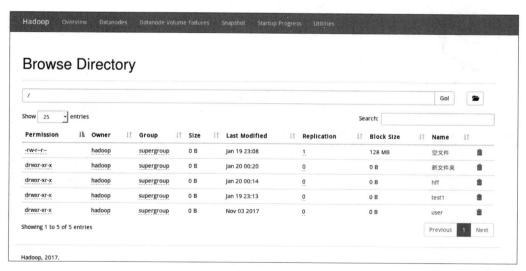

图 6-11 在 Web 上显示 HDFS

6.8.3 使用 Java API 与 HDFS 进行交互

要使用 Java API 进行交互,可以使用软件 Eclipse 编写 Java 程序。因此,要在 Ubuntu 系统中安装和配置 Eclipse。

1. 安装 Eclipse

在 Ubuntu 左侧打开软件中心,如图 6-12 所示。软件中心打开后,会弹出"金牌应用程序"窗口,如图 6-13 所示,然后在里面搜索 Eclipse,下载安装。

图 6-12　Ubuntu 软件中心

图 6-13　"金牌应用程序"窗口

2. 创建一个 Eclipse 项目

第一次打开 Eclipse，需要填写工作空间 Workspace，用来保存程序所在的位置，这里不需要改动，如图 6-14 所示。单击 OK 按钮，进入 Eclipse 软件。在 Eclipse 软件上，新创建一个项目的方法是选择 File→New→Java Project，弹出如图 6-15 所示的 New Java Project 窗口，在 Project name 中输入项目名称，这样就新建好了一个 Eclipse 项目。

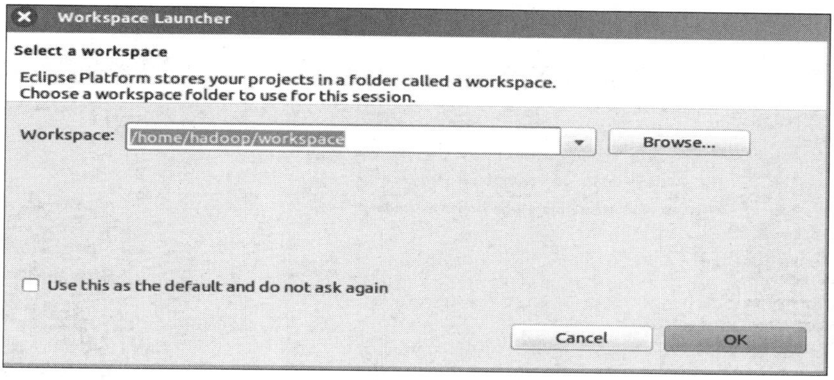

图 6-14　填写 Workspace

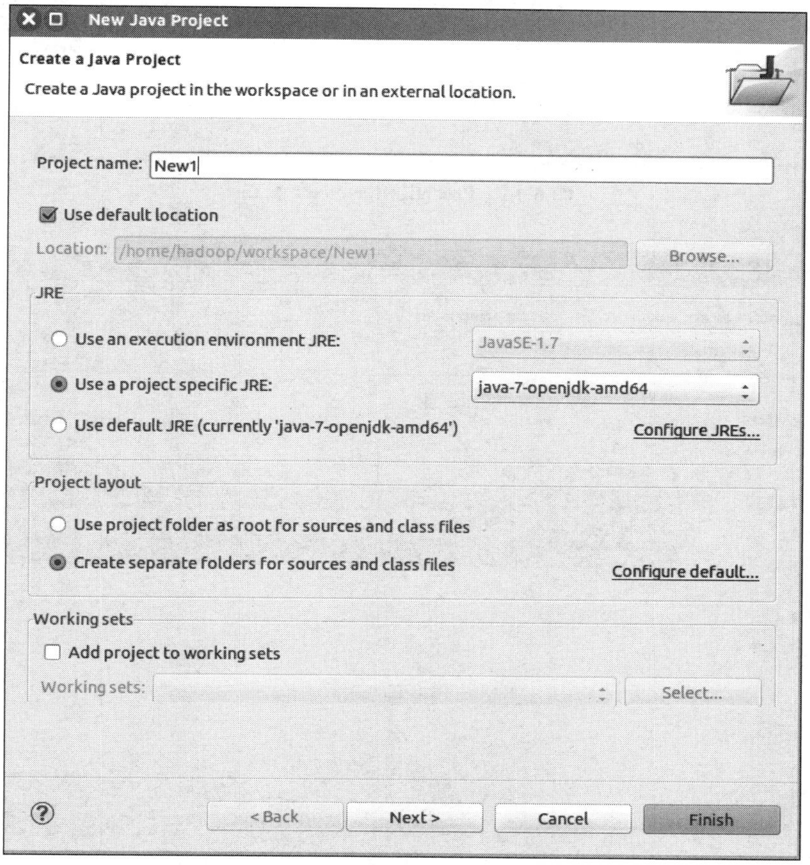

图 6-15　New Java Project 窗口

3. 配置 Eclipse 项目

为刚刚创建好的项目加载 jar 包的方法如下。

在所选的 Eclipse 项目（New1）上右击，在弹出的菜单中选择 Properties → Java Build Path → Libraries→ Add External JARS 命令，如图 6-16 所示。在弹出的 JAR Selections 窗口中选择 hadoop-common-2.8.2.jar 和 haoop-nfs-2.8.2.jar 两个 JAR 包，然后，单击"确定"按钮，就加载成功了，如图 6-17 所示。

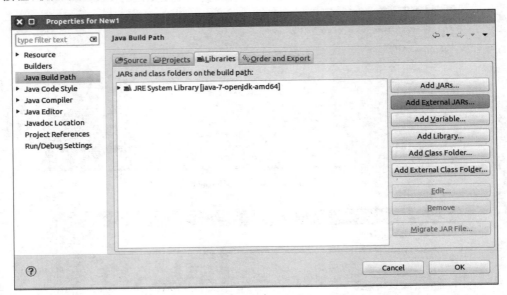

图 6-16　Proerties for New1 窗口

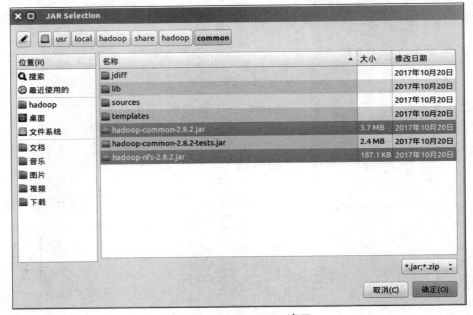

图 6-17　JAR Selection 窗口

同理,将余下的 jar 包,即/usr/local/hadoop/share/hadoop/common/lib 目录下的所有 JAR 包;/usr/local/hadoop/share/hadoop/hdfs 目录下的 haoop-hdfs-2.8.2.jar 和 haoop-hdfs-nfs-2.8.2.jar;/usr/local/hadoop/share/hadoop/hdfs/lib 目录下的所有 JAR 包,都加载进去,我们就配置好了 Eclipse。

4．一个简单的编程实例

至此,已经创建并配置好了 Eclipse,接下来在刚刚创建的这个 New 项目上调试一个判断 test 文件是否存在的简单程序,参考代码如下。

```java
import org.apache.hadoop.conf.Configuration;
import org.apache.hadoop.fs.FileSystem;
Import org.apache.hadoop.fs.Path;
public class Chapters {
    publlc statIc vold main(String[] args){
        try {
            String filename ="test";
            Configuration conf =new Configuration();
            conf.set("fs.defaultFS", "hdfs://localhost:9000");
            conf.set("fs.hdfs.impl","org.apache.hadoop.hdfs.DistributedFileSystem");
            FileSystem fs =FileSystem.get(conf);
            if(fs.exists(new Path(filename)){
                System. out.println("文件存在");
            }else{
                System. out.println("文件不存在");
            fs.close();
        } catch (Exception e) {
            e.printStackTrace();
        }
    }
}
```

首先,用 import 导入 3 个类,通过学过的知识,可以知道 Configuration 是负责管理配置相关文件的,FileSystem 是抽象基类,所有 Hadoop 对文件的读写操作都是继承这个基类(Path)类,用于创建文件。

然后,在 main()函数中,Configuration 声明了一个环境变量 conf,用 FileSystem 实例化一个对象 fs,fs 实际上是 DistributedFileSystem 类的实例对象,封装了 DistributedFileSystem 相关的输入输出流。

最后,用 exists()方法判断 test 文件是否存在,存在的话,输出“文件存在”,如图 6-18 所示,否则,输出“文件不存在”。

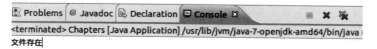

图 6-18　程序结果

6.9　本章小结

　　大数据的存储是采用分布式的存储技术,可以使用 HDFS、GPFS、GFS、Ceph、Swift 等主流分布式存储系统来存储海量数据,分布式文件系统 HDFS 是一个高度容错的系统,非常适合部署在廉价的计算机集群上,提供高吞吐量的数据访问,主要用于解决海量大规模数据的分布式存储问题。本章首先介绍了大数据的存储方式,典型的几种分布式存储系统,再从数据仓库架构和数据集市来讲述数据仓库在数据存储中的重要性,然后,重点从 HDFS 的定义出发,介绍了 HDFS 的优、缺点,详细介绍了数据块、名称节点、数据节点和第二名称节点的基本概念以及实现的功能。HDFS 采用了主从(Master/Slave)结构模型,介绍了HDFS 的体系结构,重点叙述了 HDFS 的存储原理,每个数据块都会被进行冗余存储为 3个副本,数据块的存放和读取策略,以及名称节点、数据节点和数据本身出错及恢复机制,目的是增强数据的可靠性,加快数据的传输效率。此外,重点介绍了 HDFS 读取和写入数据的过程。最后,简单介绍了在 Linux 终端机上,HDFS 常用的一些 Shell 命令以及一个判断文件是否存在的简单编程实例。

习　　题

1. 典型的分布式存储系统有哪几种?
2. 什么是数据仓库,数据仓库与数据集市的区别是什么?
3. 什么是 HDFS? 它的优点和不足有哪些?
4. HDFS 采用数据块进行文件存储有哪些优点?
5. 简单叙述名称节点和数据节点的作用。
6. 第二名称节点是如何解决 EditLog 不断变大的问题和冷备份?
7. 简单叙述 HDFS 的体系结构。
8. 分别从数据的冗余存储、数据存取以及数据恢复 3 方面阐述 HDFS 的存储原理。

第 7 章

MapReduce

在广泛的数据处理应用程序中,为了充分利用周围的大量数据,需要开发和应用更为有效的算法。算法和数据组成了大数据处理的核心内容。然而,在诸多针对大数据处理的算法中,MapReduce 是一种高效的、广泛使用的系统和算法。MapReduce 是一种并行编程模型,通过 map 和 reduce 两个函数来高效完成海量数据集的计算。

本章重点介绍 MapReduce 的基本概念、执行框架、工作流程及 MapReduce 算法,最后以一个 WordCount 词频统计为例来介绍 MapReduce 的编程实现方法。

7.1 MapReduce 概述

7.1.1 MapReduce 的基本概念

MapReduce 是谷歌公司提出的一个软件构架,主要用于大规模数据集(大于 1TB)的并行运算。MapReduce 这个英文单词最初代表谷歌公司的一项专利技术,它其实是由 map 和 reduce 两个英文单词组合而成的,其命名凸显了它的工作机制和原理是由这两个工作流程组成的。MapReduce 因为在全世界范围内的大数据处理领域有很高的受欢迎程度,以及这项技术本身的重要性,而慢慢地从一种技术的名称被人们通用化为普遍的产品或这一类服务的总称。因此,MapReduce 是由谷歌公司最先提出来的分布式并行编程模型,Hadoop MapReduce 是它的开源实现,也对它进行了很多优化处理,Hadoop MapReduce 比谷歌的 MapReduce 使用门槛低很多。Hadoop MapReduce 与 HDFS 构成了 Hadoop 平台上的两大核心技术,本书中把 Hadoop MapReduce 简称为 MapReduce。

MapReduce 主要是解决在单机上处理海量数据时,由于硬件资源限制,无法胜任的问题。而一旦将单机版程序扩展到集群来分布式运行,将极大增加程序的复杂度和开发难度。因此,在引入 MapReduce 框架后,开发人员可以将绝大部分工作集中在业务核心逻辑的开发上,而将分布式计算中的复杂性交由 MapReduce 框架来处理。map(映射)和 reduce(化简)两个概念以及它们的主要思想,都是从函数式程序语言以及向量程序语言借来的特性。当前主流的 MapReduce 软件实现是指定一个 map(映射)函数,用来把一组键值对映射成一组新的键值对,指定并发的 reduce(化简)函数,用来保证所有映射的键值对中的每一个键值对共享相同键的键值。因此,MapReduce 实现了两个功能:map 把一个函数应用于集合中的所有成员,然后返回一个基于这个处理的结果集;reduce 是对多个进程或者独立系统并行执行,将多个 map 的处理结果集进行分类和归纳。

MapReduce 是用于表示分布式计算的编程模型,是一种海量大规模数据处理的执行框架。它被用于在集群上使用并行、分布式的算法来处理和生成大型数据集的相关实现方法。一个 MapReduce 程序由一个 map 过程(或方法)和一个 reduce 过程(或方法)组成,前者执行过滤和排序(例如按姓氏将学生排序到队列中,每个姓氏对应一个队列),后者执行摘要操作(例如计算每个队列中的学生数,产生名称频率)。7.2 节会对这两个方法进行详细介绍。

既然是"分布式计算系统",可以看到 MapReduce 在整个大数据处理过程中的核心地位。它是用户开发"基于 Hadoop(或其他大数据处理框架)的数据分析应用"的核心框架。MapReduce 的核心功能是将开发人员编写的业务逻辑代码和自带默认组件整合成一个完整的分布式运算程序,并发运行在一个 Hadoop 集群上。

MapReduce 模型采用了处理数据分析问题时采用的"拆分—应用—合并"策略的思想,它实际上是这一类问题处理策略的一种具体化的实现。它受到了函数编程中常用的 map 和 reduce 函数的启发,尽管两者在应用 MapReduce 框架时的用途不同。因此,MapReduce 框架的主要贡献不是 map 和 reduce 函数,而是通过对其执行引擎的优化,可以为各种应用程序实现可伸缩性和容错性。因此,如果只是 MapReduce 的单线程实现,处理速度通常不比传统的非 MapReduce 方法快;所以,需要特别强调的是,MapReduce 通常只有在多处理器硬件上的多线程实现中才能体现其真正的威力。

MapReduce 库已经用多种编程语言编写,可以用 Java、Ruby、Python、R、C++ 等语言编写 MapReduce 程序,因此,在学习的过程中,不要认为 MapReduce 只能用某种语言来实现,实际上,多种语言都能够实现它,只是这些语言的实现有不同的优化程度。Apache Hadoop 的一个流行的开源实现支持分布式 Shuffle。Apache Mahout 上的开发已经转向了功能更强、消耗磁盘更少的机制,这些机制都集成了完整的 map 和 reduce 功能。

7.1.2 MapReduce 的思想

当今解决大数据问题的唯一可行方法是分而治之,这也是计算机科学中的一个基本思想,在本科课程中很早就引入了(如在学习编程时,用一个函数来解决某个具体问题,最后再把每个函数的计算结果以某种方式链接起来,最终解决目标问题)。这类方法的基本核心思想是把一个大问题分解成更小的子问题,如果子问题是独立的,那么它们可以由处理器核心中的不同工作线程、多核处理器中的核心、计算机中的多个处理器或集群中的多个计算机并行处理。然后将每个工人(线程)的中间结果进行组合以产生最终的输出。分治算法背后的一般原理广泛适用于广泛的应用领域。然而,它们实现的细节是多样和复杂的。例如,我们需要思考如何解决如下问题。

(1) 如何把一个大问题分解成更小的任务? 更具体地说,如何分解问题,使较小的任务可以并行执行?

(2) 如何将任务分配给分布在大量机器上的工作人员,同时要考虑,如何判断和决定哪些工作人员比其他工作人员更适合计算和执行某些任务?

(3) 如何确保工人得到他们需要的数据来完成分配的任务?

(4) 如何协调不同工人之间的同步作业?

(5) 如何共享一个工人的部分结果?

(6) 面对可能出现的软件错误和硬件问题,应如何应对上述所有工作中所存在的缺点,从而让任务顺利地执行?

7.1.3　MapReduce 的抽象方法

在传统的并行或分布式编程环境中,开发人员需要明确地解决 7.1.2 节提到的大部分
(甚至全部)问题,这大大妨碍了编程效率的提升。如在共享的内存编程里,开发人员需要显
式地协调对共享通过同步原语(如互斥)的数据结构,通过屏障等设备显式地处理进程同步,
并始终对常见的问题保持警惕,如死锁和冲突状况的出现。总之,这给编程人员带来了一系
列的困难。再如语言扩展,如 OpenMP 并行使用共享内存,或实现集群级并行的消息传递
接口(MPI),通过提供隐藏的逻辑抽象操作系统同步和通信原语的详细信息。然而,即使有
了这些扩展,开发人员仍然需要跟踪资源提供给工人。此外,这些框架的主要目的是解决处
理器密集型的问题,并且只有基本的支持来处理大量的输入数据。对于大数据计算,当开发
人员使用现有的并行计算方法时,他们必须对底层的系统细节给予很大的关注,这不利于开
发人员站在高层抽象的角度去解决问题。

因此,MapReduce 最显著的优点之一是提供了一种抽象,这种抽象向开发人员隐藏了
许多不必要的系统级的细节。因此,开发人员可以关注需要执行哪些计算,而不需要在如何
计算上花费大量的精力和时间,或者如何将程序所依赖的数据传递给他们。与 OpenMP 和
MPI 一样,MapReduce 提供了一种无须向开发人员提供分布式计算的详细信息的方法,但
MapReduce 只是在处理这个问题的时候提供了一种更高层抽象的表示方法(对细节所要求
的微粒度不同)。但是,组织和协调大量的计算只是挑战的一部分。大数据处理需要将数据
和代码组合在一起,以便于计算大型数据集,这是一项工程很大的任务,数据集的大小可能
是千兆字节,也可能是几千兆字节。MapReduce 通过为开发人员提供简单的抽象,可以用
一种伸缩、健壮和高效的方式透明地处理幕后的大多数细节。MapReduce 不是移动大量的
数据,因为那样做会消耗海量的时间和空间,它的巧妙之处是在可能的情况下,更有效地将
代码移动到数据中! 这在操作上是可以实现的。通过在集群中节点的本地磁盘上传送数据
并在保存数据的节点上运行进程。

7.2　Map 和 Reduce 任务

7.2.1　函数式编程

何为函数式编程? 简单讲,它是一种编程范式(programming paradigm),也就是如何
编写程序的方法论,属于结构化编程的一种,主要思想是把运算过程尽量写成一系列嵌套的
函数调用。函数式编程语言的一个关键特性是高阶函数的概念,或者可以接受其他函数作
为参数的函数。

MapReduce 源于函数式编程,它借助于函数式程序设计语言 Lisp 的设计思想,提供了
一种简便的并行程序设计方法,用 map 和 reduce 两个函数编程实现基本的并行计算任务,
提供了抽象的操作和并行编程接口,以简单方便地完成大规模数据的编程和计算处理。
MapReduce 中有两个普通的内置的高阶函数:map 和 fold(暂且视为 reduce)的执行过程。
给出一个清单,map 将函数 f(接受单个参数)作为参数并将其应用于列表中的所有元素。
给出一个列表,fold 接受作为参数函数 g(接受两个参数)和初始值:g 首先应用于初始值和

列表中的第一项,其结果存储在中间变量,此中间变量和列表中的下一项用作参数对 g 的第二次应用,其结果存储在中间变量中。此过程重复,直到列表中的所有项都被使用;然后 fold 返回中间变量的最终值。通常情况下,map 和 fold 是结合使用的。例如,要计算整数列表的平方和,可以映射一个函数,使其参数平方在输入列表上,然后折叠结果列表相加。

可以将 map 视为表示数据集转换的简洁方法(由函数 f 定义)。同样,可以把 fold 看作聚集体操作,由函数 g 所定义。一个直接的观察是,对列表中的每个项(或更一般地,对大型数据集中的元素)应用 f 可以直接并行化,因为每个功能应用程序都是独立的。在集群中,这些操作可以分布在许多不同的机器上。另一方面,fold 操作对数据有更多的限制在函数 g 可以应用。然而,许多实际应用并不要求 g 应用于所有列表的元素。如果列表中的元素可以分成组,fold 聚合也可以并行进行。此外,对于在 fold 操作中可以获得交换和关联的显著效率通过本地聚合和适当的重新排序获得。

我们已经描述了 MapReduce 中两个独立的过程——MapReduce 中的 map 阶段大致相当于函数式编程中的 map 操作,而 MapReduce 中的 reduce 阶段与函数式编程中的 fold 操作大致对应。7.3 节详细讨论 MapReduce 执行框架协调 map 和 reduce 过程并应用在大量数据或大型商业机器集群上的情况。

从不同的角度来看,MapReduce 可以处理包含两个阶段的大型数据集。在第一阶段中,用户指定计算应用于数据集中的所有输入记录。这些操作并行发生并产生中间输出,然后由另一个用户指定的聚合方法进行计算。开发人员定义这两种类型的计算,执行框架协调实际的处理(这是一个比较松散的过程,因为 MapReduce 提供功能抽象)。尽管这种两级处理结构可能看起来具有一定的局限性,但它可能会产生许多有趣的算法并可以被非常简洁地表达出来,尤其是将复杂算法分解为一系列 MapReduce 作业的时候。

7.4 节会重点介绍如何在 MapReduce 中实现一些算法。准确地说,MapReduce 可以引用 3 个不同但相关的概念。第一,MapReduce 是一个编程模型,这就是花了大量篇幅讨论过的内容。其次,MapReduce 可以引用执行框架(即"运行时"),它协调以这种特殊方式编写的程序的执行。最后,MapReduce 可以引用编程模型和执行框架的软件实现:例如谷歌的 MapReduce 实现与 Java 中的开源 Hadoop 实现。事实上,MapReduce 有很多实现,例如,专门针对多核处理器的实现、GPU 的实现、单元架构的实现等。MapReduce 编程在 Hadoop 中的实现和谷歌的实现之间存在一些差异。可以采用一种以 Hadoop 为中心的视图,因为 Hadoop 仍然是目前为止最成熟和最易访问的实现,也是大多数开发人员可能使用和选择的实现方法。

7.2.2　mapper 和 reducer

"键值对"构成了 MapReduce 中的基本数据结构。键和值可以是整数、浮点值、字符串和原始字节,或者是其他复杂的数据结构(列表、元组、关联数组等)。开发人员通常需要自定义数据类型,有许多现存的库可以使用,例如 Protocol Buffers、Thrift 和 Avro。

MapReduce 算法设计的一部分涉及将键值结构加载到任意数据集。例如,对于 Web 页面的集合而言,键可以是 url,而值可能是实际的 HTML 内容。对于图,键可以表示节点 id,而值可能包含这些节点的邻接列表。在一些算法中,输入键没有特别的意义并在执行中被忽略处理,而在一些情况下,输入键被用于唯一地标识一个数据(如作为记录 id)。在

MapReduce 中,开发人员定义了一个 mapper 和一个 reducer 签名,如下所示:

$$\text{map}:(k_2,v_1)\rightarrow[(k_2,v_2)]$$
$$\text{reduce}:(k_2,[v_1])\rightarrow[(k_3,v_3)]$$

[·]用于表示一个列表。从输入 MapReduce 作业以存储在底层分布式文件系统上的数据开始。mapper 应用于为每个输入键值对(拆分任意数量的文件)生成任意数量的中间键值对。而 reducer 应用于与同一个中间键关联的所有值输出键值对。每个 reducer 的输出键值对连续地写回分布式文件系统(而中间键值对是临时的,保留)。在分布式文件系统中,输出结果是 r 个文件,其中 r 是 reducer 的数量。在很大程度上,没有必要整合 reducer 输出,因为 r 文件通常作为另一个 MapReduce 作业的输入。图 7-1 说明了这两种阶段的处理结构。

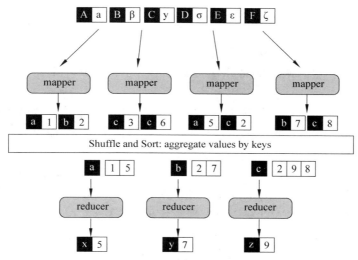

图 7-1　MapReduce 的处理结构

　　mapper 被应用于所有输入键值对,然后它们会生成任意数量的中间键值对。而 reducer 被应用于与同一键关联的所有值。在 map 和 reduce 阶段之间存在障碍,里面包含了大量的分布式排序和分组计算。

　　以文本数据为例,mapper 为文档中的每个单词发出中间键值对,reducer 对每个单词的所有计数求和。MapReduce 中的一个简单的单词计数算法的伪代码如图 7-2 所示。此算法计算文本集合中每个单词的出现次数。在一个文本处理任务中,输入键值对的形式为(docid,doc),它们存储在分布式文件系统上,其中前者是对于文档唯一的标识符,后者是文档本身的文本数据。对任意一个输入键值对,mapper 标记文档,并生成一个中间键值为每个单词配对:单词本身用作键,整数用作值(表示这个词出现过一次)。MapReduce 执行框架确保与同一个键关联的所有值都在 reducer 里。因此,在这个单词计数算法中,最后只需要将与每个词相关的所有的计数(sum)相加求和。reducer 正是这样的一个过程,并会生成最终的键值对,在这个键值对里,word(单词)被作为键,count(单词的计数)被作为值。然后,程序对每个文件中的单词进行按字母顺序排序,每个文件将包含大致相同数量的单词。这个分割器(partitioner)控制着哪些单词被赋值给 reducer。输出可以由开发人员加以使用,用于不同的下游任务,或者作为另一个 MapReduce 程序的输入。

```
1: class    mapper
2:     method   map(docid a,doc d)
3:         for all term t∈ doc d do
4:             EMIT(term t,count 1)
5: class    reducer
6:     method   reduce(term t, counts[c₁,c₂....])
7:         sum←0
8:         for all count c∈ counts[c₁,c₂....] do
9:             sum←sum + c
10:        EMIT(term t, count sum)
```

图 7-2　MapReduce 中单词计数算法的伪代码

图 7-2 提供的伪代码大致反映了 MapReduce 程序是如何在 Hadoop 中编写的。mapper 和 reducer 是分别实现 map 和 reduce 方法的对象。在 Hadoop 中,为每个映射任务初始化 mapper 对象键值对(输入拆分)和对每个键值调用 map 方法按执行框架配对。在配置 MapReduce 作业时,开发人员提供了关于要运行的 map 任务数量的提示,但是执行框架根据数据的物理布局进行最终确定。reduce 阶段的情况与 map 类似:为每个 reduce 任务初始化 reducer 对象,并调用 reduce 方法每个中间键一次。与 map 任务的数量相比,开发人员可以精确指定 reduce 任务的数量。Hadoop 作业的执行取决于分布式文件系统。尽管本书中算法的介绍与它们的实现方式与在 Hadoop 中的实现非常相似,但重点是算法设计和概念理解,而不是实际的 Hadoop 编程学习。

除了"规范的"MapReduce 处理流程之外,还存在其他的变体。如其中的一种变体是 MapReduce 程序不能包含任何的 reducer,在这种情况下,mapper 输出直接写入磁盘(每个 mapper 一个文件)。在处理一些并行问题时是一种常见的方法,例如,解析大型文本集合或独立分析大量图像。而相反地,一个 MapReduce 程序是不可能没有 mapper 的,尽管在某些情况下,map 可以实现 identity 函数并简单地将输入键值对传递给 reducer,这样的处理方法具有排序和重新组合输入以减少边处理的效果。同样地,在某些情况下,reducer 实现 identity 函数非常有用,其中 case 程序只是对 reducer 输出进行排序和分组。

最普遍的的情况中,MapReduce 作业的输入来自分布式文件系统上存储的数据,在处理完这些数据以后,它再将输出写回分布式文件系统,但其实除了分布式文件系统,任何满足适当抽象的其他系统都可以作为数据源。在谷歌公司的 MapReduce 实现中,BigTable 是稀疏的、分布式的、持久多维排序映射,常用作输入源和 MapReduce 输出的存储。HBase 是一个开源的 BigTable 克隆系统,具有与 BigTable 非常类似的功能。此外,Hadoop 已经与现有的 MPP(大规模并行)集成在一起。处理关系数据库,允许开发人员编写 MapReduce 作业覆盖数据库并将输出转存到新的数据库表中。最后,在某些情况下,MapReduce 作业可能根本不消耗任何输入(例如,计算 π),或者只能消耗少量数据。

7.3　MapReduce 执行框架和工作流程

7.3.1　执行框架

MapReduce 最重要的理念之一是将分布式处理的内容与方式分开。MapReduce 程序称为作业,由 mapper 和 Reducer 的代码与配置参数(例如输入位置和输出位置)一起包装。开发人员将作业提交到集群的提交节点(在 Hadoop 中称为 jobtracker),执行框架负责余下的工作:从单个节点到几千个节点的集群上透明地处理分布式代码执行的所有其他任务。

1. 任务计划

每个 MapReduce 作业都分为任务较小的单元。例如,映射任务可能负责处理某个输入密钥值对块(在 Hadoop 中称为输入拆分);类似地,reduce 任务可以处理中间密钥空间的一部分。MapReduce 作业常常包含数千个需要分配给集群中节点的单个任务。在大型作业中,任务总数可能超过可同时在集群上运行的任务数,这使得调度程序成为必需。

推测性执行是一种优化,Hadoop 和谷歌的 MapReduce 都实现了这种优化。由于 map 和 reduce 任务之间的障碍,作业的 map 阶段仅与最慢的 map 任务一样快。类似地,作业的完成时间受最慢 reduce 任务的运行时间的限制。因此,MapReduce 作业的速度对所谓的"掉队者"或通常需要很长时间才能完成的任务很敏感。"掉队"的一个原因是片状硬件。例如,一台正在经历可恢复的错误机器的可能会变得非常慢。通过推测执行,在不同的机器上执行相同任务的相同副本,并且框架仅使用第一个任务尝试完成的结果。根据谷歌公布的数据,推测执行可以将作业运行时间缩短 44%。虽然在 Hadoop 中 map 和 reduce 任务都可以推测性地执行,但普遍的看法是该技术对于 map 任务比 reduce 任务更有帮助,因为 reduce 任务的每个副本都需要在网络上提取数据。但是请注意,推测性执行无法充分解决"掉队者"的另一个常见原因是:与中间键相关联的值分布存在偏差。在文本处理中,我们经常观察 Zipfian 分布,这意味着负责处理最常见的少数元素的任务将比典型任务运行更长时间。

2. 数据/代码共同定位

MapReduce 背后的关键思想之一是移动代码而不是数据。但是,为了进行计算,有时需要以某种方式将数据提供给代码。在 MapReduce 中,这个问题与调度交织在一起,并且在很大程度上依赖于底层分布式文件系统的设计。为了实现数据定位,调度程序在节点上启动任务,该节点保留所需的特定数据块(即在其本地驱动器上),这有助于将代码移动到数据。当这个过程无法完成时,例如,某节点已经运行太多任务,则将在其他地方启动新任务,并且必要的数据将通过网络流进行传输。一个重要优化是优选数据中心与保持相关数据块的节点位于同一机架上的节点,因为机架间带宽明显小于机架内带宽。

3. 同步

通常情况下,同步是指将多个并发运行的进程"连接"起来的机制,例如,共享中间结果或以其他方式交换状态信息。在 MapReduce 中,同步是通过 map 和 reduce 处理阶段之间的屏障完成的。中间密钥值对必须按密钥分组,这是通过已经执行 map 任务的所有节点和即将执行 reduce 任务的所有节点的分布式排序来实现的。这个过程必然包含了复制网络中的中间数据,因此该过程通常称为"打乱和排序"。使用 m 个 mapper 和 r 个 reducer 的 MapReduce 作业涉及多达 m×r 种不同的复制操作,因为每个 mapper 都可能具有通向每个 reducer 的中间输出。

只有当所有的 mapper 都完成释放键值对,并且只有当所有中间键值对都已被改组和排序之后,reduce 计算才能启动,否则执行框架无法保证收集了与同一键值关联的所有值。这是与功能编程的重要区别:在 fold 操作中,聚合函数 g 是中间值和列表中下一项输入的函数,这意味着一旦值可用,聚合就可以开始。相反,MapReduce 中的 reducer 一次接收与相同键值关联的所有值。但是,一旦每个 mapper 完成,就可以开始通过网络将中间键值对复制到运行 reducer 的节点。这是一种常见的优化并已经在 Hadoop 中实现。

4. 错误和错误处理

MapReduce 执行框架必须在错误和故障是标准常态的环境中完成上述所有任务,而不是把错误和故障当作 exception 来处理。由于 MapReduce 是有意识地围绕低端商业服务器设计的,因此运行时必须特别具有可迅速恢复的弹性。在大型集群中,磁盘故障很常见,RAM 经常会遭遇比预期更多的错误。数据中心也面对遭受计划中断(例如,系统维护和硬件升级)和意外中断(例如,电源故障,连接丢失等)的可能。

这还仅仅是硬件。在软件端,没有软件是无错误的,必须适当地捕获、记录和恢复exception。大数据系统的错误通常藏匿在代码中那些小概率出错的角落,这些错误仿佛看起来是不存在的。此外,任何足够大的数据集都包含损坏的数据或记录,这些数据或记录很难靠开发人员的想象去预料和设防,导致开发人员无法预先检查或捕获。MapReduce 执行框架必须在这种恶劣的环境中茁壮成长。

7.3.2　MapReduce 工作流程概述

要进行 MapReduce 的编程,就必须要理解 MapReduce 的工作流程。MapReduce 的输入和输出都需要借助于 HDFS 进行,这些文件被存储到集群中的多个节点上,如图 7-3所示。

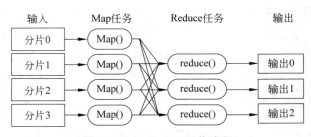

图 7-3　MapReduce 工作流程

首先,在 Map 任务的输入端,会先把大的数据集文件拆分成多个小数据块,即拆分成许多分片(split)。然后,每一个分片单独启动一个 map 任务,让它负责处理这个分片,因此,会启动很多个 map 任务,并在多台机器上并行执行,这些 map 任务的输入都是 key 和 value组成的键值对,输出是一批 key 和 value 键值对。接下来,前面 map 输出的 key 和 value 键值对会被先分区再发送到不同 reduce 任务机器上进行并行处理,具有相同 key 的<key,value>键值对会被发送到同一个 reduce 任务里。这里要特别说明的是,因为要执行并行操作,所以 map 任务输出结果要先分成很多区,然后再分配给不同的 reduce 任务。分区的多少取决于系统有多少个 reduce 机器,图 7-3 中有 3 个 reduce 机器,就分成 3 个分区,每个map 任务的输出结果都要进行分区,分区之后再给相应的 reduce 处理。其中包含一个数据分发的过程,就是把 map 输出的结果进行排序、归并、合并,这一过程叫作 Shuffle(7.3.3 节会详细讲解),整个 Shuffle 过程结束后,才会把相应的结果分发给 reduce,让 reduce 去完成后续的数据处理流程。reduce 任务处理结束后输出到 HDFS。因此，数据来源是分布式文件系统，经过 map 和 reduce 处理后，最后结果也写入分布式文件系统，MapReduce 和 HDFS 都是进行组合使用的。

MapReduce 的工作流程需要注意以下几点。

（1）不同的 map 任务之间不会进行通信；

（2）不同的 reduce 任务之间不会发生任何信息交换；

（3）用户不能显式地从一台机器向另一台机器发送消息，所有的数据交换都是通过 MapReduce 框架自身去实现的，不需要用户参与，降低了应用程序的开发难度。

接下来，以一个文件为例，介绍 MapReduce 中的各个阶段被执行的过程。

（1）MapReduce 要使用 InputFormat 模块做 map 前的处理，也就是说，要使用 InputFormat 模块从 HDFS 加载文件，并负责对输入进行格式验证。同时，InputFormat 模块还要把这个加载进来的文件（称为输入文件）切分为逻辑上的多个分片，这个切分并没有进行实际切分，只是记录了要处理的分片的位置和长度信息。

（2）有了逻辑上的多个分片后，要通过一个 RecordReader 记录阅读器，简称 RR。根据分片的位置和长度信息，从底层的 HDFS 中找到各个块，把相关的分片读出来，然后，以＜key，value＞键值对的形式输出，作为 map 任务的输入。

（3）map 任务接收键值对后，会根据用户自定义的 map 函数处理逻辑完成相关的数据处理，处理结束后，生成的一系列＜key，value＞作为中间结果，而不是最终结果。

（4）这些中间结果并不是直接发送给 reduce 任务处理，要经过分区、排序、合并、归并等操作，这个复杂的过程称为 Shuffle，即洗牌。也就是说，中间结果要通过 Shuffle 过程后，才能把相关的键值对分发给相对应的 reduce 任务去处理。

（5）reduce 接收到 Shuffle 后的一系列＜key，value-list＞键值对后，执行用户定义的 reduce 函数处理逻辑，并完成对数据的分析后，得到以＜key，value＞形式的输出结果，并借助 OutputFormat 模块对它的输出格式进行检查，包括输出目录是否存在以及输出类型是否符合要求等，如果都满足，输出 reduce 的结果到 HDFS。

通过以上 5 个阶段，就完成了一个基本的 MapReduce 的数据处理过程。

7.3.3　Shuffle 执行过程

通过 MapReduce 的各个阶段的工作过程的学习，我们知道通过 map 端输出后得到的中间结果并不会直接作为 reduce 端的输入，而是要经过一个 Shuffle 过程处理后，才将结果作为输入给 reduce 端。因此，Shuffle 过程是 MapReduce 整个工作流程的核心环节。

简单地说，Shuffle 执行过程就是对 map 输出结果进行分区、排序、合并等处理并交给 reduce 的过程，因此，Shuffle 执行过程可以分为 map 端的操作和 reduce 端的操作。

1. map 端的 Shuffle 执行过程

map 端的 Shuffle 执行过程包括 4 个步骤。第一步输入数据和执行 map 任务，第二步写入缓存，第三步溢写，第四步文件归并，如图 7-4 所示。

输入数据一般保存于分布式文件系统的文件块中，对于 Hadoop 而言，输入数据保存在 HDFS 中，这些文件的存储格式可以是任意的，既可以是文本格式，也可以是二进制格式，都

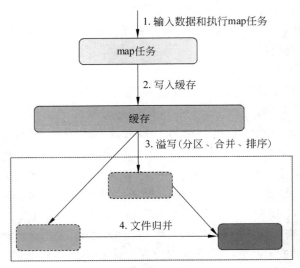

图 7-4   map 端的 Shuffle 执行过程

可以通过 RecordReader 记录阅读器生成满足 map 函数需要的＜key，value＞键值对形式，输入给 map 函数。每当对大的数据集进行处理的时候，并不是只用一个 map 任务去处理，而是要对这个大的数据集进行切分为多个小的分片，MapReduce 会对每个分片生成一个 map 任务去处理，每个 map 任务的默认缓存是 100MB。所以，经过 map 任务处理后会生成一系列＜key，value-list＞键值对，并作为中间结果写入缓存，而不是写入磁盘，极大地降低了写入磁盘的寻址开销。有了这个缓存后，每个 map 任务的输出就先往缓存里面写，即 map 任务输出的键值对被写入缓存，当缓存被写满后，就启动溢写操作，把缓存中相关的数据写入磁盘中。缓存写满后才启动溢写会带来什么问题呢？会导致后来不断生成的 map 结果由于不能写入缓存，导致数据丢失。因此，为了避免溢写操作带来的数据丢失，要设置一个溢写比例，如 0.7，也就是说，当 100MB 大小的缓存被填满 70MB 数据时，就启动溢写过程，把 70MB 的数据写入磁盘，剩余 30MB 的空间给 map 结果继续写入，这样溢写的过程就不会影响到 map 的正常运行。需要特别注意的是，在溢写的过程中，还需要做一些相关的处理，如分区、排序或者可能发生的合并操作，分区是为 map 输出的一系列键值对，最终肯定是要给多个不同 reduce 任务处理的，如有 3 个 reduce 任务，就要分成 3 个区，每个区上的数据由对应的 reduce 任务取走，所以一定要分区，默认的分区方式是采用哈希函数，当然这个分区方式也可以由用户自定义。分区完后，对每个分区里面的数据还要进行排序，这个排序是默认操作，不需要用户干预，分完区后系统会根据键值对里面的 key 按字典序进行自动排序，排完序后，每个分区里面的数据都是有序的。排序之后，还有可能发生的操作是合并（combine）与后面要讲的归并不一样，合并是为了减少溢写到磁盘中的数据量，即将具有相同的 key 的＜key，value＞键值对中的 value 加起来。例如，有两个键值对分别是＜c，2＞、＜c，1＞，这个键值对合并后得到＜c，3＞键值对。很显然，通过这种合并可以有效减少很多的键值对。这样，溢写的时候，写入磁盘里面的数据就会大大减少。这个合并操作不是必需的，需要用户进行自定义合并操作。通过溢写操作后，这些数据就被写到磁盘，随着溢写的多次发生，最终会在磁盘上生成多个溢写文件。最后，在 map 任务结束之前，系统会对所有溢写文件中的数据进行归并(merge)操作,生成一个大的溢写文件放到本地磁盘,需要特别注意的是,这个大的溢写文件中的所有键值对是经过分区和排序处理的。这里补充下,归并是指对于同一个 key 的键值对归并成一个新的键值对,如有<b,2>,<b,1>两个键值对,归并之后得到一个新的键值对<b,<2,1>>,就是把相同键的值构成一个列表 value-list,而合并操作之后得到新的键值对为<b,3>,这是归并与合并的区别。

经过上述 4 个步骤以后,map 端的 Shuffle 过程全部完成,最终生成一个大文件会被存放到本地磁盘上。在这期间,JobTracker 会一直跟踪 map 任务的执行,当监测到一个 map 任务完成后,就会立即通知相关的 reduce 任务来领取数据,然后开始 reduce 端的 Shuffle 过程。

2. reduce 端的 Shuffle 执行过程

reduce 端的 Shuffle 执行过程相对于 map 端来说要简单一些,只需要从 map 端读取 map 的输出结果,然后执行归并操作,最后传送给 reduce 任务进行处理。具体而言,reduce 端的 Shuttle 过程包括"领取"数据、归并数据、输入数据给 reduce 任务 3 个步骤,具体执行过程如图 7-5 所示。

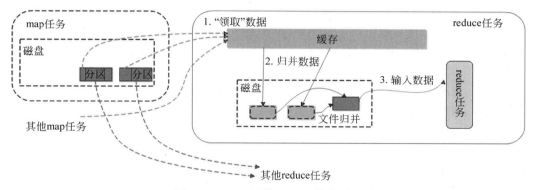

图 7-5 **reduce 端的 Shuffle 执行过程**

每个 reduce 任务会不断地通过远程过程调用(RPC)向 JobTracker 询问 map 任务是否已经完成,当 JobTracker 监测到一个 map 任务完成后,就会通知相应的 reduce 任务来"领取"数据。一旦一个 reduce 任务收到 JobTracker 的通知后,它就会到 map 任务所在的机器上把属于自己处理的分区数据领取到本地磁盘上。系统中一般会存在多个 map 机器,因此 reduce 任务会使用多个线程同时从多个 map 机器上领回数据。

从 map 端领回的数据首先会被存放到 reduce 任务所在机器的缓存中,如果缓存被占满就会像 map 端一样被溢写到磁盘中。需要注意的是,系统中存在多个 map 机器,reduce 任务会从多个 map 机器领回属于自己处理的那些分区的数据,因此,缓存中的数据是来自不同的 map 机器的。既然这些数据是来自多个 map 机器,那么这些 map 机器生成的键值对,肯定是可以继续执行归并、合并操作的,所以,可以把这些 map 任务生成的键值对先做归并再做合并的操作,归并后得到的是一系列的<key,value-list>这种形式的键值对,也可以进行合并操作,从而减少写入磁盘的数据。同样,每个溢写过程结束后,都会在 reduce 磁盘中生成一个溢写文件,因此,会有多个溢写文件存在磁盘上。最终,当所有的 map 端数据都被领回时,多个溢写文件会被归并为一个个大的文件,而且这些大文件是自动按键值对进行排序的,与 map 端归并类似。特别要说明的是,当数据很少时,是直接在缓存中执行归并操作,而不需要把数据溢写到磁盘。

磁盘中经过多轮得到的若干大文件,不会继续归并成一个新的大文件,而是直接输入给 reduce 任务。到此,reduce 端的 Shuffle 过程顺利完成,整个 Shuffle 过程也完成了。接下来,reduce 任务会执行用户自定义的 reduce 函数功能实现对数据的处理,最后输出最终结果,并保存到分布式文件系统中。

7.3.4　分割器和组合器

到目前为止,已经提出了 MapReduce 的简化视图。完成编程模型有两个附加元素:分割器和组合器。

分割器负责划分中间密钥空间并将中间密钥值对分配给 reducer。换句话说,分隔符指定必须复制中间关键字对的任务。在每个 reducer 中,密钥按排序顺序处理(这是实现"分组"的过程)。最简单的分割器涉及计算密钥的哈希值,然后使用减少符的数量来获取该值的 mod。这为每个 reducer 分配大致相同数量的密钥(取决于哈希函数的质量)。但是,请注意,分割器仅考虑密钥并忽略该值。因此,密钥空间的大致均匀的分区可能会产生发送到每个 reducer 的密钥值对数量的巨大差异(因为不同的密钥可能具有不同的数量)。由于单词出现的 Zipfian 分布,与每个密钥相关联的数据量的这种不平衡在许多文本处理应用中相对常见。

组合器(combiners)是 MapReduce 中的优化,允许本地聚合。

在改组和排序阶段之前同,可以通过考虑一个简单的单词计数算法来激发对组合器的需求,该算法为集合中的每个单词发出一个关键字对。此外,需要跨网络复制所有密钥值对,因此中间数据的量将大于输入集合本身。这显然是低效的。一种解决方案是对每个 mapper 的输出执行本地聚合,即在 mapper 处理的所有文档上计算单词的本地计数。通过此修改(假设可能的最大本地聚合量),中间关键字对的数量最多将是 mapper 数量的收集时间中的唯一单词的数量(并且通常小得多,因为每个 mapper 可能不会遇到每个字)。

MapReduce 中的组合器支持这种优化,可以将组合器视为在 Shuffle 和 Sort 阶段之前在 mapper 的输出上发生的"微型 reducer"。每个组合器都是隔离操作的,因此无法访问其他 mapper 的中间输出。组合器提供与每个键关联的键和值(与 mapper 输出键和值相同的类型)。重要的是,不能假设组合器有机会处理与同一密钥关联的所有值。组合器可以发出任意数量的键值对,但键和值必须与 mapper 输出具有相同的类型(与 reducer 输入相同),在操作既关联又可交换的情况下(例如,加法或乘法)),reducer 可以直接用作组合器。然而,reducer 和组合器通常是不可互换的。

在许多情况下,正确使用组合器可以拼写改进算法和有效算法之间的差异。本主题将在后面讨论,本节重点介绍本地聚合的各种技术。现在可以说,组合器可以明显减少需要通过网络复制的数据量,从而实现更快的算法。

在完整的 MapReduce 模型中,mapper 的输出由组合器处理,组合器执行局部聚合以减少中间密钥值对的数量。分割器确定哪个 reducer 负责处理特定密钥,执行框架使用此信息在改组和排序阶段将数据复制到正确的位置。因此,完整的 MapReduce 作业由 mapper、 reducer、组合器和分割器的代码以及作业配置参数组成。执行框架工作处理其他内容。

7.4　MapReduce 算法及应用

7.4.1　概述

MapReduce 的大部分功能源于其简单性：除了准备输入数据外，开发人员只需要实现 mapper 和 reducer，以及可选的组合器和分割器。执行的所有其他方面都由执行框架在单个节点到几千个节点的集群上透明地处理，数据集范围从 GB 到 PB。然而，这也意味着开发人员希望开发的算法必须用少量严格定义的组件来表达，这些组件必须以非常具体的方式组装在一起。本节的目的是通过示例提供 MapReduce 算法设计指南。

同步可能是设计 MapReduce 算法最棘手的问题（或者就此而言，通常是并行和分布式算法）。除了令人尴尬的并行问题之外，在集群中的单独节点上运行的进程必须在某个时间点聚集在一起，例如，将生成它们的节点的部分结果分发到将消耗它们的节点。在单个 MapReduce 作业中，在 Shuffle 和 Sort 阶段只有一个集群范围同步的机会，其中中间密钥值对从 mapper 复制到 reducer 并按密钥分组。此外，开发人员几乎无法控制执行的诸多方面如下。

（1）mapper 或 reducer 运行的地方（即，群集中的哪一个节点）。

（2）mapper 或 reducer 开始或完成时。

（3）特定 mapper 处理哪些输入密钥值对。

（4）特定 reducer 处理哪些中间关键值对。

然而，开发人员确实有许多控制 MapReduce 中执行和管理数据流的技术，具体技术如下。

（1）将复杂数据结构构造为密钥和值，以存储和交换其部分结果。

（2）在 map 或 reduce 任务开始时执行用户指定的初始化代码的能力，以及在 map 或 reduce 任务结束时执行用户指定的终止代码的能力。

（3）跨多个输入或中间键保留 mapper 和 reduce 中的状态。

（4）控制中间键的排序顺序，从而控制 reducer 遇到特定键的顺序。

（5）控制密钥空间的分区，从而控制特定 reducer 将遇到的密钥集。

许多算法不能容易地表示为单个 MapReduce 作业，必须经常将复杂算法分解为一系列子作业，这需要协调数据，以便让一个子作业的输出成为下一个子作业的输入。许多算法本质上是迭代的，需要重复执行，一些收敛标准图形算法和最大期望化算法完全以这种方式表现。

7.4.2　本地聚合

在数据密集型分布式处理的背景下，最重要的同步是中间结果的交换，即从产生的过程到最终消耗的过程。在集群环境中，除了令人尴尬的并行问题之外，这必然涉及通过网络传输数据。此外，在 Hadoop 中，中间结果在通过网络发送之前被写入本地磁盘。由于与其他操作相比，网络和磁盘延迟相对昂贵，因此，中间数据量的减少转化为算法效率的提高。在

MapReduce 中,中间结果的局部聚合是有效算法的关键之一。通过使用组合器并利用在多个输入中保持状态的能力,通常可以显著减少需要从 mapper 改组到 reducer 的密钥值对的数量和大小。

1. 组合器和 mapper 组合

使用简单字数示例说明了各种局部聚合技术。为方便起见,图 7-3 重复了基本算法的伪代码:mapper 为观察到的每个项发出一个中间键值对,术语本身作为键,值为 1;减法符总计部分计数达到最终计数。

局部聚合的第一种技术是组合器,已在前面章节中讨论过。组合器在 MapReduce 框架内提供了一种通用机制,以减少 mapper 生成的中间数据量。它们可以被理解为处理 mapper 输出的"小型 reducer"。在此示例中,组合器聚合每个 map 任务处理的文档中的术语计数。这导致需要在网络中改组的中间密钥值对的数量从集合中的术语总数的顺序减少到集合中唯一术语的数量的顺序。

基本算法的改进如图 7-6 所示(mapper 被修改但 reducer 与图 7-2 中的相同,因此不会重新进行)。在 mapper 内部引入关联数组(即 Java 中的 Map)以计算单个文档中的术语计数:该版本不是为文档中的每个术语发出密钥值对,而是为每个唯一术语发出密钥值对。鉴于某些单词经常出现在文档中(例如,关于 dogs 的文档可能多次出现 dog 一词),这可以大大节省发出的中间密钥值对的数量,特别是对于长文档。

该算法使用关联数组根据每个文档聚合术语计数。Reducer 与图 7-2 中的相同。这个基本思想可以进一步改进,图 7-7 中的字数算法的变体所示(再次,仅修改 mapper)。该算法的工作关键取决于如何执行 Hadoop 中的 map 和 reduce 任务的详细信息。为每个 map 任务创建一个(Java)mapper 对象,该对象负责处理输入密钥值对块。在处理任何输入密钥值对之前,调用 mapper 的初始化方法,该方法是用户指定代码的 API 钩子。在这种情况下,初始化用于保存术语计数的关联数组。由于可以在映射方法的多个调用(对于每个输入密钥值对)中保留状态,因此可以继续在多个文档的关联数组中累积部分项计数,并且仅在 mapper 处理时才发出密钥值对。也就是说,中间数据的发射被推迟到伪代码中的 Close 方法。此 API 钩子提供了在将 map 方法应用于分配了 map 任务的输入数据拆分的所有输入密钥值对之后执行用户指定代码的机会。

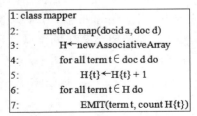

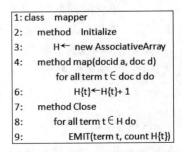

图 7-6　改进的 MapReduce 字数算法的伪代码(1)　　图 7-7　改进的 MapReduce 字数算法的伪代码(2)

该算法演示了"in-mapper 组合"设计模式。Reducer 与图 7-2 中的相同。通过这种技术,实质上是在 mapper 内部直接结合组合器功能,不需要运行单独的组合器,因为已经利用了所有本地聚合机会。这是 MapReduce 中一种非常常见的设计模式,值得给它一个名称——in-mapper 组合,这样就可以在整本书中更方便地参考该模式。稍后介绍如何将此模式应用于各种问题。使用这种设计模式有如下两个主要优点。

首先,它提供对本地聚合何时发生以及如何确切发生的控制。相反,组合器的语义在 MapReduce 中未被充分指定。例如,Hadoop 无法保证组合器的应用次数,或者甚至根本不使用它。组合器被提供为对执行框架的语义保留优化,可以选择使用它,可能多次,或者根本不使用(甚至在还原阶段)。在某些情况下(虽然不是在这个特定的例子中),这种不确定性是不可接受的,这正是为什么开发人员经常选择在 mapper 中执行自己的本地聚合。

其次,在 mapper 中,in-mapper 组合通常比使用实际组合器更有效。其中一个原因是与实际实现关键值对相关联的额外开销。组合器减少了在网络中改组的中间数据量,但实际上并没有减少 mapper 首先发出的关键值对的数量。使用图 7-6 中的算法,仍然基于每个文档生成中间密钥值对,仅由组合器"压缩"。此过程涉及不必要的对象创建和销毁(垃圾收集需要时间),此外,对象串行化和反串行化(当中间密钥值对填充保存映射输出的内存缓冲区并且需要暂时溢出到磁盘时)。相反,使用 in-mapper 组合,mapper 将仅生成那些需要在网络中改组到 reducer 的关键值对。

然而,in-mapper 组合模式存在缺点。首先,它打破了 MapReduce 的功能编程基础,因为状态是在多个输入密钥值对上保存的。虽然这不是什么大不了的,因为对效率的务实关注往往胜过理论上的"纯度",但也存在实际后果。跨多个输入实例保留状态意味着算法行为可能取决于遇到输入密钥值对的顺序。这产生了对依赖于 BUG 进行排序的可能性,这些 BUG 在一般情况下难以在大型数据集上进行调试(尽管在 mapper 中组合单词计数的正确性很容易证明)。其次,存在与 in-mapper 组合模式相关的基本可扩展性瓶颈。它关键取决于具有足够的内存来存储中间结果,直到 mapper 完全处理输入拆分中的所有键值对。在单词计数示例中,内存足迹受词汇表大小的约束,因为理论上 mapper 可能遇到集合中的每个术语。Heap 定律是信息检索中众所周知的结果,它准确地将词汇大小的增长建模为集合大小的函数。有点令人惊讶的事实是,词汇大小永远不会停止增长。因此,图 7-6 中的算法将仅缩放到一个点,超过该点,保持部分项计数的关联阵列将不再适合存储器。

在使用 in-mapper 组合技术时限制内存使用的一种常见解决方案是定期"阻止"输入密钥值对和"冲洗"内存数据结构。这个想法很简单:不是仅在处理每个密钥值对之后发出中间数据,而是在处理 n 个密钥值对之后发出部分结果。这是使用计数器变量 sraightforwardly 实现的,该计数器变量跟踪已处理的输入密钥值对的数量。作为替代方案,一旦内存使用超过某个阈值,mapper 就可以跟踪自己的内存占用量并刷新中间密钥值对。在这两种方法中,需要根据经验确定块大小或内存使用阈值:值太大时,mapper 可能会耗尽内存,但值太小,可能会丢失本地聚合的机会。此外,在 Hadoop 中,物理内存可能在节点上运行的多个任务之间进行划分;这些任务都在竞争有限资源,但由于任务彼此不知道,因此很难有效地协调资源消耗。然而,在实践中,随着缓冲区大小的增加,人们经常会遇到性能增益的收益递减,因此不值得努力搜索最佳缓冲区大小。

在 MapReduce 算法中,通过局部聚合可以提高效率的程度取决于中间密钥空间的大小,密钥本身的分布以及每个单独映射任务发射的密钥值对的数量。毕竟,聚合的机会来自具有与相同密钥相关联的多个值(无论是使用组合器还是使用 in-mapper 组合模式)。在单词计数示例中,本地聚合是有效的,因为在映射任务中多次遇到许多单词。局部聚合也是处理由与中间密钥相关的值的高度偏斜(如 Zipfian)分布引起的减少散乱的有效技术。在字数示例中,不会过滤经常出现的单词,因此,如果没有局部聚合,负责计数 the 的 reducer 将比典型的 reducer 有更多的工作要做,因此它可能会是一个"流浪者"。通过局部聚合(组合器或 mapper 组合),大大减少了与频繁出现的术语相关联的值的数量,这减轻了散乱问题。

2. 局部聚合的算法正确性

尽管使用组合器可以显著减少算法运行时间,但必须注意它们的使用。由于 Hadoop 中的组合器被视为可选优化,因此算法的正确性不能依赖于组合器执行的计算。在任何 MapReduce 程序中,reducer 输入密钥值类型必须与 mapper 输出密钥值类型匹配;这意味着组合器输入和输出密钥值类型必须与 mapper 输出密钥值类型匹配——与(reducer 输入密钥相同)值类型。在 reduce 计算既是可交换的又是在关联的情况下,reduce 也可以用作组合器。然而,在一般情况下,组合器和 reducer 是不可互换的。

考虑一个简单的例子:有一个大数据集,其中输入键是字符串,输入值是整数,需要计算与同一键关联的所有整数的平均值(四舍五入到最接近的整数)。现实世界的例子可能是来自大型网站的用户日志,其中密钥表示用户 ID,值表示活动的某种度量,例如特定会话的经过时间。任务将对应于计算每个会话的平均会话长度。图 7-8 显示了用于完成不涉及组合器的任务的简单算法的伪代码。使用身份 mapper,它只将所有输入密钥值对传递给 reducer(适当地分组和排序)。reducer 跟踪运行总和和遇到的整数的个数。处理所有值后,此信息用于计算平均值。然后将平均值作为 reducer 中的输出值发出(以输入字符串作为键)。

```
1: class mapper
2:     method map(string t, integer r)
3:         EMIT(string t, integer r)
4: class reducer
5:     method reduce(string t, integers [r₁,r₂ ,...])
6:         sum←0
7:         cnt←0
8:         for all integer r∈integers [r₁,r₂ ,...] do
9:             sum←sum + r
10:            cnt←cnt + 1
11:        r_avg←sum/cnt
12:        EMIT(string t, integer r_avg)
```

图 7-8　基本 MapReduce 算法的伪代码

该算法计算与同一密钥关联的值的平均值。

该算法确实有效,但与图 7-2 中的基本单词计数算法具有相同的缺点:它需要将 mapper 中的所有密钥值对改组到整个网络中的 reducer,这是非常低效的。与单词计数示例不同,在这种情况下,reducer 不能用作组合器。如果这样做会发生什么?组合器将计算与相同密钥关联的任意值子集的平均值,并且 reducer 将计算这些值的平均值。作为一个具体的例子,我们知道:

$$\text{Mean}(1, 2, 3, 4, 5) \neq \text{Mean}(\text{Mean}(1, 2), \text{Mean}(3, 4, 5))$$

通常,一组数字的任意子集的平均值与该组数字的平均值不同。因此,这种方法不会产生正确的结果。那么如何正确利用组合器呢?尝试如图 7-9 所示的伪代码。mapper 保持不变,但添加了一个组合器,通过计算达到平均值所需的数字组件来部分聚合结果。组合器接收每个字符串和相关的整数值列表,从中计算这些值的总和和遇到的整数的个数(即计数)。总和和计数被包装成一对,并作为组合器的输出发出,具有与密钥相同的字符串。在 reducer 中,可以聚合部分和计数对以得出平均值。到目前为止,算法中的所有键和值都是原语(字符串、整数等)。但是,对于更复杂的类型,MapReduce 没有禁止,实际上,这与本章开头介绍的 MapReduce 算法设计中的关键技术是一致的。

```
1: class mapper
2:     method map(string t, integer r)
3:         EMIT(string t, integer r)
4: class combiner
5:     method combine(string t, integers [r₁,r₂,...])
6:         sum ← 0
7:         cnt ← 0
8:         for all integer r ∈ integers [r₁,r₂,...] do
9:             sum ← sum+r
10:            cnt ← cnt+1
11:        EMIT(string t, pair (sum, cnt))
12: class reducer
13:    method reduce(string t, pairs [(s₁,c₁),(s₂,c₂)...])
14:        sum ← 0
15:        cnt ← 0
16:        for all pair (s,c) ∈ pairs [(s₁,c₁),(s₂,c₂)...] do
17:            sum ← sum + s
18:            cnt ← cnt + c.
19:        r_avg ← sum/cnt
20:        EMIT(string t, integer r_avg)
```

图 7-9　引入组合器以计算与每个密钥关联的值的平均值的错误的伪代码

但这种算法不起作用。组合器必须具有相同的输入和输出密钥值类型,其也必须与 mapper 输出类型和 reducer 输入类型相同。情况显然并非如此。要了解为什么在编程模型中需要此限制,请记住,组合器是无法改变算法正确性的优化。那么删除组合器并查看会发生什么呢? mapper 的输出值类型是整数,因此,reducer 希望接收整数列表作为值。但 reducer 实际上需要一对对列表。该算法的正确性取决于在 mapper 的输出上运行的组合器,更具体地说,组合器恰好运行一次。回想一下之前的讨论,Hadoop 无法保证调用组合器的次数;它可以是零次,一次或多次。这违反了 MapReduce 编程模型的原则。

组合器输入和输出密钥值类型之间的不匹配违反了 MapReduce 编程模型。另一种算法如图 7-10 所示,这种算法是正确的。在 mapper 中,将值作为值发出由整数组成的对,其中一个对应于一个实例上的部分计数。组合器分别聚合部分总和和部分计数(如前所述),并发出具有更新总和和计数的对。reducer 类似于组合器,只是在最后计算平均值。实质上,该算法将非关联操作(数字的平均值)转换为关联操作(一对数字的元素总和,在最末端具有额外的划分)。

接下来通过重复上一个练习来验证此算法的正确性。如果没有运行组合器会发生什么? 在没有组合器的情况下,mapper 将直接向 reducer 发送对(作为值)。将输入密钥值对一样多的中间对,并且每个中间对将由整数和一个计数组成。reducer 仍然会得到正确的总和和计数,因此平均值是正确的。现在添加组合器,无论它们运行多少次,算法都保持正确,因为组合器仅聚合部分和计数以传递给 reducer。请注意,尽管组合器的输出密钥值类

```
1:    class mapper
2:        method map(string t, integer r)
3:        EMIT(string t, pair (r, 1))
4:    class Combiner
5:        method combine(string t, pairs [(s₁,c₁),(s₂,c₂)...])
6:        sum←0
7:        cnt←0
8:        for all pair(s,c)∈pairs [(s₁,c₁),(s₂,c₂)...] do
9:            sum← sum + s
10:           cnt←cnt + c
11:       EMIT(string t, pair (sum, cnt))
12:   class reducer
13:       method reduce(string t, pairs [(s₁,c₁),(s₂,c₂)...])
14:       sum←0
15:       cnt←0
16:       for all pair(s,c)∈pairs [(s₁,c₁),(s₂,c₂)...] do
17:           sum←sum + s
18:           cnt←cnt + c
19:       r_avg← sum/cnt
20:       EMIT(string t, integer r_avg)
```

图 7-10   MapReduce 算法的伪代码（1）

型必须与 reducer 的输入密钥值类型相同,但 reducer 可以发出不同类型的最终密钥值对。

最后,在图 7-11 中提出了一种更有效的算法,该算法利用 in-mapper 组合模式。

```
1: class mapper
2:     method Initialize .
3:         S← new AssociativeArray
4:         C← new AssociativeArray
5:     method map(string t, integer r)
6:         S{t}← S{t} + r
7:         C{t}← C{t} + 1
8:     method Close
9:         for all term t∈ S do
10:            EMIT(term t, pair(S{t},C{t}))
```

图 7-11   MapReduce 算法的伪代码（2）

在图 7-11 中,该算法计算与每个密钥关联的值的平均值。该算法正确地利用了组合器。在 mapper 内部,与每个字符串相关联的部分总和和计数在输入密钥值对中保存在存储器中。仅在处理整个输入拆分后才发出中间密钥值对;与之前类似,该值是由总和和计数组成的对。reducer 与图 7-10 完全相同。将部分聚合从组合器直接移动到 mapper。将受到所有权衡和警告的影响,但在这种情况下,用于保存中间数据的数据结构的内存占用可能是适度的,这使得该变体算法成为一个有吸引力的选择。

该算法计算与每个键相关联的值的平均值,说明 in-mapper 组合设计模式。

7.4.3   对和条纹

MapReduce 中同步的一种常见方法是构造复杂的密钥和值,使得计算所需的数据自然地由执行框架组合在一起。7.3 节讨论了这种技术,在“包装”部分总和和计数的背景下,从 mapper 传递到组合器到 reducer 的复杂值（即对）。本节介绍两种常见的设计模式,称为“对”和“条纹”,它们举例说明了这种策略。

作为一个运行示例,我们关注从大型语料库构建单词共生矩阵的问题,这是语料库语言和统计自然语言处理中的常见任务。形式上,语料库的共生矩阵是平方 $n \times n$ 矩阵,其中, n 是语料库中唯一单词的数量(即词汇大小)。单元格 m_{ij} 包含单词 w_i 在特定上下文中与单词 w_j 共同出现的次数——自然单位,如句子、段落或文档,或 m 个单词的某个窗口(其中 m 是应用程序相关参数)。注意,矩阵的上三角形和下三角形是相同的,因为共现是对称关系,尽管在一般情况下单词之间的关系不需要对称。例如,共现矩阵 M,其中 m_{ij} 是单词 i 立即被单词 j 成功的次数的计数,通常不是对称的。

这项任务在文本处理中非常常见,并为许多其他算法提供了起点,例如,用于计算统计数据;例如逐点互信息,用于无监督有义聚类,更一般地说,大量工作基于单词分布轮廓的词汇语义,可追溯到该任务还应用于信息检索(例如,自动词库构建和词干)以及其他相关领域,如文本挖掘。更重要的是,这个问题代表了从 a 估计离散关节事件分布的任务的特定实例的大量观察,这是统计自然语言处理中非常常见的任务,有很好的 MapReduce 解决方案。

除了文本处理之外,许多应用程序域中的问题共享类似的特征。例如,大型零售商可以分析销售点交易记录以识别相关产品购买(例如,购买此产品的客户也倾向于购买该产品),这将有助于库存管理和产品在货架上的放置。同样,情报分析师可能希望确定不相关的重复发生的金融交易之间的关联,这可能提供阻止恐怖主义活动的线索。本节中讨论的算法可以适用于解决这些相关问题。

很明显,单词共现问题的空间复杂度要求是 $O(n^2)$,其中 n 是词汇的大小,对于现实世界的英语语料库来说,它可以是数十万个单词,甚至数十亿个单词及网络规模的集合。如果整个矩阵适合内存,则单词共生矩阵的计算非常简单。但是,在矩阵太大而无法装入内存的情况下,单个机器上的简单实现可能非常慢,因为内存是页面到磁盘。尽管压缩技术可以增加在单个机器上构建单词共生矩阵的语料库的大小,但是很明显存在固有的可扩展性限制。我们描述了此任务的两种 MapReduce 算法,可以扩展到大型语料库。

第一种算法的伪代码称为"对"方法。通常,文档 ID 和相应的内容构成输入密钥值对。mapper 处理每个输入文档并发出中间密钥值对,其中每个共同出现的字对作为密钥,整数(即计数)作为值。这通过两个嵌套循环直接完成:外循环迭代所有单词(对中的左元素),内循环迭代第一个单词的所有邻居(对中的右元素)。单词的邻居可以根据滑动窗口或其他上下文单元(例如句子)来定义。MapReduce 执行框架保证将与相同密钥关联的所有值汇集在 reducer 中。因此,在这种情况下,reducer 简单地总结与相同共同出现的单词对相关联的所有值,以得出语料库中关节事件的绝对计数,然后将其作为最终密钥值对发射。每对对应于单词共现矩阵中的单元格。该算法说明了使用复杂密钥来协调分布式计算。

第二种被称为"条纹"的算法与"对"方法一样,共同出现的字对由两个嵌套循环生成。但是,主要区别在于,不是为每个共同出现的单词对发出中间关键字对,而是首先将共现信息存储在关联数组中,表示为 H.mapper 发出关键字对,其中单词作为键,相应的关联数组作为值,其中每个关联数组编码特定单词(即其上下文)的邻居的共现计数。MapReduce 执行框架保证具有相同密钥的所有关联数组将在处理的还原阶段组合在一起。reducer 对具有相同密钥的所有关联数组执行元素求和,累积对应于共生矩阵中的相同单元的计数。最终的关联数组使用与密钥相同的单词发出。与"对"方法相反,每个最终关键值对编码共生矩阵中的行。

很明显,与"条纹"方法相比,"对"方法产生了大量的关键值对。条纹表示更紧凑,因为对于"对",每个共同出现的单词对重复左元素。"条纹"方法还生成越来越短的中间键,因此执行框架执行的排序较少。但是,"条纹"方法中的值更复杂,并且与"对"方法相比,具有更多的串行化和反串行化开销。

两种算法都可以受益于组合器的使用,因为它们在 reducer 中的相应操作(关联阵列的加法和元素方式和)都是可交换的和关联的。但是,使用"条纹"方法的组合器有更多执行本地聚合的机会,因为密钥空间是词汇表关联数组,可以在 mapper 多次遇到单词时合并。相反,"对"方法中的关键空间是词汇表与其自身的交叉,只有当单个 mapper 多次观察到相同的共同出现的单词对时,才能聚合更大的计数(这是不太可能的)。

对于这两种算法,也可以应用 7.4.2 节中讨论的 in-mapper 组合优化。但是,上述警告仍然存在:由于中间密钥空间的稀疏性,"对"方法中的部分聚合机会将少得多。密钥空间的稀疏性也限制了内存组合的有效性,因为 mapper 可能在处理所有文档之前耗尽内存以存储部分计数,需要一些机制来周期性地发出密钥值对(这进一步限制了执行部分聚合的机会)。类似地,对于"条纹"方法,内存管理比简单的字数示例更复杂。对于常用术语,关联阵列可能会变得非常大,需要一些机制来周期性地冲洗存储器结构。

一个重要的问题是要讨论两种算法的潜在可扩展性瓶颈。"条纹"方法假设在任何时间点,每个关联阵列都足够小以适合内存,否则,内存页面将显著影响性能。关联数组的大小受词汇大小的限制,词汇大小本身就与语料库大小无界(关于 Heap 定律的讨论)。因此,随着语料库大小的增加,这将成为一个越来越紧迫的问题,可能不是对于千兆大小的语料库,而是对于 TB 大小和 PB 大小的语料库。另外,"对"方法不受这种限制,因为它不需要将中间数据保存在存储器中。

鉴于此讨论,哪种方法更快?我们已经在 Hadoop 中实现了这两种算法,并将它们应用于来自 Associated Press Worldstream(APW)的 227 万个文档的语料库,共计 5.7GB。在使用 Hadoop 之前,语料库首先进行如下预处理:所有 XML 标记都被重新移动,然后使用 Lucene 搜索引擎中的标准工具进行标记化和停止字删除。然后用唯一的整数替换所有令牌以进行更有效的编码。比较了"对"和"条纹"方法在语料库的不同部分上的运行时间,共现窗口大小为 2。这些实验在具有 19 个从节点的 Hadoop 集群上进行,每个节点具有两个单核处理器和两个磁盘。

结果表明,"条纹"方法比"对"方法快得多:666 秒(约 11 分钟),而整个语料库为 3758 秒(约 62 分钟),改善了 5.7 倍。"对"中的 mapper 方法生成了 26 亿个中间密钥值对,总计 31.2GB。在组合器之后,这减少到 11 亿个密钥值对,这量化了通过网络传输的中间数据量。最后,减少器发出总共 100 万个最终关键值对(共生矩阵中的非零单元数)。另一方面,"条纹"方法中的 mapper 产生了 6.53 亿个中间关键值对,总共 48.1GB。组合器之后,只剩下 2880 万个密钥值对。还原器总共发出 169 万个最终密钥值对(共生矩阵中的行数)。正如预期的那样,"条纹"方法为组合器聚合中间结果提供了更多机会,从而大大减少了改组和排序阶段的网络流量。这两种算法都表现出非常理想的缩放特性,即输入数据量线性,这是通过应用于运行时间数据的线性回归来确认的。

另一系列实验探索了"条纹"方法在另一个维度上的可扩展性:簇的大小。亚马逊公司的 EC2 服务使这些实验成为可能,该服务允许用户在有限的持续时间内快速提供不同大小的集群。EC2 中的虚拟化计算单元称为实例,用户仅根据消耗的实例小时收费。实验显示了条纹算法的运行时间(在同一个语料库上,与之前相同的设置),不同的簇大小,从 20 个从"小"实例一直到 80 个从"小"实例(沿 x 轴)。运行时间用实心方块显示。重新显示相同的结果以说明缩放特征。圆圈绘制了相对于 20 个实例簇的 EC2 实验的相对大小和加速。这些结果显示出非常理想的线性缩放特性(即使簇大小加倍使得作业快两倍)。

从抽象的角度来看,"对"和"条纹"方法代表了从大量观察中计算共同发生事件的两种不同方法。该一般描述捕获了文本处理、数据挖掘和生物信息学等领域中许多算法的 gist。出于这个原因,这两种设计模式广泛应用于各领域。

总之,值得注意的是,"对"和"条纹"方法代表沿着连续可能性的端点。"对"方法单独记录每个共同发生的事件,而"条纹"方法记录关于调节事件的所有共同发生的事件。中间地带可能是记录关于调节事件的共同发生事件的子集。我们可以将整个词汇表分成 b 个桶(如通过散列),以便与 w_i 共同出现的单词将被分成 b 个较小的"子"条纹"",与 10 个单独的键相关联,$(w_i,1),(w_i,2),\cdots,(w_i,b)$ 中。这将是"条纹"方法的记忆模仿的合理解决方案,因为每个子条纹将更小。在 $b=|V|$ 的情况下,其中 $|V|$ 是词汇大小,这相当于"对"方法。在 $b=1$ 的情况下,这相当于标准"条纹"方法。

7.4.4　相对频率

在"对"和"条纹"方法的基础上,本节继续为大型语料库构建单词共现矩阵 **M** 的运行示例。在大正方形 $n \times n$ 矩阵中,其中 $n=|V|$(词汇表大小),单元格 m_{ij} 包含单词 w_i 与单词 w_j 在特定上下文中同时出现的次数。绝对计数法的缺点是,它没有考虑到某些单词出现的频率高于其他单词的事实。单词 w_i 可能与 w_j 一起频繁出现,因为其中一个单词非常常见。一个简单的补救办法是将绝对计数转换为相对频率 $f(w_j \mid w_i)$。也就是说,w_j 在 w_i 上下文中出现的时间比例是多少? 这可以使用以下公式计算:

$$f(w_j \mid w_i) = \frac{N(w_j \mid w_i)}{\sum_{w'} N(w_i, w')}$$

公式里,$N(\cdot, \cdot)$ 表示特定的共现词对在语料库中出现的次数。我们需要联合事件的计数(单词 co-occurrence)除以所谓的边际值(条件变量与任何其他事件共同发生的计数之和)。

用"条纹"法计算相对频率是很简单的。在 reducer 中,与条件变量(上例中的 w_i)一起出现的所有单词的计数在关联数组中都是可用的。因此,对所有这些计数求和即可达到边际值,然后将所有联合计数除以边际值即可得出所有单词的相对频率。此实现要求对之前的原始"条纹"方法进行最小的修改,并说明了在 MapReduce 中使用复杂的数据结构来协调分布式计算。通过适当的键和值结构,可以使用 MapReduce 执行框架将执行计算所需的所有数据片段集合在一起。注意,和前面一样,该算法还假设每个关联数组都适合内存。

如何用"对"方法计算相对频率? 在"对"方法中,reducer 接收 (w_i, w_j) 作为键,count 作为值。仅从这一点就不可能计算 $f(w_j \mid w_i)$,因为没有边际。好处是,与 mapper 一样,reducer 可以跨多个键保持状态。在 reducer 中,可以在内存中缓冲与 w_i 一起出现的所有单词及其计数,实质上是在"条纹"方法中构建关联数组。为了实现这一步,必须定义"对"的排序顺序,以便键首先按左词排序,然后按右词排序。根据这个顺序,可以很容易地检测是否遇到了正在调节的单词(w_i)相关联的所有对。在这一点上,可以返回内存缓冲区,计算相对频率,然后在最终的键值对中发出这些结果。

还有一个修改是必要的,使这个算法能顺利工作。必须确保所有左字相同的对都发送到同一个 reducer。但是这种情况不会自动发生:因为默认的分区器是基于中间键的散列值的,是还原器数量的模。对于复杂密钥,使用原始字节来计算哈希值。因此,不能保证(狗,土豚)和(狗,斑马)被分配到同一 reducer。为了产生所需的行为,必须定义一个只关注左词的自定义分隔符。也就是说,分区器应该只基于左边单词的散列进行分区。

这个算法确实会起作用,但它与"条纹"法有着相同的缺点:随着语料库的大小增长,词汇表的大小也会随之增加,并且在某个时刻,将没有足够的内存来存储所有共现的单词及其对正在调节的单词的计数。对于计算共现矩阵,"对"方法的优点是它不受任何内存瓶颈的影响。有没有办法修改基本"对"方法以保持这一优势呢?

事实证明,这样的算法确实是可能的,尽管它需要 MapReduce 中几个机制的协调。关键在于正确地排列呈现给 reducer 的数据的顺序。如果能够在处理关节计数之前以某种方式计算(或以其他方式获得)reducer 中的边际值,那么 reducer 可以简单地将关节计数除以边际值来计算相对频率。before 和 after 的概念可以按键值对的顺序捕获,这可以由程序员显式地控制。也就是说,程序员可以定义键的排序顺序,以便在以后需要的数据之前将先前需要的数据呈现给 reducer。然而,仍然需要计算边际数。在"对"方法中,每个 mapper 都会发出一个键值对,同时出现的词对作为键。为了计算相对频率,可以修改 mapper,使它另外发出一个形式的"特殊"键(w_i, ∗),值为 1,表示词对对的边际贡献。通过使用组合器,这些部分边际计数将在发送到 reducer 之前进行聚合。或者,可以使用 in-mapper 组合模式来更有效地聚合边际计数。

在 reducer 中,必须确保在处理表示部分边际贡献的特殊键值对之前,先处理表示联合计数的普通键值对。这是通过定义键的排序顺序来实现的,这样与形式的特殊符号(w_i, ∗)的对在左字为 w_i 的任何其他键值对之前排序。此外,和之前一样,还必须严格定义分隔符,以便只注意每一对中的左字。通过对数据进行适当的排序,reducer 可以直接计算相对频率。

Reducer 可能遇到哪些键值对序列呢?首先,reducer 显示特殊键(dog, ∗)和一些值,每个值代表映射阶段的部分边际贡献(这里假设组合器或 mapper 组合,因此这些值代表部分聚合计数)。reducer 将这些计数累加到临界值 Pw0 N(dog,w0)。reducer 在处理后续键时保留该值。在(dog, ∗)之后,reducer 将遇到一系列表示关节计数的键;假设第一个键是键(dog,aardvark)。与此键关联的是表示映射阶段部分关节计数的值列表(在本例中是两个单独的值)。将这些计数相加将得到最终的联合计数,即 dog 和 aardvark 在整个集合中共出现的次数。在这一点上,由于 reducer 已经知道边际,简单的算法足以计算相对频率。所有随后的联合计数以完全相同的方式处理。当 reducer 遇到下一个特殊的键值对(doge, ∗)时,reducer 会重置其内部状态,并重新开始累积边缘。注意,这个算法的内存需求是最小的,因为只需要存储边际值(整数)。不需要缓冲单个的共现字计数,因此消除了之前算法的可伸缩性瓶颈。

这种设计模式,称为"顺序反转",在许多领域的应用中出人意料地频繁出现。之所以这样命名,是因为通过适当的协调,可以在处理该计算所需的数据之前,访问 reducer 中的计算结果(例如,聚合统计)。关键的见解是将计算顺序转换为排序问题。在大多数情况下,一个算法需要一些固定顺序的数据:通过控制键的排序方式和键空间的分区方式,可以按照执行正确计算所需的顺序将数据呈现给 reducer。这大大减少了 reducer 需要保存在内存中的部分结果的数量。

总之,计算相对频率的逆序设计模式的具体应用要求如下。

(1) 为 mapper 中的每个共现词对发送一个特殊的键值对,以捕获其对边际的贡献。

(2) 控制中间键的排序顺序,使键值配对。

(3) 在表示联合词共现计数的任何对之前,由 reducer 处理表示边际贡献的对。

(4) 定义一个自定义分区器,以确保具有相同左字的所有对都被洗牌到同一个 reducer。

(5) 保持 reducer 中多个键的状态,首先根据特殊的键值对计算边际值,然后将关节计数除以边际值,得出相对频率。

7.5　MapReduce 编程实例

1. 实例描述

WordCount 是 Hadoop MapReduce 的入门程序。本例就是计算文件中各个单词的频数。要求输出结果按照单词的字母顺序进行排序。每个单词和其频数占一行,单词和频数之间有间隔。

输入文件,其内容如下:

```
Hello world
Hello hadoop
Hello mapreduce
```

对应上面给出的输入内容,其输出样例如下:

```
Hadoop          1
Hello           3
mapreduce       1
world           1
```

2. 设计思路

这个应用实例的解决方案很直接,就是将文件内容切分成单词,然后将所有相同的单词聚集在一起,最后计算单词出现的次数并输出。针对 MapReduce 并行程序设计原则可知,解决方案中的内容切分步骤和数据不相关,可以并行化处理,每个拿到原始数据的机器只要将输入数据切分成单词就可以了。所以,可以在 map 阶段完成单词切分任务。另外,相同单词的频数计算也可以并行化处理。根据实例要求来看,不同单词之间的频数不相关,所以可以将相同的单词交给一台机器来计算频数,然后输出最终结果。这个过程可以交给

reduce 阶段完成。至于将中间结果根据不同单词分组再分发给 reduce 机器,这正好是 MapReduce 过程中的 Shuffle 能够完成的。至此,这个实例的 MapReduce 程序就设计出来了。map 阶段完成由输入数据到单词切分的工作,Shuffle 阶段完成相同单词的聚集和分发工作(这个过程是 Map Reduce 的默认过程,不用具体配置),reduce 阶段完成接收所有单词并计算其频数的工作。由于 MapReduce 中传递的数据都是＜key,value＞形式的,并且 Shuffle 排序聚集分发都是按照 key 值进行的,所以将 map 的输出设计成由 word 作为 key,1 作为 value 的形式,它表示单词 word 出现了一次(map 的输入采用 Hadoop 默认的输入方式:文件一行作为 value,行号作为 key)。reduce 的输入为 map 输出聚集后的结果,即 ＜key,value-list＞。具体到这个实例就是＜word,{1,1,1,1...}＞,reduce 的输出会设计成与 map 输出相同的形式,只是后面的数字不再固定是 1,而是具体算出的 word 所对应的频数。下面给出官网中的 WordCount 代码。

3. 程序代码

官网中的 WordCount 代码如下:

```
import java.io.IOException;
import java.util.StringTokenizer;
import org.apache.hadoop.conf.Configuration;
import org.apache.hadoop.fs.Path;
import org.apache.hadoop.io.IntWritable;
import org.apache.hadoop.io.Text;
import org.apache.hadoop.mapreduce.Job;
import org.apache.hadoop.mapreduce.Mapper;
import org.apache.hadoop.mapreduce.Reducer;
import org.apache.hadoop.mapreduce.lib.input.FileInputFormat;
import org.apache.hadoop.mapreduce.lib.output.FileOutputFormat;
import org.apache.hadoop.util.GenericOptionsParser;
public class WordCount {
    //继承 Mapper 接口,设置 map 的输入类型为<Object,Text>
    //输出类型为<Text,IntWritable>
    public static class TokenizerMapper
            extends Mapper<Object, Text, Text, IntWritable>
        //one 表示单词出现一次
    private final static IntWritable one=new IntWritable(1);
    //word 存储切下的单词
    private Text word=new Text();
    public void map(Object key, Text value, Context context) throws IOException,
    InterruptedException {
        StringTokenizer itr=new StringTokenizer(value.toString()); //对输入的行切词
        while ( itr.hasMoreTokens ()) {
            word.set (itr.nextToken()) ;                          //切下的单句存入 word
            context.write(word, one);
        }
    }
}
    //继承 Reducer 接口,设置 reduce 的输入类型为<Text,IntWritable>
```

```
//输出类型为<Text,IntWritable>
public static class IntSumReducer extends Reducer<Text,IntWrit 心 le,Text,IntWritable>
{
    //result 记录单词的频数
    private IntWritable result=new IntWritable();
    public void reduce (Text key, Iterable<IntWritable>values, Context context)
    throws IOException, InterruptedException {
    int sum=0;
    //对获取的<key,value-list>计算 value 的和
    for (IntWritable val : values) {
    sum +=val.ge();
    //将频数设置到 result 中
    result.set(sum);
    //收集结果
    context.write(key, result);
    }
}

public static void main(String[J arge) throws Exception {
Configuration conf =new Configuration();
//检查运行命令
String[] otherArges=new GenericOptioneParser(conf, args) .getRemainingArgs();
if (otherArgs.length!=2) {
    System.err.println("Usage: wordcount <in><Out>");
    System.exit(2);
}
//配置作业名
Job job=new Job(conf, "word count");
//配置作业各个类
    job.setJarByClass(WordCount.class);
    job.setMapperClass(TokenizerMapper.clase);
    job.setCombinerClass(IntSumReducer.class);
    job.setReducerClass(IntSumReducer.class);
    job.setOutputKeyClass(Text.class);
    job.setOutputValueClass(IntWritable .class);
    FileinputFormat. addinputPath (job, new Path (otherArgs [0])); FileOutputFormat.
    setOutputPath(job, new Path (otherArgs[1])); System. exit (job. waitForCompletion
    (true) ? 0 : 1);
    }
}
```

4. 代码解读

Word Count 程序在 map 阶段接收输入的<key, value>（key 是当前输入的行号，value 是对应行的内容），然后对此行内容进行切词,每切一个词下来就将其组织成<word, 1>的形式输出,表示 word 出现了一次。

在 reduce 阶段,TaskTracker 会接收到<word,{ 1, 1,1, 1...}>形式的数据,也就是特定单词及其出现次数的情况,其中 1 表示 word 的频数。所以 reduce 每接收一个<word, {1,1, 1, 1... }>,就会在 word 的频数上加 1,最后组织成<word,sum>直接输出。

5. 程序执行

运行条件：将 WordCount.java 文件放在 Hadoop 安装目录下，并在目录下创建输入目录 input，目录下有输入文件 file1、file2，其中：

file1 的内容：

```
hello world
```

file2 的内容：

```
hello hadoop
hello mapreduce
```

准备好之后在命令行输入命令运行。运行命令如下。

（1）创建输入文件夹：

```
bin/hadoop fs -mkdir input
```

（2）上传本地目录 input 下前 4 个名为 file 的文件到集群上的 input 目录下：

```
bin/hadoop fs -put input/file* input
```

（3）编译 WordCount.java 程序，将结果放入当前目录的 WordCount 目录下：

```
javac -classpath hadoop-3.0.3-core.jar:
lib/commons-cli-1.2.jar -d WordCount WordCount.java
```

（4）将编译结果打包成 jar 包：

```
jar -cvf wordcount.jar -c WordCount.
```

（5）运行 WordCount 程序，以 input 目录作为输入目录，output 目录作为输出目录。

```
bin/hadoop jar wordcount.jar WordCount input output
```

（6）查看输出结果：

```
bin/hadoop fs -cat output/part-r-00000
```

6. 代码结果

运行结果如下：

```
Hadoop      1
Hello       3
mapreduce   1
world       1
```

7.6　本章小结

本章首先介绍了 MapReduce 的基本概念和基本思想,理解 MapReduce 的来源和核心的工作原理,是能够掌握这项技术的关键所在。然后介绍了函数式编程,简单对比了二者(函数式编程和 MapReduce)的相似之处,为进一步理解 MapReduce 提供了一个参考。然后分别对 Map 和 Reduce 任务进行了阐述。接着,介绍了 MapReduce 执行框架和工作流程,其中包含了 MapReduce 的执行框架、MapReduce 的工作流程、Shuttle 执行过程、分割器和组合器的具体工作原理和流程等几个关键部分,理解它们是理解 MapReduce 技术的基础。最后,对 MapReduce 算法及应用进行了详细的分析,对本地聚会、"对"和"条纹"方法以及相对频率的计算进行了分析。本章涉及的概念比较多,而且兼具科学性和工程应用性,在学习的过程中,要多结合实际案例来进行训练,才能加深对所涉及概念的理解。

习　　题

1. 下列关于 MapReduce 的说法不正确的是(　　)。

    A. MapReduce 是一种计算框架

    B. MapReduce 来源于谷歌的学术论文

    C. MapReduce 程序只能用 Java 语言编写

    D. MapReduce 隐藏了并行计算的细节,方便使用

2. 当 MapReduce 建立在(　　)上时,它的诸多优点可以被体现。

    A. 分布式文件系统　　　　　　　　B. 集中式文件系统

    C. 开源系统　　　　　　　　　　　D. 封闭系统

3. (多选题)下列关于 MapReduce 与 HBase 的关系,描述正确的是(　　)。

    A. 两者不可或缺,MapReduce 是 HBase 可以正常运行的保证

    B. 两者不是强关联关系,没有 MapReduce,HBase 可以正常运行

    C. MapReduce 可以直接访问 HBase

    D. 它们之间没有任何关系

4. (多选题)分布式文件系统的"主-从"体系结构的表述正确的是(　　)。

    A. 读取文件的应用程序客户端必须首先联系 namenode 以确定实际数据的存储位置

    B. 它们是互补交换数据的系统

    C. 主机对应的角色是 namenode

    D. 从机对应的角色是 datanode

5. 在高阶数据处理中,往往无法把整个流程写在单个 MapReduce 作业中,下列关于链接 MapReduce 作业的说法,不正确的是(　　)。

    A. 在 ChainReducer.addMapper()方法中,一般对键值对发送设置成值传递,性能好且安全性高

    B. 使用 ChainReducer 时,每个 mapper 和 reducer 对象都有一个本地 JobConf 对象

C. ChainMapper 和 ChainReducer 类可以用来简化数据预处理和后处理的构成

D. Job 和 JobControl 类可以管理非线性作业之间的依赖

6. MapReduce 框架提供了一种序列化键值对的方法,支持这种序列化的类能够在 Map 和 Reduce 过程中充当键或值,以下说法错误的是(　　)。

A. 实现 Writable 接口的类是值

B. 实现 WritableComparable 接口的类可以是值或键

C. Hadoop 的基本类型 Text 并不实现 WritableComparable 接口

D. 键和值的数据类型可以超出 Hadoop 自身支持的基本类型

7. 关于 MapReduce 执行过程,说法错误的是(　　)。

A. Reduce 大致分为 copy、sort、reduce 三个阶段

B. 数据从环形缓冲区溢出时会进行分区的操作

C. Reduce 默认只进行内存到磁盘和磁盘到磁盘的合并

D. Shuffle 指的是 map 输出之后到 reduce 输入之前

8. 简答题:以 Word Count 为例,描述 MapReduce 的执行过程。

9. 编程练习:利用 map() 函数,把用户输入的不规范的英文名字变为首字母大写,其他小写的规范名字。输入:['john, 'ALLEN', 'marK'],输出:[John, 'Allen', 'Mark']。

10. 编程练习:利用 map 和 reduce 编写一个 str2float() 函数,把字符串'123.456'转换成浮点数 123.456。

第 8 章

数据可视化

随着互联网技术的发展,尤其是移动互联技术的发展,网络空间的数据量呈现出爆炸式增长。如何从这些数据中快速获取自己想要的信息,并以一种直观、形象的方式展现出来?这就是大数据可视化要解决的核心问题。数据可视化,最早可追溯到 20 世纪 50 年代,它是一门关于数据视觉表现形式的科学技术研究。数据可视化是一个处于不断演变之中的概念,其边界在不断扩大,主要指的是技术上较为高级的技术方法,而这些技术方法允许利用图形图像处理、计算机视觉及用户界面,通过表达、建模,以及对立体、表面、属性及动画的显示对数据加以可视化解释。与立体建模之类的特殊技术方法相比,数据可视化所涵盖的技术方法要广泛得多。本章重点对大数据可视化的基础知识、基本概念及大数据可视化的常用工具进行详细讲解。

8.1 大数据可视化概述

8.1.1 何为数据可视化

1. 认识数据可视化

数据可视化是指将大型数据集中的数据以图形图像形式表示,并利用数据分析和开发工具发现其中未知信息的处理过程。数据可视化技术的基本思想是将数据库中每一个数据项作为单个图元素表示,大量的数据集构成数据图像,同时将数据的各个属性值以多维数据的形式表示,可以从不同的维度观察数据,从而对数据进行更深入的观察和分析。数据可视化不是大数据时代的固有产物,而是从古到今都存在的,接下来通过几个例子来辅助认识。

图 8-1 用数据可视化展示了著名的伦敦"鬼图"。19 世纪伦敦爆发了霍乱,为了调查霍乱传播的原因,John Snow 教授绘制了这张图,在图上标记了水井的位置(用叉来标注)和病例信息(用黑点来标注),发现有 73 例病例发生在布拉德街的水井(用画圈的叉标注)附近,由此推断霍乱可能与这个水井有关,于是拆除了这个水井上的摇把,结果霍乱停息了。这个例子很好地展示了数据可视化的信息推理与分析的功能,也充分说明了数据可视化的价值,特别是在公共领域的价值。

图 8-2 所示是社交网站 Facebook 与 Twitter 的对比信息图,是一个典型的极区图案例。从图中可以看出,Facebook 有 5 亿用户,而 Twitter 有 1.06 亿。41% 的 Facebook 用户每天都会登录,Twitter 则只有 27% 的用户会每天登录。12% 的 Facebook 用户会每天更新他们的状态,Twitter 则有 52% 的用户会每天更新状态。总体上说,Twitter 的用户相对来说更加

图 8-1 伦敦"鬼图"

（图片来源：https://image.baidu.com）

活跃，Facebook 则交互性更强。极区图在数据统计类信息图表中是常见的一类图表形式。

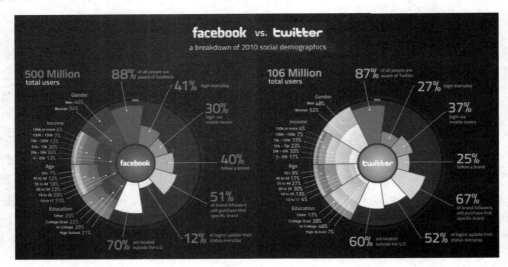

图 8-2 极区图：Facebook 与 Twitter

（图片来源：https://www.ifanr.com/28418）

　　图 8-3 所示是日本东京地铁系统，包括东京地铁公司和都营地铁公司两大地铁运营系统，一共有 274 个站。算上东京更大片区的所有铁路系统，东京一共有 882 个车站，要是没

有地图的话,人们将很难了解这么多的站台信息。

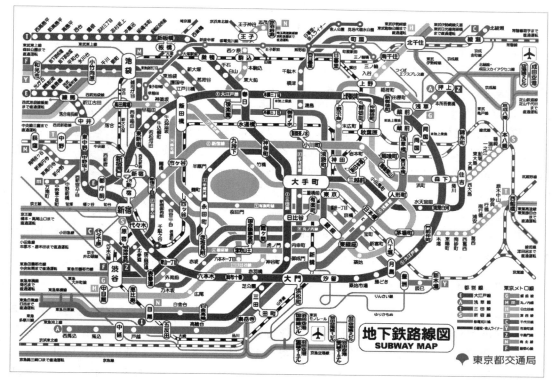

图 8-3　东京地铁图

(图片来源:https://image.baidu.com)

从以上 3 个例子可以发现,随着计算机的出现和计算机图形学的发展,人们可以利用计算机技术在计算机屏幕上绘制出各种图形图表,可视化技术开启了全新的发展阶段。最初,可视化技术被大量应用于统计学领域,用来绘制统计图表,如柱状图和饼图、直方图、散点图等,后来,又逐步应用于地理信息系统、数据挖掘分析、商务智能工具等,有效促进了人类对不同类型数据的分析与理解。

随着大数据时代的到来,每时每刻都有海量数据在不断生成,需要我们对数据进行及时、全面、快速、准确的分析,呈现数据背后的价值,这就更需要可视化技术协助我们更好地理解和分析数据,可视化成为大数据分析最后的一环和对用户而言最重要的一环。

2.可视化的基本特征

数据可视化是数据加工和处理的基本方法之一,它通过图形、图像等技术手段来更为直观地表达数据,从而为发现数据的隐含规律提供技术手段。视觉占人类从外界获取信息的 80%,可视化是人们有效利用数据的基本途径。数据可视化使得数据更加友好,有力支撑着在人机交互和决策支持等方面的应用,它在建筑、医学、地学、力学、教育等领域也发挥着重要的作用。大数据可视化既有一般数据可视化的基本特征,也有其本身特性带来的新要求,其特征主要表现在以下 4 方面。

（1）易懂性。

可视化可以使数据更加容易被人们理解，进而更加容易与人们的经验知识产生关联，使得碎片化的数据转换为具有特定结构的知识，从而为决策支持提供帮助。

（2）必然性。

大数据所产生的数据量已经远远超出了人们直接阅读和操作数据的能力，必然要求人们对数据进行归纳总结，对数据的结构和形式进行转换处理。

（3）片面性。

数据可视化往往只是从特定视角或者需求认识数据，从而得到符合特定目的的可视化模式，所以，只能反映数据规律的一个方面。数据可视化的片面性特征要求可视化模式不能替代数据本身，只能作为数据表达的一种特定形式。

（4）专业性。

数据可视化与专业知识紧密相连，其形式需求也是多种多样的，如网络文本、电商交易、社交信息、卫星影像等。专业化特征是人们从可视化模型中提取专业知识的环节，它是数据可视化应用的最后流程。

3. 可视化的目标和作用

数据可视化与传统计算机图形学、计算机视觉等学科方向既有相通之处，也有较大的不同。数据可视化主要是通过计算机图形、图像等技术展现数据的基本特征和隐含规律，辅助人们认识和理解数据，进而支持从数据中获得需要的信息和知识。数据可视化的作用主要包括数据表达、数据操作和数据分析 3 方面，它是以可视化技术支持计算机辅助数据认识的3 个基本阶段。

（1）数据表达。

数据表达是通过计算机图形图像技术来更加友好地展示数据信息，方便人们阅读、理解和运算数据。常见的形式如文本、图像、二维图形、三维模型、网络图、树结构、符号和电子地图等。

（2）数据操作。

数据操作是以计算机提供的界面、接口、协议等条件为基础完成人与数据的交互和需求，数据操作需要友好的人机交互技术、标准化的接口和协议支持来完成对多数据集合或者分布式的操作。以可视化为基础的人机交互技术快速发展，包括自然交互、可触摸、自适应界面和情景感知等在内的新技术极大丰富了数据操作的方式。

（3）数据分析。

数据分析是通过计算机获得多维、多源、异构和海量数据所隐含信息的核心手段，它是数据存储、数据转换、数据计算和数据可视化的综合应用。可视化作为数据分析的最终环节，直接影响着人们对数据的认识和应用。友好、易懂的可视化成果可以帮助人们进行信息推理和分析，方便人们对相关数据进行协同分析，也有助于信息和知识的传播。

数据可视化可以有效地表达数据的各类特征，帮助人们推理和分析数据背后的客观规律，进而获得相关知识，提高人们认识数据的能力和利用数据的水平。

4. 数据可视化流程

数据可视化是对数据的综合应用，包括数据获取、数据处理、可视化模式和可视化应用

4 个步骤。

（1）数据获取。

数据获取的形式多种多样，大致可分为主动式和被动式两种。主动式是以明确的数据需求为目的，利用相关技术手段主动采集相关数据，如卫星影像、测绘工程等；被动式是以数据平台为基础，由数据平台的活动者提供数据来源，如电子商务、网络论坛等。

（2）数据处理。

数据处理是指对原始的数据进行质量分析、预处理和计算等步骤。数据处理的目标是保证数据的准确性、可用性。

（3）可视化模式。

可视化模式是数据的一种特殊展现形式，常见的可视化模式有标签云、序列分析、网络结构、电子地图等。可视化模式的选取决定了可视化方案的雏形。

（4）可视化应用。

可视化应用主要根据用户的主观需求展开，最主要的应用方式是用来观察和展示，通过观察和人脑分析进行推理和认知，辅助人们发现新知识或者得到新结论。可视化界面也可以帮助人们进行人与数据交互，辅助人们完成对数据的迭代计算，通过若干步数据的计算、实验产生系列化的可视化成果。

8.1.2　大数据可视化方法

大数据可视化技术涵盖了传统的科学可视化和信息可视化两方面，它以从海量数据分析和信息挖掘为出发点，信息可视化技术将在大数据可视化中扮演更为重要的角色。根据信息的特征可以把信息可视化技术分为一维、二维、三维、多维信息可视化，以及层次信息可视化（tree）、网络信息可视化（network）和时序信息可视化（temporal）。多年来，研究者围绕上述信息类型提出众多的信息可视化新方法和新技术，并获得了广泛的应用。

1. 文本可视化

文本信息是大数据时代非结构化数据类型的典型代表，是互联网中最主要的信息类型。当下比较热门的互联网中各种传感器采集到的信息，以及人们日常工作和生活中接触的电子文档都是以文本形式存在的。文本可视化的意义在于，能够将文本中蕴含的语义特征（如词频与重要度、逻辑结构、主题聚类、动态演化规律等）直观地展示出来。

（1）标签云。

图 8-4 所示是一种称为标签云（word clouds 或 tag clouds）的典型代表的文本可视化技术。它将关键词根据词频或其他规则进行排序，按照一定规律进行布局排列，用大小、颜色、字体等图形属性对关键词进行可视化。一般用字号大小代表该关键词的重要性，从图中可以很容易看出，word 和 cloud 是高频词，该技术多用于快速识别网络媒体的主题热度。

文本中通常蕴含着逻辑层次结构和一定的叙述模式，为了对结构语义进行可视化，研究者提出了文本的语义结构可视化技术，一般有两种可视化方法：DocuBurst 以放射状层次、圆环的形式展示文本结构，如图 8-5 所示。它用环形布局巧妙地展示了文本的层级关系，外圈的单词是内圈单词的下一层，颜色饱和度的深浅用来体现词频的高低；此外，DAViewer 以树的形式将文本的叙述结构及语义进行了可视化，同时展现了相似度统计、修辞结构及相应的文本内容。

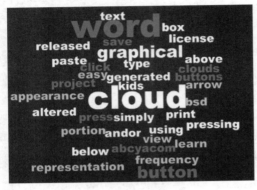

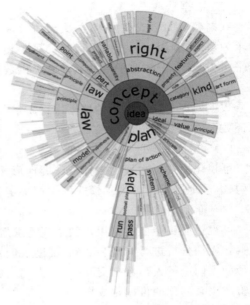

图 8-4　标签云举例

图 8-5　以放射状层次、圆环的形式展示文本结构

（图片来源：https://www.abcya.com/word_clouds.htm）

（图片来源：https://www.36dsj.com）

（2）动态文本时序信息可视化。

有些文本的形成和变化过程与时间是紧密相关的，因此，如何将动态变化的文本中与时间相关的模式和规律进行可视化展示，是文本可视化的重要内容。引入时间轴是一类主要方法，常见的技术以河流图居多。河流图按照其展示的内容可以划分为主题河流图、文本河流图等。

主题河流图（ThemeRiver）是一种经典的时序文本可视化方法，以河流的隐喻方式，如图 8-6（a）所示，横轴表示时间，每一条不同颜色的线条可视作一条河流，而每条河流则表示一个主题，河流的宽度代表其在当前时间点上的一个度量（如主题的强度）。这样既可以在宏观上看出多个主题的发展变化，又能看出在特定时间点上主题的分布。

文本流图（TextFlow）是 ThemeRiver 的一种拓展，不仅描述了主题的变化，还进一步展示了主题的合并和分支关系以及演变。如某个主题在某个时间分成了两个主题，或多个主题在某个时间合并成了一个主题，如图 8-6（b）所示。

2. 网络（图）可视化

网络关联关系在大数据中是一种常见的关系，在当前的互联网时代，社交网络可谓无处不在。社交网络平台是指基于互联网的人与人之间的相关联系、信息沟通和互动娱乐的运作平台。Facebook、腾讯微博、新浪微博、Twitter 等都是当前互联网上较为常见的社交网站。基于这些社交网站提供的服务建立起来的虚拟化网络就是社交网络。

社交网络是一个网络型结构，其典型特征是由节点与节点之间的连接构成的。这些节点通常代表个人或者组织，节点之间的连接关系有朋友关系、亲属关系、关注或转发关系（微

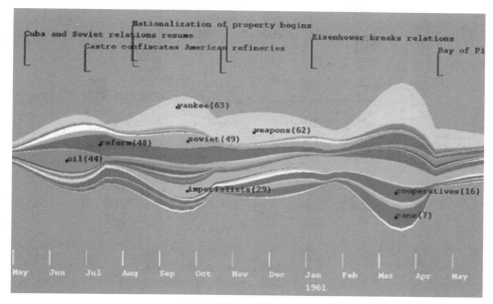

(a) ThemeTiver

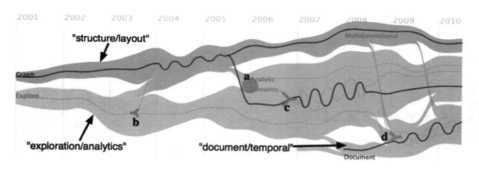

(b) TextFlow

图 8-6　动态文本时序信息可视化

（图片来源：https://zhuanlan.zhihu.com/p/27449788）

博）、支持或反对关系，或者拥有共同的兴趣爱好等。例如，图 8-7 所示为 NodeXL 研究人员之间及其组织机构社会网络图，节点表示成员或组织机构，两个节点之间的连线代表这两个节点存在隶属关系。

　　层次结构数据也属于网络信息的一种特殊情况。基于网络节点和链接的拓扑关系，直观地展示网络中潜在的模式关系，例如，节点或边缘聚集性，是网络可视化的主要内容之一。对于具有海量节点和边的大规模网络，如何在有限的屏幕空间中进行可视化，将是大数据时代面临的难点和重点。此外，大数据相关的网络往往具有动态演化性，因此，如何对动态网络的特征进行可视化，也是不可或缺的研究内容。研究者提出了大量网络可视化或图可视化技术，Herman 等综述了图可视化的基本方法和技术，如图 8-8 所示。经典的基于节点和边的可视化，是图可视化的主要形式。图 8-8 主要展示了具有层次特征的图可视化的典型技术，如 H 状树（H-tree）、圆锥树（cone tree）、气球图（balloon view）、放射图（radial graph）、

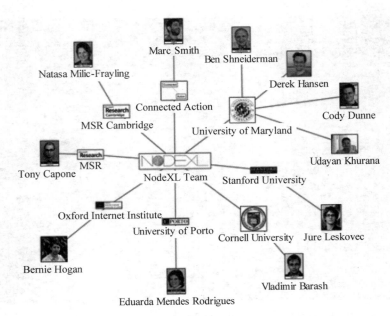

图 8-7 NodeXL 研究人员之间及其组织机构社会网络图

（图片来源：https://blog.csdn.net/wphnudt/article/details/6082795）

三维放射图(3D radial)、双曲树(hyperbolic tree)。

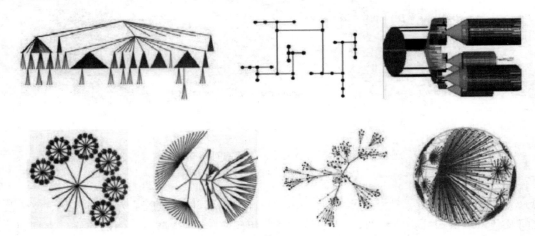

图 8-8 基于节点连接的图和树可视化方法

对于具有层次特征的图,空间填充法也是经常采用的可视化方法,例如,树图技术(treemaps)及其改进技术。图 8-9 所示是基于矩形填充、Voronoi 图填充、嵌套圆填充的树可视化技术。Gou 等综合集成了上述多种图可视化技术,提出了 TreeNetViz,综合了放射图、基于空间填充法的树可视化技术。这些图可视化方法的特点是直观表达了图节点之间的关系,但算法难以支撑大规模(如百万个以上)图的可视化,并且只有当图的规模在界面像素总数规模范围以内时效果才较好(如百万个以内),因此,大数据中的图,需要对这些方法进行改进,例如,计算并行化、图聚簇简化可视化、多尺度交互等。

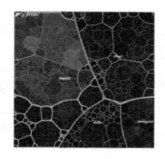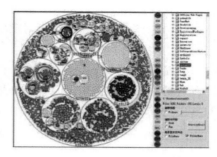

图 8-9　基于空间填充的树可视化方法

大规模网络中,随着海量节点和边的数目不断增多,例如,规模达到百万个以上时,可视化界面中会出现节点和边大量聚集、重叠和覆盖问题,使得分析者难以辨识可视化效果。图简化(graph simplification)方法是处理此类大规模可视化的主要手段。一类简化是对边进行聚集处理,如基于边捆绑(edge bundling)的方法,使得复杂网络可视化效果更为清晰,图 8-10 展示了 3 钟基于边捆绑的大规模密集图可视化技术。此外,Ersoy 等还提出了基于骨架的图可视化技术,主要方法是根据边的分布规律计算出骨架,然后再基于骨架对边进行捆绑。另一类简化是通过此次聚类与多尺度交互,将大规模图转化为层次化树结构,并通过多尺度交互来对不同层次聚集与多尺度交互,将大规模图转化为层次化树结构,并通过多尺度交互来对不同层次的图进行可视化。这些方法将为大数据时代大规模可视化提供有力的支持,同时我们应该看到,交互技术的引入,也将是解决大规模可视化不可或缺的手段。

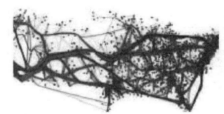

图 8-10　基于边捆绑的大规模密集图可视化

动态网络可视化的关键是如何将时间属性与图进行融合,基本的方法是引入时间轴。例如,StoryFlow 是一个对复杂故事中角色网络的发展进行可视化的工具,该工具能够将《指环王》中各角色之间的复杂关系随时间的变化,以基于时间线的节点聚类的形式展示出来。然而,这些例子涉及的网络规模较小。总体而言,目前针对动态网络演化的可视化方法研究仍较少,大数据背景下对各类大规模复杂网络,如社会网络和互联网等的演化规律的探究,将推动复杂网络的研究方法与可视化领域进一步深度融合。

3. 时空数据可视化

时空数据是指带有地理位置与时间标签的数据。随着传感器与移动终端的迅速普及,时空数据已经成为大数据时代典型的数据类型。时空数据可视化与地理制图学相结合,重点对时间与空间维度,以及与之相关的信息对象属性建立可视化表征,对于时间和空间密切相关的模式及规律进行展示。大数据环境下时空数据的高维性、实时性等特点,也是时空数据可视化的重点。为了反映信息对象随时间进展与空间位置所发生的行为变化,通常通过信息对象的属性可视化来展现。

(1) 流式地图(Flow Map)。

流式地图是一种将时间事件流与地图进行融合的典型方法,图 8-11 所示为使用流式地图对拿破仑进攻俄国时军队情况的可视化统计例子。当数据规模不断增大时,传统流式地图就出现了图元交叉、覆盖等问题,这也是大数据环境下时空数据可视化的主要问题之一。为解决此问题,研究人员借鉴并融合大规模可视化中的边捆绑方法,图 8-12 所示是对时间事件流做了边捆绑处理的流式地图。此外,基于密度计算对时间事件流进行融合处理也能有效解决此问题,图 8-13 所示是结合了密度图技术的流式地图。

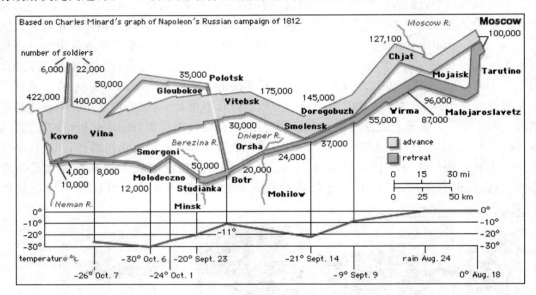

图 8-11　拿破仑 1812 年进攻俄国

(图片来源:https://baike.baidu.com/pic)

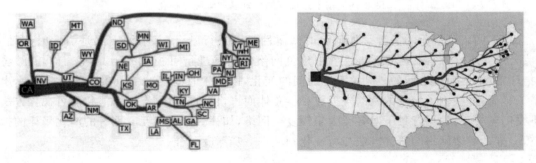

图 8-12　结合了边捆绑技术的流式地图

(图片来源:https://www.docin.com/p-981673205-f2.html)

(2) 时空立方体。

为了突破二维平面的局限性,研究人员提供了一种以三维方式对时间、空间及事件直观

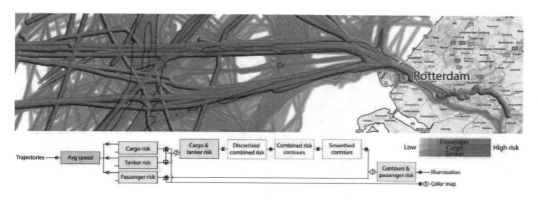

图 8-13　结合了密度图技术的流式地图

（图片来源：https://www.docin.com/p-981673205-f2.html）

展现出来的方法，这种方法被称为时空立方体（space-timecube）。图 8-14 所示是采用时空立方体对拿破仑进攻俄国情况进行可视化的例子，能够直观地对该过程中地理位置变化、时间变化、部队人员变化及特殊时间进行立体展现，然而，时空立方体同样面临着大规模数据造成密集杂乱的问题。一类解决方法是融合散点图和密度图对时空立方体进行优化，如图 8-15 所示；另一类解决方法是对二维和三维进行融合，引入了堆积图（stack graph），在时空立方体中拓展了多维属性显示空间，如图 8-16 所示。上述各类时空立方体适合对城市交通 GPS 数据，飓风数据等大规模时空数据进行展现。当时空信息对象属性的维度较多时，三维也面临着展现能力的局限性，因此，多维数据可视化方法常与时空数据可视化进行融合。

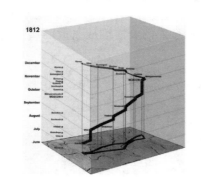
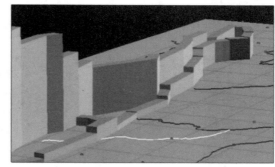

图 8-14　时空立方体

（图片来源：https://www.doc88.com/p-5456462219183.html）

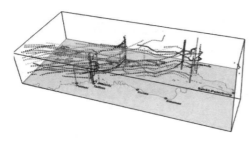
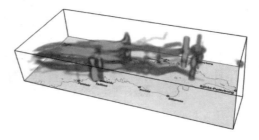

图 8-15　融合散点图与密度图技术的时空立方体

（图片来源：https://www.doc88.com/p-5456462219183.html）

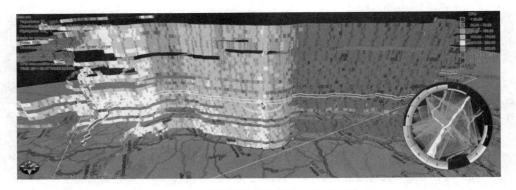

图 8-16　融合堆积图技术的时空立方体

（图片来源：https://www.doc88.com/p-5456462219183.html）

4. 多维数据可视化

多维数据指的是具有多个维度属性的数据变量，广泛存在于基于传统关系数据库及数据仓库的应用中，例如，企业信息系统及商业智能系统。多维数据分析的目标是探索多维数据项的分布规律和模式，并揭示不同维度属性之间的隐含关系。Keim 等归纳了多维可视化的基本方法，基于几何图形的多维可视化方法是近年来主要的研究方向。大数据背景下，除了数据规模扩张带来的挑战，高维度所引起的问题也是研究的重点。

（1）散点图。

散点图（scatter plot）是最为常用的多维可视化方法。二维散点图将多个维度中的两个维度属性值集合映射至两条轴上，在二维轴确定的平面内通过图形标记的不同视觉元素来反映其他维度属性值，例如，可通过不同形状、颜色、尺寸等来代表连续或离散的属性值，如图 8-17(a)所示。

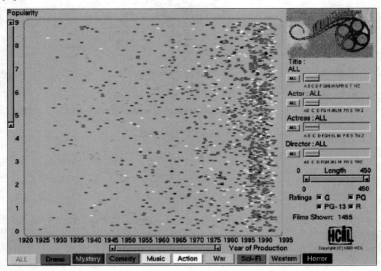

(a)

图 8-17　散点图

（图片来源：https://www.doc88.com/p-5456462219183.html）

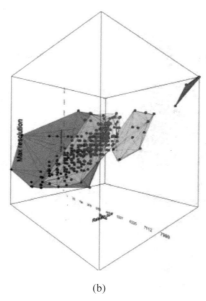

(b)

图 8-17　（续）

二维散点图能够展示的维度十分有限，研究者将其扩展到三维空间，通过可旋转的散点图方块（dice）扩展了可映射维度的数目，如图 8-17（b）所示。散点图适合对有限数目的较为重要的维度进行可视化，通常不适用于需要对所有维度同时进行展示的情况。

（2）投影。

投影（projection）是能够同时展示多维数据的可视化方法之一。如图 8-18 所示，VaR将各维度属性列集合通过投影函数映射到展示多维的一个方块形图形标记中，并根据维度之间的关联度对各个小方块进行布局。基于投影的多维可视化方法一方面反映了维度属性值的分布规律，同时也直观地展示了多维度之间的语义关系。

（3）平行坐标。

平行坐标（parallel coordinates）是研究和应用最为广泛的一种多维数据可视化技术。如图 8-19 所示，将维度与坐标轴建立映射，在多个平行轴之间以直线或曲线映射表示多维信息。近年来，研究者将平行坐标与散点图等其他可视化技术进行集成，提出了平行坐标散点图（Parallel Coordinate Plots，PCD）。如图 8-20 所示，将散点图和柱状图集成在平行坐标中，支持分析者从多个角度同时使用多种可视化技术进行分析。Geng 等建立了一种具有角度的柱状图平行坐标，支持用户根据密度和角度进行多维分析。大数据环境下，平行坐标面临的主要问题之一是大规模数据项造成的线条密集与重叠覆盖问题，根据线条聚集特征对平行坐标进行简化，形成聚簇可视化效果，如图 8-21 所示，将为这一问题提供有效的解决方法。

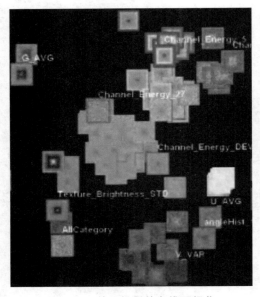

图 8-18　基于投影的多维可视化

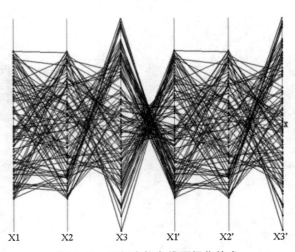

图 8-19　平行坐标多维可视化技术

（图片来源：https://www.doc88.com/p-5456462219183.html）

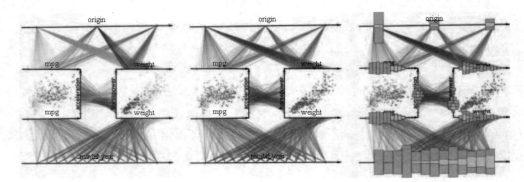

图 8-20　集成了散点图和柱状图的平行坐标可视化

（图片来源：https://www.doc88.com/p-5456462219183.html）

图 8-21　平行坐标图聚簇可视化

（图片来源：https://www.doc88.com/p-5456462219183.html）

8.2　大数据可视化软件工具

　　传统的数据可视化工具仅仅是将数据加以组合,通过不同的展现方式提供给用户,用于发现数据之间的关联信息。随着云和大数据时代的来临,数据可视化产品已经不再满足于使用传统的数据可视化工具来对数据仓库中的数据进行抽取、归纳并简单地展现。数据可视化产品必须满足互联网的大数据需求,快速地收集、筛选、分析、归纳、展现决策者所需要的信息,并根据新增的数据进行实时更新。因此,在大数据时代,数据可视化工具必须具有以下特性。

　　(1)实时性:数据可视化工具必须适应大数据时代数据量的爆炸式增长需求,快速收集分析数据并对数据信息进行实时更新。

　　(2)简单操作:数据可视化工具满足快速开发、易于操作的特性,能满足互联网时代信息多变的特点。

　　(3)更丰富的展现:数据可视化工具需要有更丰富的展现方式,能充分满足数据展现的多维度需求。

　　(4)多种数据集成支持方式:数据的来源不仅局限于数据库,数据可视化工具将支持团队协作数据、数据仓库、文本等多种方式,并能够通过互联网进行展现。

8.2.1　Excel

　　Excel 是 Microsoft Office 的组件之一,是由 Microsoft 为 Windows 和 Apple Macintosh 操作系统的计算及编写和运行的一款表格计算软件。Excel 是微软办公室套装软件的一个重要组成部分,它可以进行各种数据的处理、统计分析、数据可视化显示及辅助决策操作,广泛地应用与管理、统计、财经、金融等众多领域。本节重点介绍 Excel 在数据可视化处理方面的应用。

　　(1)应用 Excel 的可视化规则实现数据的可视化展示。

　　Excel 2007 版本开始为用户提供了可视化规则,借助与该规则的应用可以使抽象数据变得更加丰富多彩,通过规则的应用,能够为数据分析者提供更加有用的信息,如图 8-22 所示。

　　(2)应用 Excel 的图表功能实现数据的可视化展示。

　　Excel 的图表功能可以将数据进行图形化,帮助用户更直观地显示数据,使数据对比和变化趋势一目了然,从而达到提高信息整体价值,更准确、直观地表达信息和观点。图表与工作表的数据相链接,当工作表数据发生改变时,图表也随之更新,反映出数据的变化。本书以 Excel 2010 版本为例(见图 8-23),它提供了柱形图、折线图、散点图等常用的数据展示形式供用户选择使用。图 8-24 所示是利用 Excel 图表中的折线图对员工信息表中的销售额进行的可视化展示。

销售员	品牌	型号	销售额
李玉	美的	KFR-26GM	181480
王武	惠而浦	ASC-80M	44970
吴玲	创维	37L01HM	104650
胡婷	海尔	FCD-JTHQA	42210
张平	奥克斯	KFR-40GW	164500
李青	创维	37L01HM	83720

图 8-22　使用 Excel 的可视化规则实现数据的可视化展示

图 8-23　Excel 图表样式

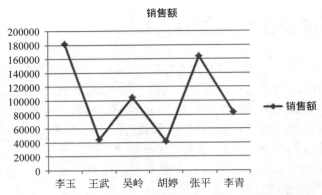

图 8-24 利用 Excel 图表中的折线图制作的"销售额"数据展示

8.2.2 Tableau

Tableau 是一款功能非常强大的可视化数据分析软件,其定位是数据可视化的商务智能展现工具,可以用来实现交互的、可视化的分析和仪表盘分析应用。就和 Tableau 这个词汇的原意——"画面"一样,它带给用户美好的视觉感受。

Tableau 的特性包括如下几方面。

(1) 自助式 BI(商业智能),IT 人员提供底层的构架,业务人员创建报表和仪表盘。Tableau 允许操作者将表格中的数据转变成各种可视化的图形、强交互性的仪表盘并共享给企业中的其他用户。

(2) 友好的数据可视化界面,操作简单,用户通过简单的拖曳就能发现数据背后隐藏的业务问题。

(3) 与各种数据源之间实现无缝连接。

(4) 内置地图引擎。

(5) 支持两种数据连接模式,Tableau 的架构提供了两种方式访问大数据量,即内存计算和数据库直连。

(6) 灵活的部署,适用于各种企业环境。

Tableau 拥有数以万计的客户,分布在全球 100 多个国家和地区,应用领域遍及商务服务、能源、电信、金融服务、互联网、生命科学、医疗保健、制造业、媒体娱乐、公共部门、教育、零售等各个行业。

Tableau 有桌面版和服务器版。桌面版包括个人版开发和专业版开发,个人版开发只适用于连接文本类型的数据源;专业版开发可以连接所有的数据源。服务器可以将桌面版开发的文件发布到服务器上,共享给企业中其他的用户访问;能够方便地嵌入任何门户或者 Web 页面中。

8.2.3 魔镜

大数据魔镜是一款基于 Java 平台开发的可扩展、自助式分析、大数据分析产品。魔镜在垂直方向上采用 3 层设计:前端为可视化效果引擎,中间层为魔镜探索式数据分析模型引擎,底层对接各种结构化或非结构化数据源。它是由苏州国云数据科技有限公司开发的首款免费大数据可视化分析工具。

大数据魔镜可视化分析软件(简称"魔镜")是一款面向企业的大数据商业智能产品,处于国内领先水平。通过魔镜,企业积累的各种来自内部和外部的数据,如网站数据、销售数据、ERP 数据、财务数据、大数据、社会化数据、MySQL 数据库等,都可以整合在魔镜进行实时分析。魔镜为企业提供从数据清洗处理、数据仓库、数据分析挖掘到数据可视化展示的全套解决方案,同时针对企业的特定需求,提供定制化的大数据解决方案,从而推动企业实现数据智能化管理,增强核心竞争力,将数据价值转化为商业价值,获取最大化利润。

魔镜适用于精准营销、销售分析、客户分析、市场监测和预测分析、KPI 分析、财务分析、生产及供应链分析、风险分析、质量分析、业务流程等多个业务方面。

魔镜功能强大,行业覆盖广泛,现主要应用于电商、制造业、政府、金融、医疗、银行、保险、电信、高校、大中型企业等。

魔镜简单易用,无技术壁垒,无论是专业技术人员还是普通业务人员都可以轻松使用。

8.2.4 ECharts

ECharts 是商业级数据图表(Enterprise Charts)的缩写,是百度公司旗下的一款开源可视化图表工具。ECharts 是一个纯 JavaScript 的图表库,可以流畅地运行在 PC 和移动设备上,兼容当前绝大部分浏览器(IE6/7/8/9/10/11、Chrome、Firefox、Safari 等)。它的底层依赖轻量级的 Canvas 类库 ZRender,提供直观、生动、可交互、可高度个性化定制的数据可视化图表。创新的拖曳重计算、数据视图、值域漫游等特性大大增强了用户体验,赋予了用户对数据进行挖掘、整合的能力。

ECharts 自 2013 年 6 月正式发布 1.0 版本以来,在短短两年多的时间,功能不断完善。截至目前,ECharts 已经可以支持包括柱状图(条状图)、折线图(区域图)、散点图(气泡图)、K 线图、饼图(环形图)、雷达图(填充雷达图)、和弦图、力导布局图、地图、仪表盘、漏斗图、事件河流图 12 类图表,同时提供标题、详情气泡、图例、值域、数据区域、时间轴、工具箱 7 个可交互组件,支持多图表、组件的联动和混搭展现。图 8-25 所示为利用 ECharts 可以制作的部分图表展示。

图 8-25 ECharts 制作的图表

ECharts 图表工具为用户提供了详细的帮助文档,这些文档不仅介绍了每类图表的使用方法,还详细介绍了各类组件的使用方法,每类图表都提供了丰富的实例。用户在使用时可以参考实例提供的代码,稍加修改就可以满足自己的图表展现需求,8.3.3 节为具体实例。

8.2.5 D3

D3 是数据驱动文件(Data-Driven Documents)的缩写,是最流行的可视化类库之一,它被很多其他的表格插件所使用。它允许绑定任意数据到 DOM,然后将数据驱动转换应用到 Document 中,或使用 HTML、CSS 和 SVG 来渲染精彩的图表和分析图。D3 对网页标准的强调足以满足在所有主流浏览器上使用的可能性,使用户免于被其他类型架构所捆绑的苦恼,它可以将视觉效果很棒的组件和数据驱动方法结合在一起。

D3 支持的主流浏览器不包括 IE8 及以前的版本。D3 测试了 Firefox、Chrome、Safari、Opera 和 IE9。D3 的大部分组件可以在旧的浏览器运行。D3 核心库的最低运行要求是支持 JavaScript 和 W3C DOMAPI。对于 IE8,建议使用兼容性库,如 Aight 库。D3 采用的是 electors API 的第一级标准,考虑兼容性可以预加载 Sizzle 库。使用主流的浏览器可以支持 SVG 和 CSS3 的转场特效。D3 不是一个兼容的层,所以并不是所有的浏览器都支持这些标准。

D3 也可以通过一些自定义模块来根据需求增添需要的(非 DOM)特性,并在 WebWorker 上运行。如果使用 D3 去开发可视化展现作品,那么 D3 的资源库支持修改完代码后立即使用浏览器或者开发的软件客户端查看改动的效果。

D3.js 处理的是基于数据文档的 JavaScript 库。D3 利用诸如 HTML、ScalableVector Graphice 以及 Cascading Style Sheets 等编程语言让数据变得更生动。通过对网络标准的强调,D3 赋予用户当前浏览器的完整能力,而无须与专用架构进行捆绑;并将强有力的可视化组件和数据驱动手段与文档对象模型(Document Object Model,DOM)操作实现融合。

D3.js 数据可视化工具的设计很大程度上受到 REST Web APIs 出现的影响。根据以往经验,创建一个数据可视化需要以下过程。

(1) 从多个数据源汇总全部数据;

(2) 计算数据;

(3) 生成一个标准化的/统一的数据表格;

(4) 对数据表格创建可视化。

REST APIs 已经将这个过程流程化,使得从不同数据源迅速抽取数据变得非常容易。诸如 D3 等工具就是专门设计来处理源于 JSON API 的数据响应,并将其作为数据可视化流程的输入。这样,可视化能够实时创建并在任何能够呈现网页的终端上展示,使得当前信息能够及时送达每一个人。

8.3　数据可视化实例

8.3.1　用 Tableau 制作一个图表实例

1. 连接数据

启动 Tableau 后要做的第一件事是连接数据。

(1) 选择数据源。

在 Tableau 的工作界面的左侧显示可以连接的数据源,如图 8-26 所示。连接的数据库分为两类:"文件"和"服务器",可以根据需要来连接数据源。

(2) 打开数据文件。

这里,我们选择"文件"中的 Excel 数据源,选择 Tableau 自带的文件"示例-超市.xls",

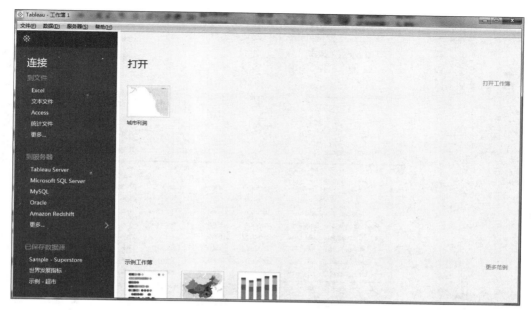

图 8-26　Tableau 的工作界面

并单击"打开"按钮,默认打开工作簿 1,如图 8-27 所示,可以看到"示例-超市.xls"文件已经被成功连接,并且在"工作表"可以看到里面有 3 个表,分别是订单、退货和销售人员。

图 8-27　打开文件"超市.xls"

（3）设置连接

将工作表上的"订单"表拖曳至链接区域后,就可以在链接区域下方看到"订单"表里面的详细数据信息,如图 8-28 所示。然后,单击左下角"工作表 1"选项卡,弹出数据分析窗口,接下来就可以做数据分析了,如图 8-29 所示。

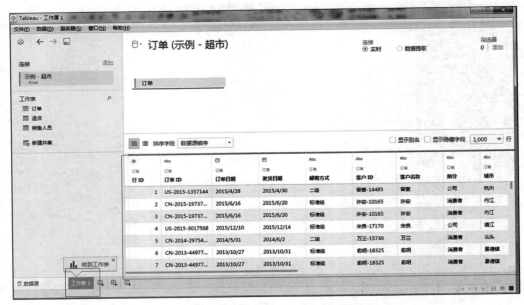

图 8-28　将"订单"工作表拖至链接区域

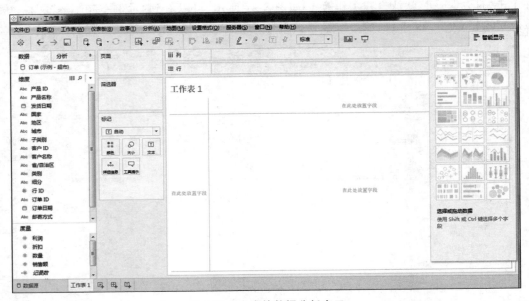

图 8-29　生成的数据分析窗口

2. 构建视图

连接到数据源之后,字段作为维度和度量显示在工作簿左侧的数据窗格中,将字段从数据窗格拖曳到功能区来创建视图。

(1)将维度拖曳至行、列功能区。

例如,将如图 8-29 的数据窗格左侧"维度"区域里的"地区"和"细分"拖曳至行功能区、

"类别"拖曳至列功能区,如图 8-30 所示。

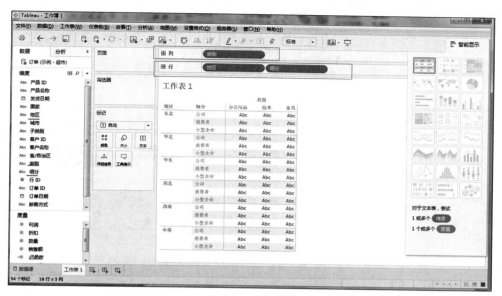

图 8-30　数据窗格

（2）将"度量"拖曳至"文本"标记卡。

将数据窗格左侧中"度量"区域里的"销售额"拖曳至窗格"标记"中的"文本"标记卡上,生成绿色的"总计（销售额）",从而在"文本"的中间区域显示可视化数据信息,如图 8-31 所示。

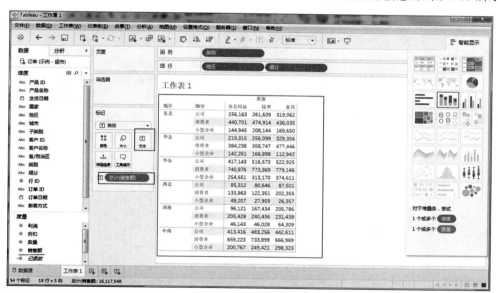

图 8-31　"文本"标记卡

（3）显示数据。

将图 8-31 中"标记"卡中的"总计（销售额）"拖曳至列功能区,数据就会以图形的方式显示出来,如图 8-32 所示。

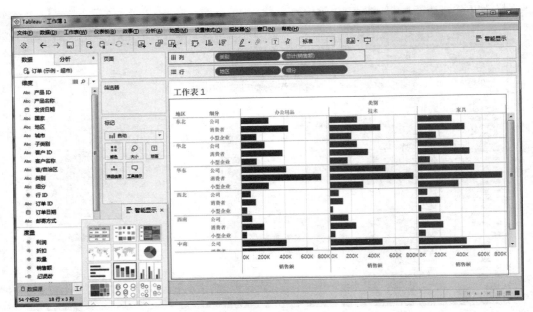

图 8-32　显示数据

3. 创建仪表板

当对数据集创建了多个视图后,就可以利用这些视图组成单个仪表板。

(1) 新建仪表板。

单击图 8-33 下方的"新建仪表板"按钮,打开仪表板,在"仪表板"的"大小"列表中适当调整大小。

图 8-33　新建仪表板

（2）添加视图。

将仪表板中显示的视图（即工作表 1）拖入编辑视图中，如图 8-34 所示。在右侧"智能显示"区域内选择"气泡图"，这样就简单地设置了一个气泡图的仪表盘。

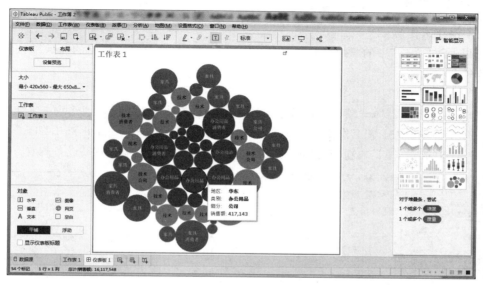

图 8-34　添加视图

4. 创建故事点

使用 Tableau 故事点，可以显示事实间的关联、提供前后关系，以及演示决策与结果间的关系。

选择"故事"→"新建故事"命令，打开故事视图。从"仪表板和工作表"区域中将视图或仪表板拖曳至中间区域，如图 8-35 所示。

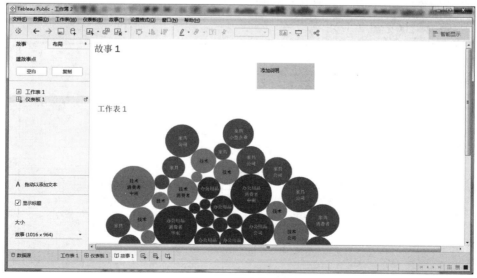

图 8-35　创建故事点

在导航器中单击故事点可以添加标题。单击"新空白点"添加空白故事点,继续拖入视图或仪表板。单击"复制"创建当前故事点的副本,然后可以修改该副本。

5. 发布工作簿

(1)保存工作簿。

可以通过"文件"中的"保存"或者"另存为"命令,或者单击工具栏中的"保存"按钮来保存工作簿。

(2)发布工作簿。

可以通过"服务器"→"发布工作簿"来发布工作簿,如图 8-36 所示。Tableau 工作簿的发布方式有多种,其中分享工作簿最有效的方式是发布到 Tableau Online 和 Tableau Server。Tableau 发布的工作簿是最新、安全、完全交互式的,可以通过浏览器或移动设备观看。

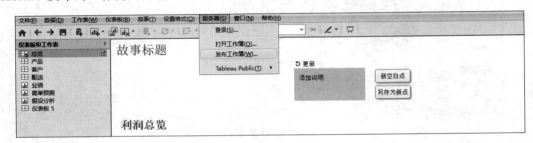

图 8-36 工作簿发布

在发布工作簿之前,注意以下事项。

(1)服务器的名称以及登录方式。如果使用 Tableau Online,可以单击"快速连接"链接。

(2)Tableau 管理员应拥有的任何发布形式的指南,如应发布的项目的名称。

8.3.2　用魔镜制作一个图表实例

用魔镜制作一个图表实例,具体步骤如下。

(1)新建项目(见图 8-37)。

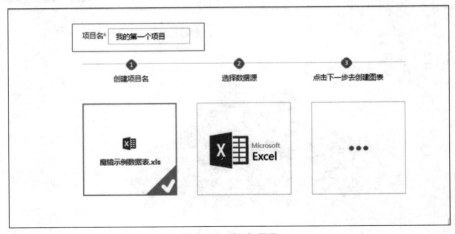

图 8-37　新建项目

（2）导入数据（见图 8-38）。

图 8-38 导入数据

（3）拖曳数据，将左侧"维度"栏下的"订单日期"和"类别"拖曳至列功能区，然后把左侧"度量"栏下的"数量"拖曳至行功能区，这样就生成了订单类别分析图，如图 8-39 所示。

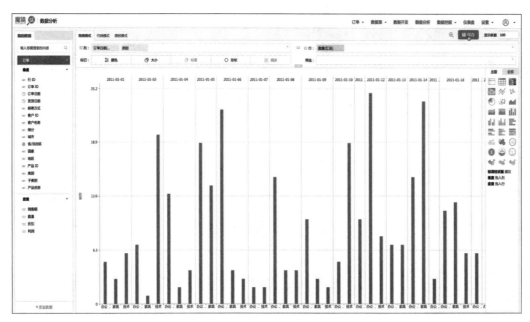

图 8-39 订单类别分析图

（4）然后，单击右上角的"保存"按钮，弹出如图 8-40 所示的"保存"窗口，在"图表名称"输入"订单类别分析"，并保存到某个仪表盘上，这里保存到"仪表盘 6"上，单击"确定"按钮。

（5）在仪表盘 6 上显示订单类别分析图，单击右上角的"设置"按钮，弹出"设置图表样式"窗口，设置横坐标轴上的"标签排列"为"斜排"，如图 8-41 所示。单击"确定"按钮，就在仪表盘上生成了订单类别分析图，如图 8-42 所示。

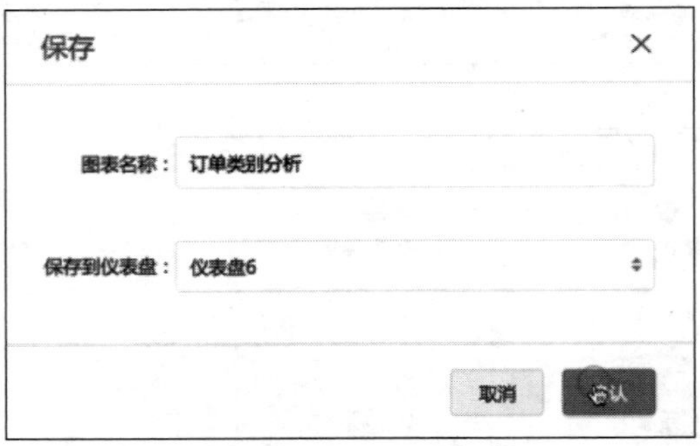

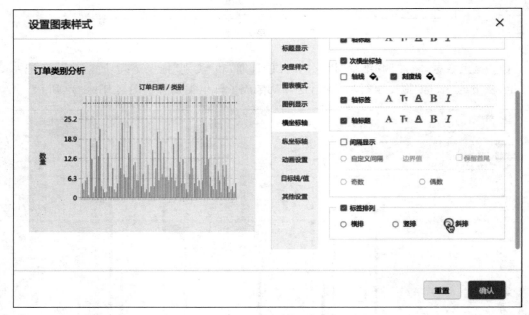

图 8-40   "保存"窗口

图 8-41   设置图表样式

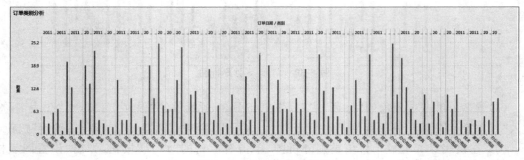

图 8-42   订单类别分析图

8.3.3　用 ECharts 制作一个图表实例

用 ECharts 制作一个某公司商品销售图,具体步骤如下。

(1) 打开程序,然后打开 ECharts 官方网站里面的 demo 实例,找到制作一个简单例子的 demo,并将 VS 调整到 html 模式,如图 8-43 所示。

图 8-43　html 模式

(2) 准备一个 div 容器,这个容器的大小是由 width 和 height 来控制的,也是图形大小的预览,如果觉得图太小了,可以调整 width 和 height 的比例即可,如图 8-44 所示。

```
    </head>
 <body>
        <!-- 为 ECharts 准备一个具备大小（宽高）的 DOM -->
        <div id="main" style="width: 600px;height:400px;"></div>
    </body>
    </html>
```

图 8-44　div 容器

(3) 引入 ECharts 的组件包,类似于 JS、jQuery 的组件包一样,ECharts 3.0 版本无法调用在线组件包,需要自己到官网下载,然后放在项目中引用,如图 8-45 所示。

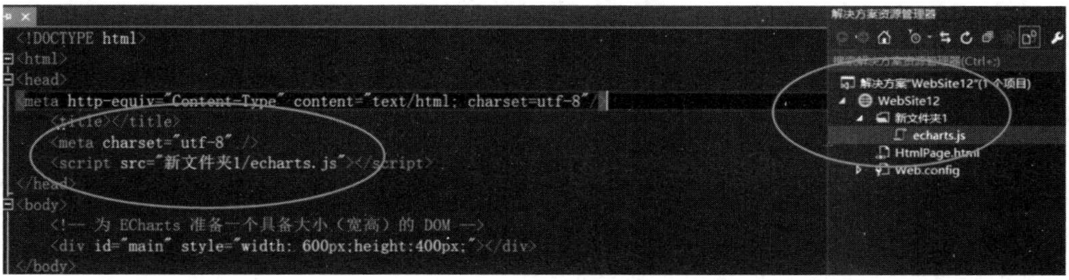

图 8-45　项目引用

(4) 继续写入需要的 ECharts 图表即可，这些例子都是在 ECharts 官网上有的，不用自己手动输入，只需要在原基础上根据自己需求修改一部分内容即可，如图 8-46 所示。

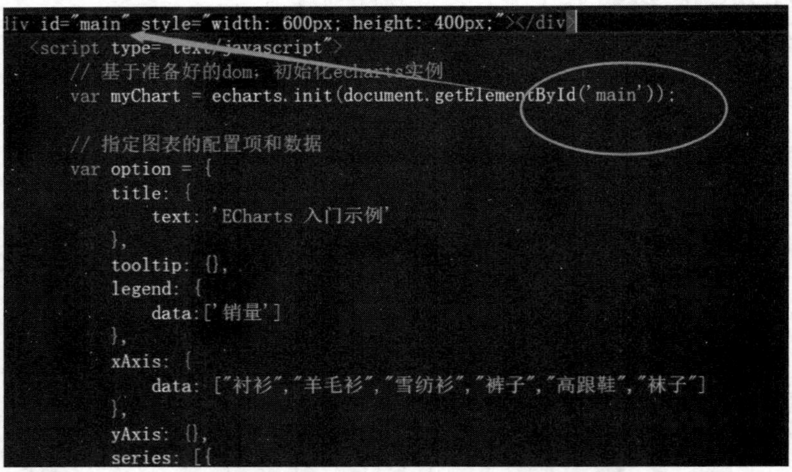

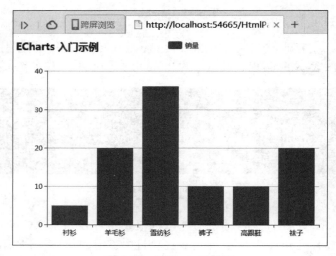

div id="main" style="width: 600px; height: 400px;"></div>
<script type="text/javascript">
// 基于准备好的dom，初始化echarts实例
var myChart = echarts.init(document.getElementById('main'));
// 指定图表的配置项和数据
var option = {
title: {
text: 'ECharts 入门示例'
},
tooltip: {},
legend: {
data:['销量']
},
xAxis: {
data: ["衬衫","羊毛衫","雪纺衫","裤子","高跟鞋","袜子"]
},
yAxis: {},
series: [{

图 8-46　修改内容

(5) 最后运行程序，一个简单而又完整的 ECharts 示例就出现了，如图 8-47 所示。

跨屏浏览
http://localhost:54665/HtmlP
ECharts 入门示例
销量
40
30
20
10
0
衬衫
羊毛衫
雪纺衫
裤子
高跟鞋
袜子

图 8-47　ECharts 示例图

8.4　本章小结

本章主要介绍大数据可视化的概念、大数据可视化过程和大数据可视化工具。

大数据可视化概述中要了解科学可视化和信息可视化的定义，掌握大数据可视化和数据可视化的概念，掌握大数据可视化的过程。

大数据可视化工具中主要了解传统数据可视化工具与大数据可视化工具的区别，了解常见大数据可视化工具，掌握 Tableau 工具的使用。

本章的重点是大数据可视化的概念、过程。本章的难点是使用 Tableau 设计可视化产品。

大数据时代不仅需要处理海量的数据,同时也需要加工、传播和分享,而大数据可视化是正确理解数据信息的最好方法,甚至是唯一方式。大数据可视化让数据变得更加可信,它可以被看作是一种媒介,像文字一样,为人们讲述着各种各样的故事。

习　题

1. 数据可视化有哪些基本特征?

2. 简述可视化技术支持计算机辅助数据认识的 3 个基本阶段。

3. 数据可视化对数据的综合运用有哪几个步骤?

4. 简述数据可视化的主要作用。

5. 简述文本可视化的意义。

6. 网络(图)可视化有哪些主要形式?

7. 大数据可视化主要应用在哪种场景?

8. 大数据可视化软件和工具有哪些?

9. 如何应用 Excel 表格功能实现数据的可视化展示?

10. 查阅相关资料,用实例演示 Tableau 的使用。

11. 查阅相关资料,用实例演示魔镜的使用。

12. 查阅相关资料,用实例演示 ECharts 的使用。

第 9 章
大数据安全

随着大数据技术的发展,越来越多的大数据技术应用于信息安全及网络安全中。其中,大数据在网络安全分析中对信息的采集、存储、查询和分析有着独特的优势。在网络安全中,大数据技术为其构建安全服务后台,使计算机信息安全智能化发展。大数据安全离不开隐私保护、数据加密和访问控制等核心技术。为了使大数据的安全得到保障,大数据安全系统孕育而生。本章介绍大数据安全、大数据安全关键技术、数据隐私保护、数据脱敏技术、数据生命周期等内容。

9.1 大数据安全概述

数据日益成为一项重要的资源,数据处理能力成为体现企业乃至国家综合能力的重要象征。对大数据的处理不再是采取传统的随机采样方式,而是对全部数据进行分析预测。大数据与云计算联系紧密,大数据依托于分布式处理、云存储、虚拟化技术等云计算技术,这些特征对大数据安全提出了更高的要求。大数据安全伴随着数据处理的整个生命周期。同时,大数据安全不仅局限于数据领域,对于以大数据为基础的智能服务也同样重要。

9.1.1 大数据安全的基本概念

大数据时代来临,各行业数据规模呈 TB 级增长,拥有高价值数据源的企业在大数据产业链中占有至关重要的核心地位。在实现大数据集中后,如何确保网络数据的完整性、可用性和保密性,不受到信息泄漏和非法篡改的安全威胁影响,已成为政府机构、事业单位信息化健康发展所要考虑的核心问题。

大数据安全的内涵包括两个层面的含义。其一,保障大数据安全,是指保障大数据计算过程、数据形态、应用价值的处理技术;其二,大数据用于安全,是利用大数据技术提升信息系统安全效能和能力的方法,涉及如何解决信息系统安全问题。大数据安全框架图如图 9-1 所示。

1. 大数据安全标准

大数据安全标准是应对大数据安全需求的重要抓手。基于对大数据安全风险和挑战的综合分析、当前大数据技术和应用发展现状,以及当前我国对大数据安全合规方面的要求,提出如下 5 方面的大数据安全标准化需求。

(1)规范大数据安全相关术语和框架。

（2）为大数据平台安全建设、安全运维提供标准支撑。

（3）为数据生命周期管理各个环节提供安全管理标准。

（4）为大数据服务安全管理提供安全标准支撑。

（5）为行业大数据应用的安全和健康发展提供标准支撑。

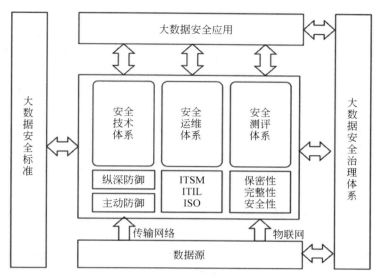

图 9-1 大数据安全框架图

2.大数据安全体系

大数据的安全体系分为 5 个层次：周边安全、数据安全、访问安全、访问行为可见、错误处理和异常管理。具体说明如下。

（1）周边安全技术即传统意义上提到的网络安全技术，如防火墙等。

（2）数据安全包括对数据的加解密，又可细分为存储加密和传输加密；还包括对数据的脱敏。

（3）访问安全主要是对用户的认证和授权两个方面：

① 用户认证（authentication），即对用户身份进行核对，确认用户即其声明的身份，这里包括用户和服务的认证

② 用户授权（authorization），即权限控制，对特定资源、特定访问用户进行授权或拒绝访问。用户授权建立在用户认证的基础上，没有可靠的用户认证谈不上用户授权。

（4）访问行为可见多指记录用户对系统的访问行为（审计和日志），如查看哪个文件；运行了哪些查询；访问行为监控一方面为了进行实时报警，迅速处置危险的访问行为；另一方面为了事后调查取证，从长期的数据访问行为中分析定位特定的目的。

（5）错误处理和异常管理。这主要是针对错误发现，一般做法是建立并逐步完善监控系统，对可能发生或已发生的情况进行预警或者告警，还包括异常攻击事件监测。目前发现的针对攻击的办法如下。

① 攻击链分析，按照威胁检测的时间进行分析，描述攻击链条。

② 相同类型的攻击事件进行合并统计。

③ 异常流量学习正常访问流量，流量异常时进行告警。

在这 5 个层次中，第三层（访问安全）同业务的关系最为直接：应用程序的多租户，分权限访问控制都直接依赖这一层的技术实现，那么重点也将放在这一层。Hadoop 本身提供的认证（主要是 kerberos）不易维护，授权（主要是 ACL）又很粗粒度，为此通过对两个重量级公司（Cloudera 和 Hortonworks）开源的、关于安全的服务进行对比后决定使用 Hortonworks 开源的 Ranger。Ranger 为企业级 Hadoop 生态服务提供了许多安全套件，通过集中化权限管理为用户/组提供文件、文件夹、数据库、表及列的认证、授权控制，还可以提供审计（通过 solr 进行查询），新推出的 RangerKMS 还支持对 hdfs 数据加密等。

3. 大防御技术

根据大数据的技术特点、应用框架，结合安全威胁特点，大数据应用的系统性安全防护需要研究的关键技术主要涉及大数据真实性标记与验证、大数据隐私保护、大数据访问控制、大数据安全计算、大数据存储加密、对抗大数据分析、大数据存储保护和大数据传输保护等。

4. 大数据安全治理体系

大数据的出现颠覆了传统的数据管理方式：大数据时代不仅要提供系统化的基础环境管理能力，而且在数据安全访问控制、安全审计、安全监控等方面面临更大的挑战。大数据安全治理体系是解决大数据安全问题的主要手段，是大数据安全的保障。建立大数据安全治理体系需要从数据边界安全、访问控制和授权、数据保护和审计监控等层次建立。

数据安全防护任重道远，只有通过将有效的技术手段和相关的管理措施相结合，才能从根本上解决数据安全和数据泄露的保护问题。在进攻和防守永无止境的今天，只有不断的技术创新、管理创新，才能最终有效地保障数据的安全。

5. 大数据安全应用

在大数据时代，没有什么比数据安全应用更重要了。大数据安全应用所依托的大数据基础平台、业务应用平台及其安全防护技术、平台安全运行维护技术展开，具体包括安全技术与机制应用、系统平台安全应用和安全运维应用 3 部分。

(1) 安全技术与机制应用。本类标准主要涉及大数据安全相关的技术、机制方面的标准，包括分布式安全计算、安全存储、数据溯源、密钥服务、细粒度审计等技术和机制。通过这些技术、机制的标准化工作，有利于经过实践检验的技术、机制的推广应用，从而整体提升大数据安全水平。

(2) 系统平台安全应用。本类标准主要涉及大数据平台系统建设和交付相关的安全标准，为大数据安全运行提供基础保障。主要包括基础设施、网络系统、数据采集、数据存储、数据处理等多层次的安全技术防护。

(3) 安全运维应用。本类标准主要涉及大数据安全运行相关的安全标准，针对大数据运行过程中可能发生的各种事件和风险做好事前、事中、事后的安全保障，包括大数据系统运行维护过程中的风险管理、系统测评等技术标准等。

9.1.2　云安全与大数据安全

1. 云安全的定义

"云安全"是继"云计算""云存储"之后出现的"云"技术的重要应用,是传统 IT 领域安全概念在云计算时代的延伸,已经在反病毒软件中取得了广泛的应用,发挥了良好的效果,在病毒与反病毒软件的技术竞争中为反病毒软件夺得了先机。云安全是我国企业创造的概念,在国际云计算领域独树一帜。

"云安全"(cloud security)计划是网络时代信息安全的最新体现,它融合了并行处理、网格计算、未知病毒行为判断等新兴技术和概念,通过网状的大量客户端对网络中软件行为的异常监测,获取互联网中木马、恶意程序的最新信息,推送到 Server 端进行自动分析和处理,再把病毒和木马的解决方案分发到每一个客户端。

2. 云安全与大数据安全的关系

大数据安全是基于大数据的安全,整体上来说,就是基于收集的网络、主机侧的日志,通过机器学习等分析手段,达到整体上分析安全入侵行为及整体安全状况的目的。这是未来安全发展的方向。

云安全的概念有如下两个。第一,基于云的安全,也就是基于云端的强大的计算、带宽等能力来提供安全服务。目前主要是 Anti-DDoS 和 WAF,国外的 cloudflare、akamai,国内的安全宝、加速乐。相当于通过将客户的业务接入安全的云,流量先经过安全的云,然后回到客户源站。长期来看,这是未来网络安全的大趋势,因为在本地的硬件盒子有其限制:受到自身处理能力和所在 IDC 资源的限制,但是在云端就完全没有限制。另外,基于云的 Anti-DDoS 和 WAF 产品,其规则更新,系统维护,都在安全服务提供商侧,能够快速响应客户的需求。第二,云平台自身的安全,这可能更多的是传统安全的防入侵,云平台自身的 Anti-DDoS 等,这是传统安全里面的东西,会随着安全的发展而发展。

云安全是保障大数据安全的前提。大数据的操作是基于一系列 IT 设备进行的,因此,保障 IT 设备的正常运行就是保障大数据安全的前提条件。要挖掘大数据这一富矿,就需要以计算机的变换挖掘、分析评估为基础,建立庞大的数据交易所,建立各种各样的大数据科学循环系统。

9.1.3　大数据安全技术分类

大数据安全技术可以分为如下几类。

1. 大数据安全审计

大数据平台组件行为审计,将主、客体的操作行为形成详细日志,包含用户名、IP、操作、资源、访问类型、时间、授权结果、具体设计新建事件概括、风险事件、报表管理、系统维护、规则管理、日志检索等功能。

2. 大数据脱敏系统

针对大数据存储数据全表或者字段进行敏感信息脱敏、启动数据脱敏不需要读取大数据组件的任何内容,只需要配置相应的脱敏策略。

3. 大数据脆弱性检测

大数据平台组件周期性漏洞扫描和基线检测,扫描大数据平台漏洞以及基线配置安全隐患;包含风险展示、脆弱性检测、报表管理和知识库等功能模块。

4. 大数据资产梳理

能够自动识别敏感数据,并对敏感数据进行分类,且启用敏感数据发现策略不会更改大数据组件的任何内容。

5. 大数据应用访问控制

能够对大数据平台账户进行统一的管控和集中授权管理,为大数据平台用户和应用程序提供细粒度级的授权及访问控制。

9.1.4　大数据安全管理体系架构

1. 数据安全管理体系架构

数据安全管理体系需要打造一个统一的平台,通过分层建设、分级防护,达到平台能力及应用的可成长、可扩充,创造面向数据的安全管理体系系统框架。数据安全管理体系架构自下而上分为:数据分析层、敏感数据隔离交换层、数据防泄露层、数据加密层和数据库监控与加固层,从而组成完善的数据标准体系和安全管理体系,如图 9-2 所示。

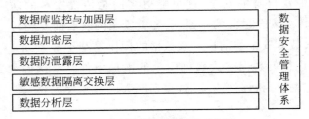

图 9-2　数据安全管理体系架构

2. 数据安全管理体系平台实现技术

数据安全管理体系平台实现技术具体介绍如下。

1) 数据分析层

以安全对象管理为基础,以风险管理为核心,以安全事件为主线,运用实时关联分析技术(如 Hadoop、Spark、HDFS、MapReduce 等),智能推理技术和风险管理技术,通过对海量信息数据进行深度归一化分析,结合有效的网络监控管理,安全预警响应和工单处理等功能,实现对数据安全信息深度解析,最终帮助企业实现整网安全风险态势的统一分析和管理。

2）敏感数据隔离交换层

利用深度内容识别技术，首先对用户定义为敏感、涉密的数据进行特征的提取，可以包括非结构化数据、结构化数据、二进制文件等，形成敏感数据的特征库，当有新的文件需要传输的时候，系统对新文件进行实时的特征比对，敏感数据禁止传输。通过管理中心统一下发策略，可以在存储敏感数据的服务器或者文件夹中利用用户名和口令主动获取数据，对相关的文件数据进行检测，并根据检测结果进行处置。

3）数据防泄露层

（1）数据控制类技术。主要采用软件控制、端口控制等有效手段对计算机的各种端口和应用实施严格的控制和审计，对数据的访问、传输及推理进行严格的控制和管理。通过深度内容识别的关键技术，进行发送人和接收人的身份检测、文件类型检测、文件名检测和文件大小检测，从而实现对敏感数据在传输过程中进行有效管控，定时检查、事件安全事后审计，防止未经允许的数据信息被泄露，保障数据资产可控可信、可充分利用。

（2）数据过滤类技术。在网络出口处部署数据过滤设备，分析网络常见的协议（如TCP、HTTP、POP3、FTP、即时通信等），对上述涉及的协议内容进行分析、过滤，设置过滤规则和关键字，过滤出相关内容，防止敏感数据的泄露。

4）数据加密层

为了保证大数据在传输过程中的安全性，需要对信息数据进行相应的加密处理。通过数据加密系统对要上传的数据流进行加密，对要下载的数据同样要经过对应的解密系统才能查看。因此，需要在客户端和服务端分别设置一个统一的文件加/解密系统对传输数据进行处理。同时，为了增强其安全性，应该将密钥与加密数据分开存放。借鉴 Linux 系统中 Shadow 文件的作用，该文件实现了口令信息和账户信息的分离，在账户信息库中的口令字段只用一个 x 作为标示，不再存放口令信息。

5）数据库监控与加固层

数据库安全加固的核心技术为数据库状态监控、数据库风险扫描、数据库审计、数据库防火墙和数据库透明加密技术。通过构建数据库安全加固平台，以"第三者"的角度观察和记录网络中对数据库的一切访问行为，从源头保护数据，建立纵深防护体系。

9.2　大数据隐私保护

本节重点介绍大数据隐私保护的意义和重要作用、面临的问题与挑战及其原则、机制和常用技术。

9.2.1　大数据隐私保护的意义和重要作用

1. 大数据隐私保护的意义

在计算机网络领域，个人的隐私问题是人们关注已久的问题。大数据时代的到来，使得这一问题的弊端更加显著，影响更加巨大。大数据的收集、处理与应用完全是基于因特网，而因特网与传统信息传播渠道具有非常显著的区别，具有大众传播方式与人际传播方式的很多特点,如交互性、及时性、多元性等特点。但是由于网络环境中的每一个人都是虚拟存在的,信息传播在某种意义上是匿名传播的过程,具有非常隐蔽的特点。网络环境中的信息传递特点使得对于个人隐私的侵权行为产生了很多变化,与传统的侵权行为相比,手段更加智能、隐蔽,侵权的行为方式更加多样化,侵权客体的范畴更加扩大,能够造成更加严重与恶劣的影响。在大数据时代,传统的个人隐私的保护手段:告知与许可、模糊化与匿名化被逐渐破坏。

2. 大数据隐私保护的重要作用

隐私保护越来越成为广大互联网用户关注的问题,造成隐私泄露的原因主要有如下4项。

(1) 用户信息安全意识淡薄或技能不高,造成个人的隐私泄露、个人的意识外泄,包括自愿或被迫地泄密。自愿指网络用户为了一些利益而自愿暴露自己的隐私数据。被迫指在社会群体中,不得不面临着一次次的"泄密"隐患:不填写身份证、真实姓名办不了银行卡,上不了网游,买不了手机卡;不填写个人资料,就无法注册聊天工具、论坛、博客;不填写工作经验、学历、薪金等,就无法提交招聘申请表格等。互联网是一个开放的、虚拟的平台,不管是申请注册,还是进行网上购物都需要填写个人的基本信息。每个人每年都面临着几次、十几次甚至更多次小心翼翼填写这些表格的情形,而对方如何处理这些表格中的个人信息,却从来无法"跟踪到底"。这些都是真实信息,当这些信息被一些别有用心的人利用时,会导致个人隐私信息被恶意发布,甚至用来实施恐吓或被威胁。

(2) 网站及企业机构收集个人信息。部分网站和商家把网上收集到的个人信息存放在专门的数据库中,进行数据整理、分析、挖掘,达到商业价值的再利用,甚至将用户的个人资料转让、出卖给其他公司。侵犯个人隐私在当前社会已经不仅是对他人强烈好奇心的体现,而是一种商业利益的驱使,个人资料存在着商业价值,因而会被收集、利用,甚至是买卖。

(3) 黑客入侵计算机系统获取个人信息。由于所使用的信息系统或信息安全产品防护能力不够强(缺乏完善的保护机制),给计算机黑客等攻击者造成了窃取用户隐私的机会网站服务器易被黑客侵入获取用户私人信息,并以此牟利。如英国一名黑客通过互联网获取了2.3万多张信用卡的详细资料,并在互联网上将数千张信用卡信息发布出去。

(4) 发布数据的信息披露。这也是发布数据的研究重点。由于数据保护和发布机制的不完善,别有用心者针对发布数据进行分析、挖掘和推理,造成发布数据的个人信息的泄露。

正是因为这样,隐私保护变得至关重要,个人隐私受到了前所未有的威胁。在这种情况下,根据大数据时代信息传播的特点,分析个人隐私权利侵害行为的产生与方式则具有非常重要的意义。计算机处理能力、储存技术及互联网的快速发展,使得信息的数据化加快。针对数据化信息的隐私保护即保护数据的发布者不希望泄露的敏感信息。

9.2.2　大数据隐私保护面临的问题与挑战

1. 隐私保护面临的主要问题

个人隐私往往包含具有重要价值的信息,如果这些信息被他人获得,有可能造成个人经济损失、名誉损失或精神损失,因此,隐私成为个人希望保护的信息。然而,正是由于这些信息的重要价值,使其成为一些心怀不轨的人垂涎的猎物,尤其是在网络时代,数据信息的传播、复制达到了前所未有的便利程度,这使得个人隐私的泄露面临着前所未有的巨大威胁。为了能够清楚地认识到众多隐私数据的安全威胁,本文将隐私面临的主要威胁(泄露途径)归纳为 4 种类型:未经许可的访问、网络传输的泄露、公开数据的(分析)挖掘、"人肉搜索"。

(1) 未经许可的访问。

未经许可的访问是指报错在本地或远程的个人数据被未经授权的访问所获取,这些访问有可能来自外部绕过安全机制的攻击,也有可能来自内部疏于管理的漏洞。例如,存放在本地计算机用户的文件被黑客窃取;用户的操作被木马记录并传递给控制者;存放有公司员工个人资料的数据库服务器暴露在不受保护的网络环境中;网络管理员违规查看数据库记录等。这一类型的隐私泄露源于计算机安全措施的缺乏,没有采取足够的、主动保护本机或服务数据存取安全的手段,从而导致大量的安全漏洞,不仅造成信息泄露,还可能造成信息被篡改。

(2) 网络传输的泄露。

网络传输的泄露是指含有个人隐私的数据在网络传输的过程中被窃取。例如,在使用即时通信工具时双方的通信被嗅探器截获;收发电子邮件时邮件内容被网关非法保留;一个传输个人文件的 TCP/IP 链接被会话劫持;登录网上银行却被伪装成该网银的钓鱼网站蒙骗等。网络传输中的隐私泄露与"未经许可的访问"的情形不同,由于网络传输的公开性,无法阻止他人获得这些数据,但是可以通过加密手段免传输明文数据等,防止他人获得传输数据后重组成有意义的数据。

(3) 公开数据的(分析)挖掘。

公开数据的(分析)挖掘是指在数据发布中个人隐私被泄露。例如,未经模糊处理发布的医疗记录情况;经过隐去姓名处理的住房交易信息发布时,通过联系方式确定住房拥有者等。这类隐私泄露是在公众均可获得明文数据的情况下泄露的。一般情况下,发布的数据都经过了模糊处理或匿名处理,但是别有用心的人(入侵者)仍可以通过被公布数据之间甚至之外的信息来准确推测个人隐私,这就需要在发布隐私上采取更为可靠但是又能保留公布数据可用性的数据匿名技术。

(4) "人肉搜索"。

"人肉搜索"是指利用人工参与来搜索信息的一种机制,实际上就是通过其他人来搜索自己搜不到的东西,更加强调搜索过程的互动。当用户的疑问在搜索引擎中不能得到解答时,就会试图通过其他几种渠道来找到答案,或者通过人与人的沟通交流寻求答案。它与百度、谷歌等搜索技术不同,它更多地利用人工参与来提纯搜索引擎提供的信息。"人肉搜索"会泄露个人网络隐私,目前呈现多样化态势。在使用人肉搜索查找事实真相的同时,"人肉搜索"也侵犯个人隐私,如将公布当事人的联系方式、照片、家庭地址、身份证号码、婚姻、职业、教育程度、收入状况、个人健康医疗信息、股东账号等个人隐私信息。

"人肉搜索"现象,在某种程度上也是一种公民行使监督权、批评权的体现,其积极价值:一是有利于个人情绪的平衡;二是有利于社会的稳定。"人肉搜索"现象的出现,有利于网络社会的德治与现实社会法治的结合,能使德治和法治双管齐下,社会更稳定。"人肉搜索"作为一种新的网络现象,如果使用不当,容易引起严重的隐私泄露及网络暴力等消极影响。由于"人肉搜索"时,当被搜索对象的个人隐私被毫无保留地公布,被搜索者所面对的不仅是网民在网络上的口诛笔伐,甚至在现实生活中也遭受到人身攻击和伤害。因此,如果"人肉搜索"超越了网络道德和网络文明所能承受的限度,就容易成为网民集体演绎网络暴力非常态行为的舞台,侵犯了个人隐私权等相关权益,失去了"人肉搜索"发挥网络舆论监督的作用。

"人肉搜索"处于互联网规范与现实社会法律监管的真空地带,多年以来事件频发,引起了社会各方强烈关注。若"人肉搜索"中超出了法律的底线,侵害了被搜索人的隐私权行为时,将构成侵权行为。

2. 隐私保护面临的挑战

大数据是当今计算机科学面临的新的计算环境,而隐私保护又是其中极其重要的问题。在大数据隐私保护研究中存在诸多问题与挑战。

(1) 隐私度量问题。

隐私是一个主观概念,它根据不同的人、不同的时间的变化而变化,因此,难以对其定义和度量,它是基础性和挑战性问题,不仅需要技术方面的努力,也需要在社会学和心理学方面的研究。

(2) 理论框架问题。

目前有数据聚类方法和差分隐私保护理论框架,但由于数据聚类隐私保护方法(如 k-匿名等)存在局限性,目前在实际应用中采用差分隐私保护。在大数据时代能否研究出新的具有开创性的隐私研究理论基础,将是另一个挑战。

(3) 算法的可扩展性。

目前存在的一些机制和策略处理数据量大的数据库时主要是采用分治法,但是大数据的规模远比这种数据库要大,设计可扩展性算法实现隐私保护也是一个挑战。

(4) 数据资源的异构性。

当前可用的隐私保护算法几乎都是面向同构数据(homogeneous data)的,类似于数据库中的记录,但实际上大数据的数据源都是异构数据(heterogeneous data)。以高效的方式处理异构大数据显然也是未来的挑战。

(5) 隐私保护算法的效率。

对于体积庞大的大数据,算法的效率将是大数据计算过程中一个重要的因素。

9.2.3   大数据隐私保护技术

1. 大数据隐私保护原则及机制

(1) 隐私保护机制

隐私保护机制的种类一般分为交互模式和非交互模式(interactive and non-interactive)。

交互模式(在线查询)可以认为是一个可信的机构(如医院)从记录拥有者(如病人)中收集数据并且为数据使用者(如公共卫生研究人员)提供访问机制,以便于数据使用者查询和分析数据,即提供一个接口从访问机制返回的结果被机制所修改以便保护个人隐私。当数据分析通过查询接口提交查询需求时,数据拥有者会根据查询需求,设计满足隐私要求的查询算法,经过隐私保护机制过滤后,把含噪音结果返回给查询者。由于交互式场景只允许数据分析者通过查询接口提交查询,查询数目决定其性能,所以其不能提出大量查询,一旦查询数量达到某一界限(隐私预算耗尽),数据库关闭。

在非交互式模式(离线发布)的数据发布者用特定技术处理后的数据集。数据分析者对发布的数据进行数据挖掘分析,得出噪音结果。非交互式场景主要研究的是如何设计高效的隐私保护发布算法使发布的数据既能够保证数据的使用还能保护数据拥有者的隐私。

在交互式框架中,数据所有者从未向研究者公布原始数据,因此他们始终掌握着数据,相对于非交互式框架,访问控制在这种框架中很容易被执行;研究人员也必将从交互式框架中获利,在这一框架中,他们现在可以对数据集的所有领域进行灵活查询;在非交互式框架中,一旦数据被发布,数据所有者将失去对数据的控制。

(2) 信息度量和隐私保护原则

信息度量(information metrics)是用来衡量匿名表的实用性和隐私保护程度,包括隐私泄露风险评估(disclosure risk)、可用性评估(data utility)和信息损失评估(informantion loss)。

数据变换技术中的隐私保护是通过对原始数据的扭曲、伪装或轻微改变来实现的。衡量隐私保护的程度也就是数据的实用性和安全程度,一般从 3 方面来衡量:隐私泄露风险评估,隐含在原始数据中的敏感信息或敏感规则模式被披露的程度;可用性评估,根据修改后的原始数据推测出正确值的可能性;信息损失评估,原始数据的改变程度。

对于很多隐私保护方法,目前还没有一个能针对各种数据集、各种挖掘算法的有效的隐私保护策略,当前算法都是针对特定的数据集、特定的挖掘算法研究设计的。但信息度量是希望找到隐私泄露风险评估和可用性评估的平衡关系(即 R-U 关系)。

对于在什么情况下用什么样的算法应该从以下几点考虑。

(1) 隐私泄露风险评估:方法研究的是数据挖掘的隐私保护,首要考虑的是对隐私数据保密的程度。目前的算法中不能保证做到绝对保密,每个算法的保密性都是有限的,根据不同的保密需要选择不同的隐私保护方法。

(2) 数据的实用性:隐私数据的处理一方面考虑的是保护数据中的隐私信息,另一方面考虑共享数据的趋势(实用性)。

(3) 算法复杂度:算法复杂度是指算法运行时所需要的资源,资源包括时间资源和内存资源,算法复杂度是衡量所有算法的一个基本标准,对于隐私保护算法也同样如此。一般利用时间复杂度对算法性能进行评估。在考虑算法的可用性的基础上也要考虑算法的可行性,应使算法的复杂度尽可能低,这是在设计方法时的重要目标之一。

面向用户的隐私保护原则,主要包括如下 4 方面:
- 用户匿名性;
- 用户行为不可观察性;
- 用户行为不可链接性;
- 用户假名性。

2. 大数据隐私常用保护技术

一般来说,隐私保护常用技术可以归纳为匿名处理(删除标识符)、概化/归纳、抑制、取样、微聚集、扰动/随机、四舍五入、数据交换、加密、Recording、位置变换和映射变换等方法。

这些技术在军事、通信中已经得到大量的应用,在医疗、银行和证券业的 IT 系统中也普遍应用。接下来介绍 4 种大数据常用的隐私保护技术。

(1) 匿名处理。

匿名是最早提出的隐私保护技术,将发布数据表中涉及个体的、表示属性删除(remove identifiers)之后发布。与传统针对隐私保护进行的数据发布手段相比,大数据发布面临的风险是大数据的发布是动态的,且针对同一用户的数据来源众多,总量巨大。需要解决的问题是如果在数据发布时,保证用户数据可用的情况下,高效、可靠地去掉可能泄露用户隐私的内容。传统针对数据的匿名发布技术,包括 k-匿名、l-diversity 匿名、t-closeness 匿名、个性化匿名、m-invariance 匿名、基于"角色构成"的匿名方法等,可以实现对发布数据时的匿名保护。在大数据环境下,需要对这些数据进行改进和发展。

基于数据匿名化的研究是假设被共享的数据集中每条数据记录均与某一特定个体相对应,且存在涉及个人隐私信息的敏感属性值,同时,数据集中存在一些称为准标识符的非敏感属性的组合,通过准标识符可以在数据集中确定与个体相对应的数据信息记录。如果直接共享原始数据集,攻击者如果已知数据集中某个体的准标识符值,就可能推知该个体的敏感属性值,导致个人隐私信息泄露。基于数据匿名化的研究目的是防止攻击者通过准标识符将某一个体与其敏感属性值链接起来,从而实现对共享数据集中的敏感属性值的匿名保护。

(2) 大数据中的静态匿名技术。

在静态匿名策略中,数据发布方需要对数据中的准标识码进行处理,使得多条记录具有相同的准标识码组合,这些具有相同准标识码组合的记录集合被称为等价组。

k-匿名技术就是每个等价组中的记录个数为 k 个,即针对大数据的攻击者在进行链接攻击时,对于任意一条记录的攻击同时会关联到等价组中的其他 $k-1$ 条记录。这种特性使得攻击者无法确定与特定用户相关的记录,从而保护了用户的隐私。

l-diversity 匿名策略是保证每一个等价类的敏感属性至少有 l 个不同的值,l-diversity 使得攻击者最多以 $1/l$ 的概率确认某个个体的敏感信息。

t-closeness 匿名策略以 EMD 衡量敏感属性值之间的距离,并要求等价组内敏感属性值的分布特性与整个数据集中敏感属性值的分布特性之间的差异尽可能大。在 l-diversity 基础上,考虑了敏感属性的分布问题,要求所有等价类中敏感属性值的分布尽量接近该属性的全局分布。

(3) 大数据中的动态匿名技术。

针对大数据的持续更新特性,有的学者提出了基于动态数据集的匿名策略,这些匿名策略不但可以保证每一次发布的数据都能满足某种匿名标准,攻击也将无法联合历史数据进行分析和推理。这些技术包括支持新增的数据重发布匿名技术、m-invariance 匿名技术、基于角色构成的匿名等支持数据动态更新匿名保护的策略。

支持新增的数据重发布匿名策略:使得数据集即使因为新增数据而发生改变,但多次发布后不同版本的公开数据仍然能满足 l-diversity 准则,以保证用户的隐私。数据发布者需要集中管理不同发布版本中的等价类,若新增的数据集与先前版本的等价类无交集并能满足 l-diversity 准则,则可以作为新版本发布数据中的新等价类出现,否则需要等待。若一个等价类过大,则要进行划分。

（4）大数据中的匿名并行化处理。

大数据的巨规模特性使得匿名技术的效率变得至关重要。大数据环境下的数据匿名技术也是大数据环境下的数据处理技术之一，通用的大数据处理技术也能应用于数据匿名发布这一特定目的。分布式多线程是主流的解决思路，一类实现方案是利用特定的分布式计算框架实施通常的匿名策略，另一类实现方案是将匿名算法并行化，使用多纯种技术加速匿名算法的计算效率，从而节省大数据中的匿名并行化处理的计算时间。

使用已有的大数据处理工具与修改匿名算法实现方式是大数据环境下数据匿名技术的主要趋势，这些技术能极大地提高数据匿名处理效率。

9.3　大数据在安全管理中的应用

9.3.1　大数据在公共安全管理中的应用

大数据正在改变着世界。我们应当抓紧研究如何在公共安全管理中有效采集、整合、分析、共享大数据，厘清公权与私权的合理界线，形成公共事务共商、共享、共担、共处的问题解决机制，推进管理部门与民众之间的良性互动，真正形成政府主导、公众参与、多元协同治理的新格局。

习近平主席在第二届世界互联网大会上明确指出：“以互联网为代表的信息技术日新月异，引领了社会生产新变革，创造了人类生活新空间，拓展了国家治理新领域，极大提高了人类认识世界、改造世界的能力。”

回顾我国在公共安全管理方面就大数据应用做出的探索，特别应当注意，技术创新、政策创新、管理创新三者往往是不同步的。在许多情况下，技术创新会走在前面。当技术创新“倒逼”政策创新、管理创新的时候，公权力掌控者的从善如流就格外重要。

1. 以人为本是全方位立体化公共安全网建设的核心

大数据是以容量大、类型多、存取速度快、应用价值高为主要特征的数据集合，具备 4V 特征：超大规模和不断增长的数据量（Volume）；异构和不同性质多样性（Variety）；巨大的价值（Value）；高速（Velocity）。在公共安全管理中，无论是事前监测与预警还是事中处置与响应，实施网络和大数据安全保障均具有重要意义。

在事后分析与评估方面，大数据更可发挥保障安全、提高管理水平的重要作用。据此，有学者建议应学习一些发达国家电子政务建设模式，进行网格化建设，即将目标城市分成网格，在网格基础上细化大数据的调用，设计专门流程，既包括预案设立和响应设立，也包括灾备资源调用等。

现阶段，突发事件正历经从单一向综合的转变，自然灾害、灾难事故、公共卫生事件、社会安全事件之间互相联系、互相诱发、互相转化的情形增多。灾害的突发性、复杂性、多样性、连锁性，以及受灾对象的集中性、后果的严重性和放大性愈加突显。尤其是城市公共安全呈现出自然和人为致灾因素相互联系，传统和非传统安全因素相互作用，旧有社会矛盾和新生社会矛盾相互交织等特点。

尽管近几年我国对于公共安全的重视和投入在不断增加，管理水平也在不断提升，但现实情况仍然不容乐观。

我国突发事件处置应当向预防、准备,以及减轻灾害后果的方向转变;由单纯的减灾向减灾与可持续发展相结合转变;由政府包揽向政府主导、社会协同、公众参与以及法治保障转变;由以往单一地区、部门实施的工作向加强区域合作、协调联动、国际合作转变。人是公共安全管理中最主要、最活跃的因素,以人为本理应成为公共安全管理方法论的核心。以人为本的全方位立体化公共安全网的建设,核心要素是人以及人的活动。公共安全管理是为了关注人的需求、保护人的正常活动、保障人的生命财产安全。人的活动包括个体与集群两种方式,从大数据的角度观察,是无数个体的活动构成了群体聚合的状态。

大数据既是互联网技术的应用,更是方法论的创新。互联网已经使得公众参与社会活动从来没有像这样直接和直观。大数据的归集与分析技术也已经使我们在物质空间之上,更加深刻地认识到"人"的作用。

以工伤预防及安全生产为例,应当大力督促企业增强风险意识,引导企业依法参保,保证工作场所安全,加强伤害事故的事先预防。此外,应当进一步规范劳动关系,关心职工的身心健康,避免挂靠分包使管理者忽视对劳动者安全生产过程的有效监管。加强以风险治理为核心的应急管理基础能力建设。

风险是人类社会发展和科学技术应用所带来的伴随现象,风险是不以人的意志为转移的客观存在。但与此同时,风险又是可以管控的,人不是风险的被动接受者而应当是主动管控者。

应当加强以风险治理为核心的应急管理基础能力建设,包括监测预警、现场指挥、应急救援、物资保障、紧急运输、通信保障、恢复重建等各方面的能力。

当前,国际上较为关注以下方面的建设:基于风险和情景构建的预案体系;基层应急和救援能力评估与建设;综合灾害应急救援处置体系建设;恶劣环境的灾情获取与实时传输、现场通信、实时动态决策与指挥;面向社区与公众的灾情预警发布;企业防灾可持续发展计划制定;现场指挥和应急运行体系建设等。

其中,重大突发事件情景构建体系,是当前世界公共安全应急管理的前沿问题,一些发达国家已构建了 12 个重大突发事件情景。情景构建是开放系统,具有高度弹性和可持续改进性。我们应瞄准这一国际新前沿,提高应急管理水平。

2. 发挥法治建设与大数据应用的互相促进作用

公共安全管理应当尽可能减少"人治"的因素,培育"办事依法,遇事找法,解决问题用法,化解问题靠法"的法治环境。

法律法规总是具有滞后性,在法律法规尚未明文规定的问题出现时,不能因为法律的不健全而推诿。必须按照法治原则,提高领导干部的应急处突的本领,提升干部勇于负责、敢于担当、科学决策、快速处置的能力。

在充分肯定大数据在公共安全管理方面应用成绩的同时,应当清醒地认识到还存在的"短板",例如,非结构化数据利用率较低,大数据应用存在数据研判偏差,如何引导和用好网民的热情也需要总结经验。

当前,我国尤其应当注意厘清政府数据与政府信息的关系、开放政府数据与公开政府信息的关系、利用政府数据与获知政府信息的关系,进一步推动政府数据的开放与深度开放利用。

9.3.2　大数据在煤矿安全管理中的应用

智慧城市不仅会改变居民的生活方式,也会改变城市生产方式,保障城市可持续发展。当前推进我国智慧城市建设有利于推进我国内涵型城镇化发展;有利于培育和发展战略性新兴产业,创造新的经济增长点;有利于促进传统产业改造升级、社会节能减排,推动经济发展方式转型;有利于我国抢抓新一轮产业革命机遇,抢占未来国际竞争制高点。

1. 大数据与煤矿安全管理

相关数据显示,近年来,我国煤矿安全指标逐渐朝着良性的方向发展。然而,煤炭行业依旧属于高危行业,并未彻底摆脱高事故率的困境。要想不断提升煤矿安全生产水平,必须做好安全管理工作。在煤矿安全管理工作中引入大数据技术,可以丰富管理方法、优化信息系统。最近几年,我国煤炭价格一直在低位徘徊,煤炭行业形势不容乐观。然而,煤炭依旧具有不可替代的战略地位。

(1) 我国大多数煤矿为井工开采,井下条件错综复杂,由于地质水文条件、赋存条件、井田规模等影响,形成了众多开采方法。

(2) 由于井下空间狭窄、条件恶劣、作业地点不断变动,增加了对各种事故的控制难度,从而对机械设备的可靠性与安全性提出了更高的要求。

(3) 井下生产过程复杂,包括诸多系统,如通风、采煤、供电、开拓掘进、运输等,要确保每个系统彼此配合顺利运行,并非易事。

2. 数据特征

煤矿企业的数据特征如下。

(1) 规模大。煤矿企业生产中会产生许多数据资料,这些资料是实时变化的,并且具有非常重要的作用,如测量数据(井下职工情况、机械情况)、环境监测数据(瓦斯含量等)。

(2) 种类多。煤矿日常运行过程中会形成许多监测数据,其中包括结构化数据,如累计值、平均值等,还涉及半/非结构数据,如事故案例、矿图数据、监控数据等,后一类的比例日益增加。

(3) 价值密度低。煤矿井下配备有许多监控设备及传感器,它们负责记录井下各环节的动态,监控机械工况以及环境条件,形成了许多数据,但有价值的少。

(4) 产生和增速快。近年来,煤矿安全管理各环节纷纷引入了信息化技术,形成了一个非常复杂、有机结合的系统,包括考勤矿压、瓦斯等监测系统。每一个系统的全天候运行,形成许多数据,且快速增长。

预测是大数据的重中之重。煤矿数据的 4V 特征,可以通过大数据技术加以处理,并在此基础上,对事故发生的概率进行预测。大数据下的相关关系分析为煤矿提高安全管理水平提供了一种新思路,可以通过数据处理结果做出更加科学合理的决策,从而减小人为失误,为构建安全管理系统创造良好的条件。

3. 煤矿安全管理中大数据技术的应用前景

煤矿安全管理中大数据技术的应用前景如下。

（1）大数据变革管理思维，提升系统安全观念。

相对于大数据，小数据时代下的直线思维注重数据的精确性，通过分析事物规律，为煤矿安全生产提供参考，但该模式已无法满足复杂的煤矿生产系统的需要。经过长时间的信息化应用，煤矿形成了许多数据资料，例如 GIS、地质、监控等方面的数据，其中含有 5% 的结构化数据，可以在传统数据库中使用。而其他的非结构化数据，尽管占比非常高，但是却比较复杂，不容易利用。想要进一步应对煤矿复杂的安全生产系统，就要积极更新思维，降低对数据精确性的追求，分析大数据时代下的混杂数据。海量纷杂的数据、优秀的分析工具、先进的计算机设备为全样本数据分析创造了良好的条件。大数据技术分析煤矿生产过程中产生的所有数据比少量的、精确的样本数据更适合煤矿，可以充分发掘不同数据之间的相互关系，发现隐藏在背后的信息，得到更多有价值的数据资料，降低人为主观意识的错误，为煤矿做出科学合理的安全决策提供帮助。

（2）大数据技术提升设备运行可靠度，实现对设备动态的有效监测。

近年来，煤矿自动化水平不断提升，越来越多的先进设备被引入煤矿生产。过去，基本是等到机械设备发生故障以后才维修，不但维修难度高，而且还会对煤矿生产进度产生阻碍，并且会提高事故风险。大数据技术可以妥善处理上述难题，如在通风机上配置传感器，用来记录各种相关数据，对每个工况点的动态进行分析，寻找其中的故障点，系统自动对比这些异常与正常情况，便能够发现问题的根源。在第一时间找出设备的异常，系统能够提前发出提示，便于企业做好防范措施。与设备故障导致煤矿停产的损失对比，收集与分析数据的投入明显减少，同时，安全性明显提高。

（3）大数据技术提供事故分析新视角，实现安全管理关口前移。

发生事故后对其原因进行分析、明确各方责任，对减小事故率有所帮助。但事后处理模式具有滞后性，不能深入发掘安全生产数据，分析事故规律。例如，对于瓦斯爆炸事故，基本上是从火源、CH_4、O_2 浓度等环节入手，然后分析管理、设备以及人员等因素，该方法对于煤矿生产安全起着重要的推动作用，但到目前为止，我国关于瓦斯爆炸的研究基本停留在模拟硐室或实验室的层面，没有充分兼顾煤矿井下具体条件，不能分析其他因素的作用。通过大数据技术深入分析，能够尽可能地挖掘出更多的环境因素，然后构建相应模型，为煤矿安全生产提供参考依据。大数据技术可以更加全面地分析事故，从多个层面进行预防，将安全管理关口前移，相对于事后分析模式，具有更重要的作用。

9.3.3　大数据在安全管理应急方面的应用

欧美一些国家已经开始把大数据运用到应急管理中，并取得一定成效，当前国内实务界和学术界虽然开始关注大数据的应用，但相关研究还比较缺乏。本文根据大数据的内涵，归纳了大数据在应急管理中的应用方式和基本框架，总结了大数据在应急管理中的实践案例，期望对我国大数据在应急管理中的应用和研究有所启示。

1. 大数据的内涵和在应急管理中的应用方式和基本框架

关于大数据的内涵并没有完全一致的理解，如按照麦肯锡全球研究所（McKinsey Global Institute）的定义，大数据指的是超出常规数据库软件工具所能捕获、存储、管理和分析的超大规模数据集。也有的从数据集的特点入手，界定了大数据的 3 个主要特点，即常用的 3V 界定：规模性(volume)、多样性(variety)和高速性(velocity)。舍恩伯格在《大数据时代》中反复强调：大数据是人们获得新认知、创造新价值的源泉；大数据还是改变市场、组织机构以及政府与公民关系的方法，强调以大数据技术为基础的新思维和新方法。由于对"大数据"的认识存在差别，综合不同的定义看，"大数据"在不同领域内包含 3 层含义，可以分别从现实和技术两方面加以阐释：第一层意义上的"大数据"指的是数据的巨量化和多样化，现实方面指的是海量数据，技术方面指的是海量数据存储；第二层意义上的"大数据"指的是大数据技术，现实方面指的是对已有或者新获取的大量数据进行分析和利用，技术方面是指云存储和云计算；第三层意义上的"大数据"指的是大数据思维或者大数据方法，现实方面指的是把目标全体作为样本的研究方式、模糊化的思维方式、侧重相关性的思考方式等理念，技术方面是指利用海量数据进行分析、处理并用以辅助决策，或者直接进行机器决策、半机器决策的全过程大数据方法，这种对大数据的认知方式涉及"大数据项目"或"大数据技术应用"的认知，并由此可以延伸出大数据视角下的应急管理方式。

　　大数据在应急管理中的应用方式分为两部分：大数据技术和大数据思维。大数据技术既包括诸如数据仓库、数据集市和数据可视化等旧技术，也包括云存储和云计算等新技术；而大数据思维则是从海量数据中发现问题，用全样本的思维来思考问题，形成了模糊化、相关性和整体化的考虑方式。大数据技术与思维相互融合和作用，共同形成了大数据的应用，并对包括应急管理在内的很多公共管理领域产生了巨大影响。如英国皇家联合军种国防研究所 2013 年的报告提出，大数据的应用包含 4 个特征：快速的收集、分析、决策和反应机制；在分析和结论方面有极高的可信度；无论是在个人还是群体的行为预测方面都应该更有预见性和更高的准确度；重视数据和充分利用，最好是能够多次使用数据。按照突发事件发生的时间顺序，整个应急管理大致可以分为事前、事中和事后 3 个阶段，包括预防准备、监测预警、应急处置、善后恢复等多个环节。由于当前大数据在应急管理中大多处于技术应用阶段，并没有针对应急管理中大数据的应用进行严格分类，因此本书根据应急管理最简单的时间序列划分法，探讨了大数据在应急管理中事前、事中和事后应用的基本框架。当然，由于应急管理针对的事件类型不同，并非所有的应急管理领域都会涉及大数据在 3 个过程中的应用。有时候可能并不需要进行数据的重新收集和硬件系统的整合，而只需要进行管理模式和思维的变化，就可以形成新的大数据应用方式，这也是大数据在应急管理甚至是公共管理应用中不同于纯技术导向应用的核心所在。

2. 大数据在应急管理中应用的具体分析和实践

　　由于应急管理 3 个阶段的任务不同，且不同性质的突发事件也有发生机理和破坏方式的差异，针对不同突发事件进行应急管理时，所侧重的应对阶段也有所不同。如地震、海啸等发生突然，现场反应时间很短，进行"事中响应"非常困难，需要着重预防和救援；而森林火灾等预防困难，救援难度大，现场应对更为重要。因此，就需要根据突发事件的不同特点，在不同阶段应用大数据，可以起到事半功倍的效果。

　　(1) 事前准备。

　　在事前准备阶段，需要为大数据的应用进行相应的管理和设施准备。管理准备指的是与大数据管理、大数据方法相匹配的人事准备和管理提升。设施准备指的是大数据应用所需要的硬件和软件设施。硬件设施主要涉及新技术背景下的数据采集，而软件设施不但涉及新数据的采集,也可以针对旧有数据进行分析和挖掘。

(2) 两个层面人员的管理准备。

这主要是对中上层管理人员和基层管理人员的培训和管理。中上层要进行相应的领导体制变革和知识培训,下层则可能要新设机构、增加专业技术人员和信息采集人员,并做好培训。为了响应大数据时代的到来,在管理层面,如美国政府在 2009 年任命了联邦政府首任首席信息官,负责指导联邦信息技术投资的政策和战略规划,负责监督联邦技术应用的有关支出,监管企业等,以确保在联邦政府范围内,系统互通互联、信息共享,确保信息安全和隐私。此外,首席信息官还与首席技术官紧密合作来推进总统有关大数据应用的技术设想。英国提出"相关部门必须重视大数据管理……需要任命两名三星上将担任'大数据'监督官,或者国防安全部门内部的大数据指挥官;这两名上将应该分别来自国防部和联合部队司令部,并分别负责两部分的大数据工作。"而基层管理人员需要进行相应的培训。英国皇家联合军种国防研究所的"大数据化"建议帮助国防部门转变成为"大数据化"组织,对需要进行大数据化的部门安排培训,人员需要包括中层以下的管理人员和项目专家,即数据分析官;明确工业部门对大数据管理的价值和作用,包括作为后备力量和为国防安全领域提供专业技术人才。

(3) 大数据应用的设施准备。

设施准备主要指为大数据的应用提供基础设施,随着技术的不断发展,"传感器"将成为大数据应用中的重要一环。20 世纪 60 年代以来,美国为预防风暴和海浪袭击而建立海浪检测系统。2005 年,国家数据浮标中心在原有设备的基础上架设了大量新型海洋地理传感器,包括海浪流向传感器等。此项目传感器实时产生大量数据,用以实时监测海浪情况。按照该项目划分,全美海岸线被分为 7 个部分,每个区域的分支网路都是先独立布点,然后在区域联网的支持下,根据海浪运动的物理原理扩展联网。全部联网完成以后,整个监测网包括 296 个传感器:其中 56 个分布在远海,60 个分布在大陆架外部,47 个分布在大陆架内部,133 个分布在海岸线附近。其中,有 115 个布点是 2005 年最新增加的布点,另外有 128 个布点刚刚完成海浪流向测量的升级。这项计划产生极大的社会价值。根据数据统计,商业捕捞是全美最危险的职业之一。在 2008 年,该中心的报告称,该年度渔业从业者每十万人中的死亡人数为 155 人,而全美所有行业的平均死亡人数仅为每十万人中有 4 人。在渔业相关的所有死亡因素中,79% 是由天气原因造成的,其中 40% 是由巨浪导致。虽然无法具体统计海浪预测系统的预报拯救了多少人,但毋庸置疑的是,更好的实时海浪监测系统就意味着能救更多人。大数据设施的准备还包括软件准备。软件的升级包括算法的更新,分析方法和数据处理方法的改进,多源数据的融合分析。在阿富汗,英军曾使用相关技术绘制一种"人肉炸弹地图",将信息导入数据库,通过生物识别数据和图像来识别当地人口,判断关键信息,从而找出可能出现的恐怖分子。在阿富汗战争最激烈的时期,美国国防高级研究计划局曾派遣数据科学家团队和可视化技术团队到阿富汗。在一个名为 Nexus7 的计划中,这些团队将卫星数据与地面监控数据相融合,用以观察道路网中的交通流,以便作战人员定位并摧毁简易爆炸装置。由于地面监控和卫星图像等硬件设备早为英美联军所部署,在阿富汗反恐作战中,图像处理技术、多源数据融合技术和可视化技术才是充分挖掘原有数据并使之产生价值的关键所在。

3．事中响应

在事中响应阶段，大数据的应用能为政府、第三方组织或个人开展应急响应提供很大便利。对于政府而言，大数据化的应急管理意味着技术支撑基础上的融合与协作，它不但为协作带来很大便利性，也保证了日常业务连续性和应急处置及时性之间的平衡。对第三方组织或人来说，大数据可以为应急管理提供更加便捷灵活的手段。

（1）宏观和微观层面基于大数据信息流的多元应急合作。

在宏观层面，整个应急响应可以分为决策指挥、现场应对和外界援助 3 个层面，这之间以海量数据信息、高效计算能力和数据传输能力为基础，实现信息有效沟通和机器预测预判，进而帮助指挥部门协调各方、现场处置和救援、与外界通过信息沟通提供援助，实现多元化协作的应急处置。

在微观层面，应对部门需要在应急处置和业务连续性之间保持平衡。大数据基础上的决策支持系统将成为强大的信息管理系统，能够做到实时报告，而且操作简易，能够同时集合多项关键指标的高效指挥决策辅助系统，如图 9-3 所示。在大数据决策支持系统支撑下，交通、医护、警务、市政基础设施管理部门，需要及时沟通，为突发事件的处置提供有力的犯罪打击、充足的物力资源、及时的导航信息和必要的建筑图纸等。不同部门提供的信息，都需要纳入大数据支撑的决策支持系统。如警务系统在接到报警后，将信息发送到决策支持系统，系统进行分析，确定事件的类型和位置，信息会在电子地图上显示，根据实践情况同时列出关键设备需求表，随后进行危机通报与应急响应。同时，交通部门将路况信息，可用资源和监控数据传输到决策支持系统，系统进行可视化操作，确定出通行路段和避免经过的路段，确定路线。医护部门根据决策支持系统的信息实时跟踪状态，可以有效调配可用资源，提高响应速度，与地理信息系统和地图系统相连以后，救护效率也会提高。

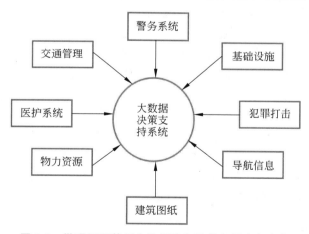

图 9-3　微观层面基于大数据信息流的多元应急合作

（2）第三方组织或个人发布自发式地理信息。

自发式地理信息是随着网络地图普及而出现的。普通民众可以在几乎没有相关专业知识的情况下，依靠自动或半自动的处理设备，使用地理信息系统绘制地图。特别在 20 世纪 90 年代以后，随着网络和 GPS 设备的普及，普通人进行定位和地图关联变得更加容易。这种方法在"大数据"概念出现之前就已有所应用。在谷歌的"我图"(MyMaps)服务出现后，普通人也可以完成往常只有绘图师才能完成的任务。民众可以通过官方公布的坐标、自身获取的定位数据或者网上未经证实的地理位置进行整理、关联、绘图，然后发布到网上。这一过程所使用的大多为开源数据，数据类型多样且大多非结构化。这种方法在应对南加州的森林大火时屡有应用，主要用来绘制火情地图以指导人们逃生和避险。森林大火一直是南加州地区的梦魇，2007年7月到2009年5月期间发生的四场大火尤为惨烈。

扎卡大火(ZacaFire)始于2007年7月，持续两个月，这时的居民主要依靠报纸、广播和电视新闻组成的政府信息系统了解火情，信息传递慢且获取被动。2008年7月，临近城市地带发生了盖普大火(GapFire)，由无数帖子和网络相簿组成的自发式的地理信息已经能为政府信息提供有益补充。到了2008年11月，圣巴巴拉附近的山上发生了"茶叶"大火(TeaFire)，网上迅速出现了各类自发式地理信息——文字报告、图片和视频。尽管谷歌没有立刻将这些信息整理发布，但是已经有一些当地报纸和社团组织办的网站来整理这些资料。同时，一些志愿者发现，如果将搜集和编译后的分散信息整合进谷歌地图之类的电子地图，就可以制作出比政府信息还要方便快捷的灾害地图。2009年5月，城市附近爆发杰苏斯塔大火(Jesusita Fire)，许多组织和个人迅速建立了自发式地图站点，及时整合不断出现的自发式的地理信息和官方信息。政府公布的火灾边界图就是根据不断更新的市民报告做出的。在火灾后期，共有27个自发式在线网站，其中最广为人知的一个网站点击量超过60万。这个网站提供了许多灾害期间的必要信息，如火灾位置、疏散命令、紧急避难所位置等。市民可以在政府通知之前自行选择撤离或采取防护措施。

由于政府信息缺乏良好的沟通渠道和证实信息的充分资源，所以其从产生到传递总是比自发式地理信息慢。尽管来自民间的信息也有可能产生错误，从而导致一些没有必要的撤离。但通过以上案例可以明显看出，自发式预报由误报而导致的不必要的撤离成本远比政府漏报成本低，其应对灾害的重要意义也显而易见。在整个事中响应阶段，大数据的应用包括实时高效的数据信息收集、信息数据的迅速传递、多源数据集成处理、数据结果的可视化合成和最终实现机器或半机器化的辅助决策。在数据收集方面，根据应急管理主导者的不同有两种发展趋势：政府主导的专业应急管理团队信息收集逐渐专业化和高效化；以社会大众和社会媒体为依托的第三方应急管理力量则将信息收集方式发展为简单化和大众化的方式。信息传递方面大数据实时高效的特点要求信息传递方式不断创新，速度不断加快。在数据的集成处理方面，根据大数据本身的特点，数据集成处理也具有巨量化、多样化和快速化的特点。在可视化合成方面，应急管理所需的可视化结果必须简明直接和通俗易懂，第三方组织所使用的可视化方法还需要具有操作简便等特点。只有这样，大数据才能为事中响应提供快速而科学的机器决策或半机器决策。

4. 事后恢复与重建

大数据在应急管理事后的应用主要是在救援与恢复重建上。目前在应急管理应用上比较新颖的是使用"分众"(Crowd Soureing)的方式。"分众"是由大众通过网络分散完成工作任务，并通过整合后在网络上提供服务的一种方式。这个过程中使用的信息来源分散，体量巨大，并采取机器决策或半机器决策的方式利用信息。使用"分众"方法进行事后恢复与救援可以分为4个阶段：捕获信息、甄别加工信息、机器分析和迅速反应。捕获信息的方式可以通过 GPS 定位发送自己的位置,也可以通过社交网络发送某条文字信息。搜集到的信息会被汇集到分众平台上,这个过程可能需要机器与人协调完成。一些难以处理的信息会分配给志愿者进行加工,使之转变为计算机能识别的数据。如法语区内一条"推特"(Twitter)的信息可能并不适用于第三方软件处理。这时就需要志愿者先将这条信息翻译成英语,再将其中的关键信息提取分类,变得可为计算机处理。计算机会自动剔除无用和冗杂的信息,根据语义分析捕获含有有效信息的词条。随后,经过格式化的信息可以被计算机可视化或者作为统计资料加以利用,经过整合的信息可以发布在网上供众人浏览和使用。应急处置人员可以根据计算机的建议设计救援路线,配置救援装备,以最快速度抵达救援地点。

9.4 数据脱敏技术

9.4.1 数据交互安全与脱敏技术

随着大数据产业的发展,数据挖掘产生商业价值,但同时也带来敏感隐私信息泄露的挑战。数据脱敏(data masking)是指通过某种脱敏规则将数据包含的敏感隐私信息进行安全保护的技术。常见的敏感隐私数据包括姓名、身份证号码、地址、电话号码、银行账号、邮箱地址、各种账号密码、组织机构名称、营业执照号码、交易信息(日期、金额)等。数据脱敏技术就是对其进行保护的一种重要技术。在实际应用中,通过对数据中的敏感信息按脱敏规则进行数据变形,出现了各种各样的数据脱敏方法,如数据漂白、数据变形等,目的都是实现敏感隐私数据的安全保护。例如,一些商业性数据涉及客户的敏感信息,如身份证号、手机号、卡号、智能终端硬件 ID、位置信息、消费行为、网络访问行为等,都需进行数据脱敏。

数据脱敏是按照脱敏规则进行的,通常将脱敏规则分为可逆脱敏和不可逆脱敏两大类。

1. 可逆脱敏

可逆脱敏也称为可恢复脱敏,是指经脱敏后的数据可以通过一定模式还原成脱敏前的原数据,例如加、解密算法就是最简单的可逆脱敏方法。

2. 不可逆脱敏

不可逆脱敏也称为不可恢复脱敏,是指经脱敏后的数据采用任何方法都不能还原成脱敏前的原数据。常用方法包括替换法和生成法。在替换法中,一般使用某些字符或字符串替换数据的敏感部分,虽易于实现,但容易被发现是经变形加工的数据。而在生成法中,则按照某种特定规则及算法,使脱敏后的数据具有合理的逻辑关系,看起来像真实的数据,不容易被发现。

在实际应用中,一般根据数据交互的应用场景,将脱敏技术分为静态数据脱敏(Static Data Masking,SDM)和动态数据脱敏(Dynamic Data Masking,DDM)两类。

9.4.2 静态数据脱敏技术

静态数据脱敏技术一般是指脱敏发生在非生产环境中,即数据完成脱敏后,形成目标数据库并存储于非生产环境中。SDM 一般用于通用性数据交互，如测试、开发、外包、数据分析等，如图 9-4 所示。

带敏感源数据
SDM脱敏
脱敏数据
测试
开发
外包
数据分析

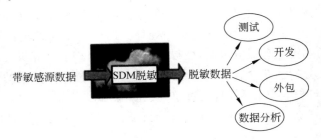

图 9-4 静态数据脱敏技术

9.4.3 动态数据脱敏技术

动态数据脱敏技术一般是指脱敏发生在生产环境中，在需要访问敏感数据时立即对数据进行脱敏。针对同一敏感数据源，可以根据交互用户不同角色进行脱敏，也可以在权限读取时根据不同的脱敏规则进行脱敏，如图 9-5 所示。DDM 可以在屏蔽、加密、隐藏、审计或封锁访问等安全管控下，确保业务人员、运维人员以及外包人员严格遵守其安全等级访问敏感数据。DDM 与 SDM 的区别在于是否在使用敏感数据时立即进行脱敏。

客户端
客户端
客户端
客户端
权限控制
DDM管理
角色控制
脱敏规则
脱敏算法库
敏感数据库

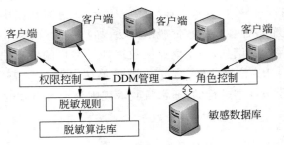

图 9-5 动态数据脱敏技术

9.4.4 数据脱敏实例

图 9-6 是采用加、解密算法的可逆脱敏方法示意图。由图 9-6 可以看出，将张三的具体信息加密，在密文中看不到张三的详细信息，达到了脱敏的目的，可通过解密方法还原张三的详细信息。加、解密算法是可逆脱敏的一种方法，还有很多其他算法可以实现可逆脱敏，取决于应用模式及相应的脱敏规则。

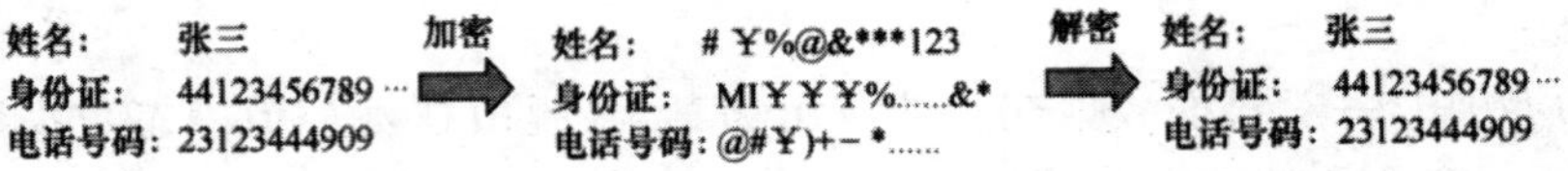

姓名: 张三
身份证: 44123456789…
电话号码: 23123444909
加密
姓名: #￥%@&***123
身份证: MI￥￥￥%……&*
电话号码: @#￥)+－*……
解密
姓名: 张三
身份证: 44123456789…
电话号码: 23123444909

图 9-6 采用加、解密算法的可逆脱敏方法示意图

图 9-7 给出了一种不可逆脱敏方法示意图。由图 9-7 可以看出，将张三转变为李四，相

应的信息也发生转变,接收方得到的信息是从张三变换过来的,因此张三的隐私信息得到了保护。同样,也有很多方法可以做到不可逆脱敏,取决于应用模式及相应的脱敏规则。

姓名:	张三		姓名:	李四
身份证:	44123456789 …	脱敏	身份证:	46987654321 …
电话号码:	23123444909		电话号码:	34312344808

图 9-7　不可逆脱敏方法示意图

9.5　本章小结

本章介绍了大数据安全管理与隐私保护,并列举了两个大数据在安全管理方面的应用。本章围绕大数据安全,介绍大数据在安全与隐私方面的重要性。在分别讲述了安全管理和隐私保护的意义和重要作用,并详细讨论了大数据在隐私保护和安全管理方面面临的问题和挑战及它的发展前景。在本章中详细讲述了大数据安全管理防护技术和大数据隐私保护技术。

在讨论它们的意义和重要作用时,以人们生活为重点进行讲述。大数据技术层面讲述现代科技的目前发展程度。其次,列举了大数据在公共管理方面的安全管理应用、应急管理方面、煤矿安全管理上的应用。这也蕴含着大数据应用在生活中的必不可缺。

总的来说,大数据在个人隐私方面和安全管理方面是联系密切的,是身边隐形的保护盾,它让我们远离隐私泄密,安全管理技术可以让城市得到更好的管理,给社会带来更多的好处,让人们在余荫下成长生活,在和谐且充满希望的社会中稳步发展。

习　　题

1. 简述大数据安全的基本概念。
2. 简述云安全与大数据安全的区别。
3. 简述大数据安全管理防护技术。
4. 简述大数据隐私保护的意义。
5. 简述对于大数据安全隐私所面临的问题与挑战的看法。
6. 大数据安全管理还可以应用在哪些方面?
7. 简述动态数据脱敏技术。

第 10 章

大数据应用案例

在未来学家的眼里,大数据正是"第三次浪潮的华彩乐章"。在生活中,大数据无处不在。随着大数据在世界舞台上成为焦点,广受各国及各大企业的关注。大数据正式上升为国家战略。如今大数据已经开始发挥作用并成为在各个领域发展的核心,帮助人们提高办事效率。大数据的应用越来越广泛,几乎每天都能够看到大数据的一些新奇应用,它可以帮助人们获得真正有用的价值。很多行业都会受到大数据的影响。其中大数据在智慧医疗、金融行业、智慧校园、智慧城市等领域的应用尤为突出,接下来介绍大数据在这些行业应用的案例。

10.1 大数据在智慧医疗中的应用

10.1.1 大数据在医疗信息化行业的应用

大数据的快速发展带动了数字化、移动设备、云计算和社交网络、基因组学、生物传感器、先进成像技术的发展,而这些领域也都与医疗密不可分。在疾病诊疗方面与居民健康方面,居民可以通过健康云平台中采集到的健康数据,随时了解自身的健康程度。同时,居民通过专家在线咨询系统所提供的专业服务,了解身体中存在的健康隐患及未来可能会发生的疾病风险,做到防患于未然。对于医疗卫生机构,通过对远程监控系统产生的数据分析,医院可以缩短住院时间、减少急诊量,实现提高家庭护理比例和门诊医生预约量的目标。同时,综合以往大规模数据进行分析和管理,提高医疗卫生服务水平和效率,为患者提供更优化的体贴式服务。

在公共卫生管理方面,公共卫生部门通过在每个定点区域成立的卫生信息化平台和居民健康数据库中的数据对公共卫生状况进行整合和分析,对疫情及传染病进行实时监控和快速响应,这些都将减少医疗索赔支出、降低传染病感染率的发生,并快速提高疾病预报和预警的能力,防止疫情暴发。同时,通过信息平台还能准确和及时地提供公众健康咨询,大幅提高公共健康风险意识,改善区域内公共卫生状况。

在决策支持方面,信息系统被广泛使用后,每天都产生大量的数据,而这些数据不再单纯是对医疗过程的记录,通过进一步挖掘及使用后均能产生更大的意义。依照这些数据的性质可以分为医院领导和临床使用两个层面。在医院领导层面上,可以通过大数据分析技术找到医院质量不足的环节和医疗资源分配不合理的地方,从而帮助领导者做出更准确的决策。在临床使用层面上,利用大数据技术对电子病历中的数字化信息进行分析处理,既能够让医生的诊疗有迹可循,还可以发现最有效的临床路径,从而及时为医生提供最佳的医疗建议。这样既节约了医院的医疗资源,也能为患者降低医疗成本,大大缓解老百姓就医难、就医贵的现状。

通过医疗大数据的分析,可以分析出哪些是医疗的潜在用户,哪些用户对医疗的需求量大。例如,普通消费者的健康意识提高以后,就增加了消费者对医疗的付费意愿,如图 10-1 所示。

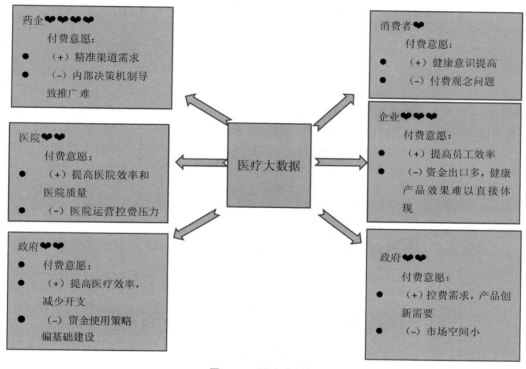

图 10-1　医疗大数据

在居民的健康监测方面,大数据技术可以提供居民的健康档案,包括全部诊疗信息、体检信息,这些信息可以为患病居民提供更有针对性的治疗方案。对于健康居民,大数据技术通过集成整合相关信息,通过挖掘数据对居民健康进行智能化监测,并通过移动设备定位数据对居民健康影响因素进行分析,为居民提供个性化健康事务管理服务。

医疗大数据系统还可以用于流行病爆发的预测。相关部门通过分析医疗大数据的变化,获得来自全球各地的患者出现相同或类似症状并迅速在人群中蔓延的信息,从而可以预测某些流行病的爆发,为人类阻止或减缓流行病的发展提供依据。医疗大数据系统的另一个重要应用是药物副作用分析。在临床用药过程中,药物使用可能会引起病人的不良反应。这种不良反应会导致治疗作用减弱甚至失败,严重的可能会导致患者死亡。同时,不合理用药也会使患者医疗费用大大增加,给患者带来更多的经济负担。据文献统计,药物不良反应的发生率:门诊病人为 0.3%～5.0%,住院病人为 10%～20%。来自美国的报告显示,美国每年有 70 多万人因为药物副作用受到伤害或者死亡;一家有 700 张床位的医院,每年因药物副作用导致的住院和门诊费用达到 560 万美元。因此,研究药物副作用对于提高患者疾病的治疗质量,指导临床用药以减少药物对患者的伤害,降低药物费用以及指导新药研发都具有重要的意义。

传统的药物副作用分析主要采用临床试验法、药物副作用报告分析法等,这些方法受到样本数小、采样分布有限等因素影响,难以全面反映药物副作用造成的影响。如果应用医疗大数据库系统,可以从千百万患者的数据中挖掘到与某种药物相关的不良反应,样本数大。采样分布广,所获得结果更具有说服力。更进一步,还可以从社交网中(如新浪博客、医疗网络论坛)搜索到大量人群服用某种药物的不良反应记录,通过比对分析和数据挖掘方法。更科学、更全面地获得药物副作用的影响。

在大数据在医疗行业的现实应用中,还有许多问题需要解决,包括如何提高医务人员对大数据的认识,让他们乐于接受大数据所带来的挑战;如何在现有的、数据高度结构化的医疗系统中处理非结构化数据并将其应用到决策分析上;如何处理不同来源的数据让它们协同合作。基于大数据的智慧医疗系统的建立,能显著地提高医疗机构的信息化水平,为医院、患者带来更多的福利。由此可见,虽然现在大数据在医疗上的应用体系还不够成熟,但基于大数据医疗信息系统的研究,有理论依据和现实需要,医疗结构和患者将成为直接受益者。

10.1.2　大数据在临床决策支持系统的功能应用

基于大数据的临床决策支持系统可以应用于重复检验检查提示、治疗安全警示、疗效评估、智能分析诊疗方案、药物过敏提示等领域,如图 10-2 所示。

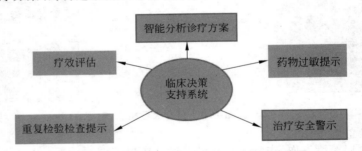

图 10-2　大数据在临床决策支持系统的功能应用

1.重复检验检查提示

医生对患者开出检验检查医嘱,系统将会比对上一次做该项检验检查项目的时间,如发现间隔的时间小于系统设定的"重复周期",将给予及时提示。

以大肠癌治疗为例,系统通过重复检验检查提示,避免患者在短期内接受多次放射性检查,以免进一步损害患者的身体免疫力。

2.治疗安全警示

结合实际医疗行为,治疗安全审查的范围可以包括西医药物相互作用审查、中草药配伍禁忌审查、西药与中成药之间配伍禁忌审查、患者药物禁忌审查、检查/检验相关的禁忌审查、治疗相关的禁忌审查。

3.药物过敏提示

利用系统后台的过敏类药品知识库体系和系统前台的药物过敏提示功能,辅助医护人员对患者进行安全用药、合理用药。药物过敏判断因素涉及特定的过敏类药品(例如,青霉素),患者是否存在家族过敏史,患者是否属于特殊人群(包括孕妇、哺乳期妇女、少儿与老人等),患者是否具有过敏性体质。

以心血管疾病治疗为例,常用药物包括酒石酸美托洛尔注射液、地高辛、胺碘酮、利多卡因、硝酸酯类药物等,而他汀类药物禁用于孕妇、哺乳期妇女及计划妊娠的妇女,地高辛禁用于室性心动过速、心室颤动患者,胺碘酮禁用于甲状腺功能障碍、碘过敏者患者,利多卡因禁用于局部麻醉药过敏者,硝酸酯类药物禁用于青光眼患者、眼内压增高者、有机硝化物过敏等患者。当对该患者制定治疗方案时,系统将自动对该类药物进行药物过敏警示。

4.疗效评估

利用大数据挖掘分析技术,对疾病的不同治疗方案进行疗效跟踪评估,挑选出疗效好、副反应小、费用低、成本—效果最佳的治疗方案。

以大肠癌疗效评估为例,以生存期和生活质量为临床疗效评价指标,利用大数据挖掘技术,建立以生存期和生活质量为综合评价指标的疗效评价体系,在控制临床分期、患者年龄、性别等混杂因素的影响下,对不同治疗方案的疗效进行评估,选择生存期延长和生活质量改善的方案。

5.智能分析诊疗方案

系统可以根据患者的疾病临床分期、临床检验指标、生理、心理状况等特征,通过大数据分析技术,为其选择类似匹配病例有效的治疗方案,制定符合患者个性化的治疗方案。

以心力衰竭治疗为例,系统在大量的心力衰竭患者病例治疗的临床资料基础上,利用大数据挖掘技术,将患者根据不同生理、心理、社会等特征划分为不同亚族人群,分析出适合不同特征亚族人群的治疗方案。当新的患者进入临床治疗环节中,系统根据该患者特征情况,若将其判别为 C 亚族人群,则为其选择 Z 治疗方案,辅助临床医生进行治疗方案制定。

10.1.3　大数据在远程医疗方面的应用

1.远程医疗的应用领域

远程医疗的应用范围十分广泛,目前主要应用于以下几个方面,如图 10-3 所示。

(1) 医学信息共享。

网络的发展为信息资源的共享和及时交换提供了可能。今天,专家学者已经可以随时通过互联网进行学术交流,听取同行的意见,展开关于某一课题的讨论等。很多医学热点问题常常可以迅速反映到互联网上,建立专门的讨论组,如关于克隆问题的讨论组等。人们可以在这些网站上看到这些问题的最新情况。此外,一些医学机构利用本身的资源,在网络上推出专业性数据库,以促进医学交流。医学工作者可以通过电话等通信设施访问这些数据库,获得所需要的文献、数据等。例如,国家医学图书馆(National Library of Medicine,

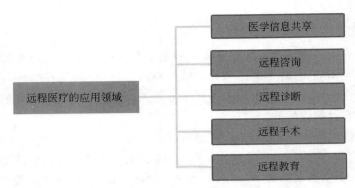

图 10-3　远程医疗的应用领域

NLM)是美国一个著名的关于远程医疗的网点,它专门搜集和索引 MEDLNIE 和 HSTAR 数据库中的关于远程医疗的文献,提供较权威的数据和资料。又如有 NHI 的国家科研信息中心资助的 PhysioNET 提供了大量免费的生理参数信号及相关软件,为复杂生理参数信号的研究提供服务。

(2)远程咨询。

远程咨询是交互式的医学图像和信息共享,患者所在地的医生做出最初诊断,异地专家提供"二次意见",以证实本地诊断或帮助本地医生做出正确的结论。咨询过程中,两边的用户都可以看到对方并实时交谈、发送图像或文件到远程节点,也可以通过白班同时浏览或评注诊断质量的视频,可以离线捕获、压缩传递到远程节点进行回访。例如,美国的乡村远程咨询网,四个州的每个乡村诊所装备了两个 56Kb/s 的帧中断连接器和一个 PictureTel 公司基于个人计算机远程视频会议系统,包括一个数字话筒、一台传真机、一台数字摄像机、一台 X 线数字化仪和一台监视器。利用这个系统,远程诊所的医生可以咨询华盛顿大学医学中心或设在西雅图的其他主要医疗中心的医学专家。

(3)远程诊断。

远程诊断指医生利用双向式通信网络,获取异地患者的有关医学信息,做出针对性诊断,并将结果反馈给患者。远程诊断区别于远程咨询的方面主要在于它在获取、压缩、处理、传输和显示过程中,图像质量不应有大的损失。远程诊断可以是同步的(交互的)或异步的。同步式远程诊断系统类似于视频会议和需要文档共享的远程咨询,但它要求更高的通信带宽以支持交互式图像传输及实时高品质的诊断视频。异步远程诊断基于"保存—转交"结构,图像、视频、音频及文本被聚集在多媒体电子邮件里传递给专家,当他们方便时再诊断。一旦诊断完成,结果传回提交的医生。当有外伤时,远程诊断可以在紧急情况下决定对患者采取什么措施。例如,外伤专家可以根据 X 线 CT 图像做出紧急通知,决定是否把院方医院急救室的患者转移到更大的外伤医疗中心。又如心电专家可以通过心电监测波形建议远方心电监护室的医护人员对患者采取什么样的医疗措施。目前,医用较广泛远程诊断系统有远程病理学系统、远程放射学系统、远程皮肤科诊断系统、远程牙科诊断系统、远程心脏病系统、远程内窥镜系统和远程精神系统等。

(4)远程手术。

计算机辅助手术是目前医学领域中一个新的研究方向,它是图像处理、信号传递、精密机械和外科手术的结合。外科医生利用 CT、MR、DAS、PET 等获取患者病变区三维重建图像,进行术中显示,根据手术的进程,控制术中的引导系统,利用精密机械手或机器人进行手术操作。当患者情况危急而时间又不允许将患者转移至更好的医疗机构时,专家可以通过可视系统,监视并引导患者的主治医师进行手术,也可以将手术现场远程传输至医学院,供学生参观学习。

(5)远程教育。

远程教育是通过远程网提供教育材料,根据医学远程教育的要求,需要支持文档和图像共享的视频会议系统,如上面提到的远程手术现场可以传输至医学院,供学生参考学习。或者做成视频节目,是教学不可多得的好材料。有些场合需要点对点或点对多点通信,取决于是否需要知道(一对一或一对多)、在线讨论、离线继续教育等。

远程医疗的应用领域还涉及医学咨询、护理、研究及管理等多个方面。可以预测,建立在信息技术基础上的远程医疗,其应用将会逐步覆盖医疗保健的整个领域。美国未来学家阿尔文托多年以前曾经预言"未来医疗活动中,医生将面对计算机,根据屏幕显示地从远方传来的患者的各种信息对患者进行诊断和治疗",这种局面已经到来。预计全球远程医学将在今后不太长时间里,取得更大发展。

2. 大数据在远程医疗产业中的应用

2013 年是大数据走入我国医疗卫生信息化的元年。我国的远程医疗大数据主要涉及几大类别:一是有关制药企业及医疗设施数据;二是医疗实验室和电子病历数据;三是远程医疗音频、视频数据;四是医疗费用支出和报销数据;五是可穿戴设备及日常健康管理数据。远程医疗依靠数据实现对用户或病患的身体健康状况的预测或疾病的诊断。随着医疗卫生信息化的发展,医疗数据量急剧增加,在海量数据下,传统的数据库技术制约了数据的利用率和应用价值。大数据技术能为远程医疗行业的数据进行存储、检索、处理和分析。升级现有的远程医疗服务体系,发展覆盖病前、病中及病后的全面健康管理服务,是应对我国医疗体制改革、慢性病防控和健康促进所面临挑战的极具前景的方向。随着远程医疗政策的不断出台和完善,以及远程医疗技术的不断发展,大数据在远程医疗产业发展中将具有更多的应用,且扮演更加重要的角色。

大数据有助于病患选择符合自己需求的医疗机构和远程医疗服务体系,允许患者依靠庞大的健康公开数据库选择合适的医疗机构,以此保证在一定的成本下达到最优的治疗效果,从而解决了传统医疗模式下病患因信息不对称无法选择合适的医院而导致花费高却无法得到有效治疗的困境。

大数据有助于实现对病患的远程会诊。医疗远程会诊系统,以及车载远程会诊系统方便数据实时共享,进行诊断服务。便携式远程会诊系统可以便捷地与外地专家沟通交流,同时通过电子病历及医学影像等资料,有助于患者在家看病或去社区医疗机构就近看病。大数据时代,患者在自己家里或近的社区就可以接受远程医疗服务,这样可以免去往返的交通成本,节约了大量时间和精力,也照顾到了每个患者的个性需求。患者可以将相关体征数据、饮食记录等传输给医生,医生便可以为其诊断和不断调整方案。大数据技术使得医生处理海量医疗数据信息时变得更快捷、准确,远程医疗的效率和准确性提升将因大数据技术的完善而变得更切实际。

大数据有助于对慢性患者实现远程健康监测。针对糖尿病等慢性病的监护系统包含可穿戴便携式智能生理参数监测设备,可以对患者的生理参数进行实时监测,纳入电子病历,采用大数据分析手段,在专家对数据的监控下跟踪治疗,从而实现对患者的健康监测。慢性病监测系统可以采集患者的各项数据,将分析结果反馈给监控设备,以便发现患者是否正在遵从医嘱,从而确定今后的用药及治疗方案。

10.2   大数据在金融行业中的应用

10.2.1   民生银行在大数据上的应用

大数据按照信息处理环节可以分为数据采集、数据清理、数据存储和管理、数据分析、数据解读、数据显化及产业应用 6 个环节。而在各个环节中,已经有不同的公司在这个领域抢占先机。

在数据采集中,谷歌、Cisco 这些传统的 IT 公司早已经开始部署数据收集的工作。在中国,阿里巴巴、腾讯、百度等公司已经收集并存储大量的用户习惯及用户消费行为数据。在未来,会有更为专业的数据收集公司针对各行业的特定需求,专门设计行业数据收集系统。

在数据清理中,当大量庞杂无序的数据收集之后,如何将有用的数据筛选出来,完成数据的清理工作并传递到下面的环节,这是随着大数据产业分工的不断细化而需求越来越高的环节。除了 Intel 等老牌 IT 企业外,Informatica、Teradata 等专业的数据处理公司呈现了更大的活力。在中国,华傲数据等类似的公开也开始不断涌现。

数据的存储、管理是数据处理的两个细分环节。这两个细分环节之间的关系极为紧密。数据管理的方式决定了数据的存储格式,而数据如何存储又限制了数据分析的深度和广度。由于相关性极高,通常由一个厂商统筹设计这两个细分环节将更为有效。从厂商占位角度来分析,IBM、Oracle 等老牌的数据存储提供商有明显的既有优势,他们在原有的存储业务之上进行相应的深度拓展,轻松占据了较大的市场份额。

在数据分析中,传统的数据处理公司 SAS 及 SPSS 在数据分析方面有明显的优势。然而,基于开源软件基础构架 Hadoop 的数据分析公司最近几年呈现爆发性增长。例如,成立于 2008 年的 Cloudera 公司,帮助企业管理和分析基于开源 Hadoop 产品的数据。由于能够帮助客户完成定制化的数据分析需求,Cloudera 拥有了大批的知名企业用户,如 Expedia、摩根大通等公司,仅仅五年,其市值估计已达到 7 亿美元。

在数据解读中,将大数据分析的数据层面的结果还原为具体的行业问题。SAP、SAS 等数据分析公司在其已有的业务之上加入行业知识成为此环节竞争的佼佼者。同时,因大数据的发展而应运而生的 WbiDala 等专业的数据还原公司也开始蓬勃发展。

在数据显化及产业应用这一环节,大数据真正开始帮助管理实践。通过对数据的分析和具象化,将大数据推导出的结论量化计算,同时应用到行业中去。这一环节需要行业专精人员,通过大数据给出的推论,结合行业的具体实践制定出真正能够改变行业现状的计划。

从各个数据环节的梳理中,企业在寻求进行数据环节的卡位。大数据服务平台,将以大数据为依托。无法挤入数据的环节,将难以形成适合自己企业路径的大数据服务平台。以银行为例,银行之所以积极进入电商的圈子,本质来说是挤入数据采集环节的路径。在大数据服务平台的持续发展中,可以预见到,会有数据处理环节的企业不断加入,竞争会愈演愈烈。后入企业必须首先找到企业在数据处理中的着力点。

在大数据的未来发展中,建立数据交易平台,在相关法律法规允许的情况下,数据能够在统一的平台上进行搜索比价和交易,这不仅是企业在主营业务外的数据增值行为,也为解决封闭数据、数据割裂提供了有效的解决方法,实现了有关机构之间的协同合作,更符合"数据即资产"的精神。

民生银行在营销、运营、风险控制等场景下,依据专家知识对数据指标做出加工规则和决策判断,结合大数据,应用计算机进行决策。民生银行大数据平台项目主要分为以下两类,如图 10-4 所示。

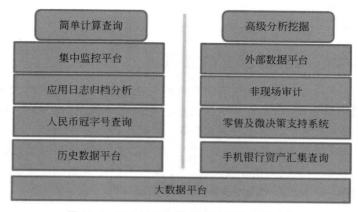

图 10-4　民生银行大数据应用于非交易系统

(1) 简单计算查询,主要是解决由于当前数据过大而导致的存储与处理等一系列的问题。民生银行在此之前将多年积累的 VIP 用户数据都存储在磁带库上,查询难度非常大,在处理部分监管或者纠察事件时,经常需要追查历史磁带库的数据。在这种传统存储体系下,不仅需要耗费很长时间,而且对于紧急事件的处理不及时可能会造成更大损失。然而在大数据时代,这些问题通过新的大数据技术体系就能够很好地解决。现如今,民生银行在非交易型系统上建立的大数据简单计算查询已有:集中监控平台、应用日志归档分析、人民币冠字号查询、历史数据平台、影像平台等。主要是提供不同类别数据的存储与查询等服务。

(2) 高级分析挖掘,将大数据技术引入结合计算算法对数据进行分析,让计算机代替人工进行决策。民生银行在非交易型系统上建立的大数据高级分析挖掘已有外部数据平台、非现场审计、零售及小微决策支持系统、手机银行资产汇集及查询、移动运营数据平台等。其中,移动运营数据平台主要是对民生银行所有的移动端(包括手机银行、直销银行等)的用户行为数据、地理位置数据等进行完整采集和分析,通过移动运营数据平台,民生银行可以及时了解移动客户端使用状况,开展用户行为分析,对用户行为预测并且进行产品迭代更新和移动端产品运营。再例如,手机银行资产汇集及查询平台,主要是基于大数据计算与查询能力来实现手机银行客户画像、催收分析、理财产品推荐、风险评分等功能,根据不同产品需求为每位客户量身打造不同的业务体验。又如外部数据平台,该平台将所有第三方数据(结构化、非结构化)进行统一管理，统一分析加工，为全行应用系统提供集中统一的数据服务；而零售及小微决策支持系统，主要是对客户基础信息、授信准入及政策合规指标等风险要素进行收集整合，便于对这些数据分析，并且根据这些风险要素建立垂直搜索引擎，为前台业务人员提供查询功能，进一步与外部电商数据、核心企业 ERP 数据、社交网络等外部数据进行对接，在客户全景搜索、即席分析、互联网金融、自动化审批、欺诈交易防范、信贷检查等方面发挥越来越重要的作用。

在大数据时代，民生银行充分重视挖掘"大数据"价值，将多部门重叠的信息进行整合，努力打破当前一定程度存在的"信息孤岛"格局，实现数据源采集口径统一，实现信息的交叉提供，更加精准地实现数据筛选，降低获客成本。借助"大数据"分析数据流向，使分散的数据形成数据流、价值流，形成客户信息数据仓库，充分利用数据挖掘实现精准营销，利用数据挖掘确定客户偏好，尤其在产品购买、服务渠道等方面，借助大数据实现挖掘新客户、增加老客户黏性、提升客户忠诚度等能力，增强获客能力。

10.2.2　大数据在阿里巴巴上的应用

阿里巴巴电商平台上本身拥有长期以来积累的海量数据，这些数据在未经任何处理前是毫无规律的，没有价值可言，只有对这些数据进行深度挖掘、提炼、整合，同时通过十多种数据建模对这些原始的海量数据进行有效分析，把看似无关联的、庞杂的数据转变为对平台上商户经营状况与资信条件准确把控的有用信息，才能最终形成对阿里巴巴集团有巨大价值的信息，真正实现数据信息的商业价值化。大数据平台是阿里巴巴集团小微企业信贷模式乃至整个阿里巴巴集团互联网金融运行的强大基础。

阿里巴巴集团海量的数据主要来源于以下 3 方面。

（1）电商平台数据。依托三大电子商务平台即阿里巴巴（B2B）、天猫（B2C）、淘宝（C2C）以及支付宝（支付平台）上每一次电商活动产生的各种数据，包括上下游交易情况、客户与物流数据、店铺与商品服务的评价、投诉纠纷情形、相关资格认证信息、近期店铺交易动态、实时经营信息、平台工具的运用程度等。这些是最主要的数据。

（2）贷款申请数据。在客户提交贷款申请时，需要提交自身的各项数据，包括企业相关的信息、家庭情况、配偶信息、学历、收入、住房贷款等信息。

（3）外部数据。涵盖了海关、税收、水电网络使用量、话费以及央行信息系统的数据，还包括对平台外部的网络信息进行采集和整合，如小微企业在社交网络平台与客户的互动数据、搜索引擎数据等，达到增强数据的维度，进一步完善大数据平台的目的。

阿里金融依托阿里巴巴集团庞大的交易数据库和云计算能力，将淘宝网、支付宝、阿里巴巴 B2B 的数据资源完全打通，小企业的交易记录、好评程度、产品质量、投诉纠纷率等上百项指标都可以输入信贷评估系统，作为向企业贷款的依据。阿里巴巴集团数据平台事业部的服务器上，已攒下了超过 100PB 已处理过的海量数据，包括交易、金融、SNS、地图、生活服务等多种数据类型。众多的小微企业，在企业贷款时，银行要求提供房产、购车证明、用资产做抵押，而阿里金融则能够借助技术手段，把碎片化的信息还原成对企业的信用认识、建立信用评价体统进行信用贷款。大数据能够让金融机构更全面动态化地了解小微企业的发展情况以及其信用情况，解决双方信息不对称的问题。另外，金融大数据平台也在降低贷款成本。

阿里巴巴集团的各类信贷模式和阿里巴巴集团的相关业务类型密切相关。阿里巴巴集团的主要业务为电子商务类业务,包括 B2B 业务(阿里巴巴)、B2C 业务(天猫)、C2C 业务(淘宝)、交易结算(支付宝)、后台数据与计算支持服务(云计算)、阿里金融等,涉及电子商务、支付与结算、数据与计算、信贷等业务。基于上述业务,阿里巴巴集团逐步推出了阿里信用贷款、天猫和淘宝信用贷款、天猫和淘宝订单贷款、虚拟信用卡(支付宝信用支付)等信贷业务。

对于小微企业的信贷,阿里巴巴集团采取特殊的"平台＋小额贷款公司"的模式(见图 10-5),对其电子商务平台上的商户进行信贷投放。其中"平台"是指电商平台(阿里巴巴、淘宝、天猫),"小贷"是指阿里巴巴集团旗下成立的小额贷款公司,分别在浙江和重庆两地成立小额贷款公司,其注册资本合计 16 亿元,可以从商业银行融入 8 亿元,阿里小贷的贷款规模共计 24 亿元。依托其电子商务平台(即阿里巴巴、淘宝、天猫以及支付宝)长期以来积累的海量底层数据,这些数据囊括了买家对产品的质量与物流的评价与得分、店铺评分、退换货次数、投诉纠纷情况、交易量以及交易金额等信息,再凭借大数据平台、新型的微贷技术,通过数十种数据模型和场景对这些庞大的数据进行深度挖掘、分析,从而形成阿里巴巴集团小微企业信息数据库与小微企业征信体系。至此,阿里巴巴集团已经可以准确掌握每一个商户的经营状况与资信状况。最后,由阿里巴巴集团旗下的两家小贷公司——重庆小贷公司与浙江小贷公司,根据已掌握的商户的有效信息来进行贷款的发放。这整个过程的操作,从商户的贷款申请到阿里巴巴集团的贷款审核直至最后贷款的发放基本上全在线上完成,非常简单、快捷。

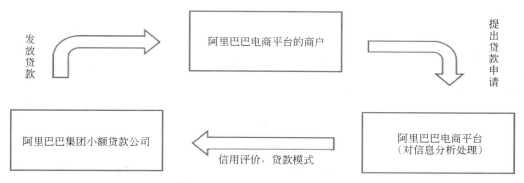

图 10-5　阿里巴巴集团信贷模式

此外,阿里巴巴集团针对支付宝用户(主要是个人用户),推出支付宝信用支付业务"蚂蚁花呗"。通过对用户的个人信息、行为偏好、人脉关系、履行能力、信用历史、网购活跃度、支付习惯等综合情况,形成芝麻信用评分,并且根据评分给用户发放一定的消费额度,在淘宝、天猫等支持支付宝支付的平台享受"这月买,下月还"的消费体验。用户根据不同的信用评分可获得天数不等的免息期,授信额度也是根据消费水平发放的。

10.2.3　大数据时代信用卡的使用

中信银行信用卡中心是国内银行业为数不多的几家分行级信用卡专营机构之一,也是国内最具竞争力的股份制商业银行信用卡中心之一。近年来,中信银行信用卡中心的发卡量迅速增长。

过去,中信银行信用卡中心无论在数据存储、系统维护等方面,还是在有效地利用客户数据方面,都面临巨大的压力。同时,为了应对激烈的市场竞争,中信银行信用卡中心迫切需要一个可扩展、高性能的数据仓库解决方案,支持其数据分析战略,提升业务的敏捷性。

2010 年 4 月,中信银行信用卡中心实施了 EMC Greenplum 数据仓库解决方案。Greenplum 数据仓库解决方案为中信银行信用卡中心提供了统一的客户视图,借助客户统一视图,中信银行信用卡中心可以更清楚地了解其客户价值体系,从而能够为客户提供更有针对性和相关性的营销活动。

基于数据仓库,中信银行信用卡中心现在可以从交易、服务、风险、权益等多个层面分析数据。通过提供全面的客户数据,营销团队可以对客户按照低、中、高价值来进行分类,根据银行整体经营策略积极地提供相应的个性化服务。

基于 Greenplum 解决方案在系统维护方面的便捷简单,中信银行信用卡中心每年减少了大约 500 万元的数据库维护成本,这有助于减少解决方案的总拥有成本。

案例解析:在本案例中,Greenplum 解决方案采用了"无共享"的开放平台 MPP 架构,此架构是为 BI 和海量数据分析处理而设计,相比普通的数据库系统,该系统提供了更高的可扩展性。与其他产品相比,Greenplum 解决方案可以给中信银行信用卡中心提供最高级别的性能。同时,该解决方案与银行所使用的硬件、应用程序和数据源实现了有效集成。此外,Greenplum 解决方案通过把数据集中在一个统一的平台,极大地减少了系统维护的工作量。

大数据对信用卡产品的营销具有很大的促进作用。例如,在大数据的环境下,银行可以利用先进的互联网、云计算等新兴技术,对消费者的刷卡行为进行数据化的分类、统计,通过整理数据获取消费者的消费习惯、消费能力、消费偏好等非常重要的数据信息。通过客户数据、财务数据来区别客户,通过消费区域定位、内容定向,知晓他们的消费习惯,然后进行深入地数据分析挖掘和展开精准营销。

10.2.4　Kabbage 用大数据开辟新路径

Kabbage 是一家为网店店主提供营运资金贷款服务的创业公司,总部位于美国亚特兰大市,截至目前已经成功融资六千多万美元。Kabbage 的主要目标客户是 eBay、亚马逊、雅虎、Etsy、Shopify、Magento、PayPal 上的美国网商。

Kabbage 与"阿里小贷"的经营模式类似,通过查看网店店主的销售和信用记录、顾客流量、评论以及商品价格和存货等信息,来最终确定是否为他们提供贷款以及贷多少金额,贷款金额上限为 4 万美元。店主可以主动在自己的 Kabbage 账户中添加新的信息,以增加获得贷款的概率。Kabbage 通过支付工具 PayPal 的支付 API 来为网店店主提供资金贷款,这种贷款资金到账的速度相当快,最快十分钟就可以完成。

Kabbage 用于贷款判断的支撑数据的来源除了网上搜索和查看外,还来自网上商家的自主提供,且提供的数据多少直接影响着最终的贷款情况。同时,Kabbage 也通过与物流公司(UPS)、财务管理软件公司(Intuit)合作,扩充数据来源渠道。

目前,使用 Kabbage 贷款服务的网店店主已达近万家,Kabbage 的服务范围目前仅限于美国境内,不过公司打算利用这轮融资将服务拓展至其他国家。

基于大数据的商业模式创新过程有两个核心环节:一是数据获取;二是数据的分析利用。在本案例中,Kabbage 与阿里金融的区别在于数据获取方面,前者是从多元化的渠道收集数据,后者则是借助旗下平台的数据积累,其中网上商家可自主提供数据且其数据的多少直接决定着最终的贷款额度与成本,这充分体现出大数据的资产价值,就如同传统的抵押物一样可以换取资金。

虽说大数据是一座极具价值的"金矿",但如果不能科学地加以利用,那么大数据就变成了一堆堆毫无用处的"石头",Kabbage 就是借助大数据技术,并结合金融行业的特点,有效地控制了风险,实现了完美融合和创新。

金融是服务于实体经济的,随着大数据时代的到来,传统的实体经济形态正在向融合经济形态转变,同时虚拟经济也快速兴起,金融的服务对象必将随之发生变化,这种转变为金融业带来了巨大的机遇和挑战。

10.3 大数据在智慧校园中的应用

10.3.1 大数据在微课方面的应用

大数据是近年来十分流行的关键词,大数据权威专家维克托·迈尔·舍恩伯格认为2013 年是大数据时代的元年,这标志着信息技术的发展进入了新的时代。在教育领域,大数据的发展强烈地冲击着整个教育系统,正有成为推动教育系统创新与变革的强劲力量,教育教学的改革可以说是大数据变革的信息化教学。通过对大数据的存储、分析和应用,可以为教育教学提供有利条件,进而可以有效地推动教育的发展。其中微课教学就是典型代表。微课的运用有利于大数据的存储、分析和应用。

在微课引起广泛关注的今天,如何更好地利用高校历史数据中积累的大量的相关数据,包括学生数据、教师数据、课程数据、教学资源数据、科研数据等成为开发难点。这些数据分散在学籍管理系统、选课系统、科研管理系统、就业信息管理系统等各种独立的系统后台关系数据库中。在大数据时代,教师和管理者更应从这些数据库中挖掘出敏感信息,以分析学习者的状态和行为,从而突破传统教学方式的时空束缚,为学习者展示一个更广阔的、全新的学习世界、一个独立的学习思考空间、一个平等的学习机会,在一定程度上可以弥补课堂教育资源不足,提高教学管源的利用效率,并能更好地满足继续教育和终生教育等教育模式的需要,这就是大数据环境下微课的开发目的。

微课对教育的影响主要分为 3 部分。一是有利于促进教学模式的改革。传统教学中学生常常处于被动状态,自主性、积极性不高。微课的应用打破了传统课堂数学的乏味和枯燥,基于学生对网络比较热爱和微课时间短,内容精,并且多以动画等形式展现的特点,增强了学生学习的趣味性和娱乐性,让学生在轻松愉快的状态下高效学习,获得了学生的喜爱。微课教学也有利于趣转课堂的实施,有利于学生的自主性学习,使学生接收的信息量更多更快,大大开阔了学生的视野。

二是有利于知识的传播。如今信息技术、网络技术的快速发展将我们带入了信息互联网时代。同时,人们的信息获取也从传统的报纸、期刊、书籍等纸质媒体形式转变为网络数字媒体。传统课堂中,教师只是针对少部分学生讲解,二维可面向的群体广泛,将优秀的微课作品通过微课平台向广大师生展示,可以将知识更快地传播出去,以便让更多的学习者从中受益。

三是有利于搭建高校教师交流平台。通过微课,教师可以将自己优秀的教学作品向全国的学习者展示,以便广大师生给予积极的反馈和评价。微课平台有利于各院校间的教师互相熟悉、互相交流和沟通,在互动的过程中发现自己的优势和不足,有利于教师的反思和教学方法的改进,从而进一步提升教学水平,优化教学效果。

现在的微课热,是对过去"课堂实录"式的视频教学资源建设的反思和修正。过去录制了大量"课堂实录"式的视频资源,但是这些资源容量大而全,内容冗长,很难直接加以使用,微客平台是区域性微课资源建设、共享和应用的基础。平台功能要在满足微课资源、日常"建设、管理"的基础上增加便于用户"应用、研究"的功能模块,形成微课建设、管理、应用和研究的"一站式"服务环境,供学校和教师有针对性地选择开发。交流与应用是微课平台建设的最终目的。

无论是对学生还是对教师而言,微课无疑都是一次思想改革。它促成一种自主学习模式,同时,还提供教师自我提升的机会。最终达到高效课堂和教学相长的目标。

在大数据的时代背景下,要充分利用这一切可利用的资源来讲知识系统化,不管是自主的成人学习还是中国本土的教育制度,效率始终是一个绕不过的难题,现代社会随时随地学习已经越来越成为人们的需求,将一切可以利用的技术应用到教育中,才是教育技术学科的初衷。大数据时代的到来,让社会科学领域的发展和研究,从宏观群体逐渐走向微观个体,让追踪每一个人的数据成为可能,也使研究每一个个体成为可能。宽带资本董事长田溯宁博士说:"大数据技术,已经不再简单的是一种工具,而是成为重塑我们社会的一种重要的力量。"我们坚信大数据在今后必将带来教育最深刻的变革。

10.3.2　大数据在慕课方面的应用

正如 Krysten Crawford 在 2016 年 9 月 7 日发表在斯坦福新闻网上的一段话:College students click,swipe and tap through their daily lives-both in the classroom and outside of it-they're creating a digital footprint of how they think,learn and behave that boggles the mind. 随着大数据的兴起,慕课不仅是互联网技术带来的教学方式的改变,其独特的授课方法使更多的学习数据可以被采集,学生、教师的一言一行,教学过程中的一举一动都是教育大数据的来源,作为教育过程中的"显微镜",这些数据能更好地理解教学中的行为。

慕课可以产生更丰富的过程性数据。"慕课"从诞生到传入中国,几乎是立刻席卷了大江南北的从基础教育到高等教育的课堂,吸引了大量的学生上网学习。而要进一步让慕课发挥作用,仅仅依靠制作高质量的教学视频、扩大影响力、转化课堂教学顺序是不够的,还必须依靠"大数据"的支持。教育领域中的大数据资源极为丰富,学生、教师在教学中的一言一行、发生的时间、地点、周期等都可以视作教育大数据中的一部分。例如,某学生在慕课的一次在线考试中得到 80 分,隐藏在这个分数之后还有很多有价值的信息。例如,每一大题的得分,每一小题的得分,每一题选择了什么选项,每一题花了多少时间,是否修改过选项,做题的顺序有没有跳跃,什么时候翻试卷,有没有时间进行检查,检查了哪些题目,修改了哪些题目等,这些信息平时都"藏在"80 这个分数后面,但加以分析,远比单一的 80 分要有价值得多,如图 10-6 所示。

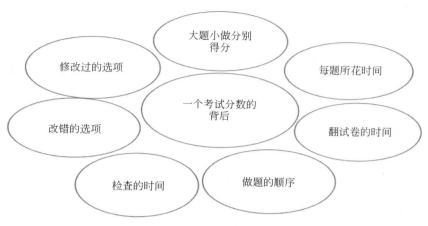

图 10-6　考试分数背后的数据

不单是考试,课堂、课程、师生互动的各个环节都渗透了这些大数据。由于慕课是基于先进的信息技术,在数据产生和收集方面有得天独厚的优势。在慕课平台上,学生无论在校内还是校外,无论使用桌面计算机、笔记本计算机、智能手机、平板计算机还是其他终端,学习过程中的一举一动都是教育大数据的来源。通过后台程序的检测,可以记录哪些学生在浏览哪些教学资源,各个教学资源的受关注程度,每个学生在学习内容以及学习时间上的偏好、在线交流和提问的信息、学习的重复度等,也可以记录学生完成习题检测的全过程,包括读题时间、做题顺序、做题时间、解答过程等,甚至可以记录学生在观看教学视频时的视线停留和移动轨迹等信息。依据上述所有信息可以生成一份学生对该学科知识掌握的地图,帮助教室深入分析学生的学习行为,把握每个学生的学习特点,把握学生的学习需求,从而给每个学生提供个性化的学习指导。

慕课实现更个性化的教育方式。大数据的出现推进从群体教育现象向个体教育的方式转变,加快了个性化教育的实现。利用大数据技术,可以通过慕课过程中的微观表现去分析每一个学生个体。例如,课堂的过程、师生互动的过程以及作业的过程等,这些数据的产生完全是过程性的,是对即时性的行为和现象的记录。通过这些数据的整合能够诠释教学过程中学生个体的学习状态、水平和表现。同时,利用一些观测设备与技术的辅助,使数据的收集过程完全不影响学生任何的日常学习与生活,因此采集过程非常自然,数据真实可靠,可以获得学生的真实表现。借助大数据,教师可以了解每个学生个体最为真实具体的信息和特征,从而在教学过程中可以有针对性地进行因材施教。例如,在慕课学习中,哪些学生应该注意基础部分,哪些学生可以浏览较难提高的部分,哪些学生会注意理论学习,哪些学生会注意实践操作等。不仅如此,当学生在完成教师布置的作业时,也能通过数据分析,进行针对性学习,提高学习效率。例如,在线作业时,考察某个知识点的题型全对达到一定次数后就可以跳过类似的题目;若某个类型的题目犯错,系统则可以进行多次强化,这样不仅提高了学习效率,也减轻了学生的学习负担。

慕课构建更科学的教学评价方式。合理地利用大数据技术在一定程度上解决目前所面临的教育评价方式单一的问题。传统教育单纯地通过成绩对教师和学生的表现以及教育的整个过程做出评价,过于主观,有失公平原则。在大数据的基础上,有了真实数据的支持,慕课教学评价从依靠经验评价转向基于数据评价,从结果性评价转向过程性评价。通过大数据的归纳分析,找出教学活动的规律,更好地改进、优化教学评价过程。

例如在慕课平台上,通过记录学生的操作,可以研究学生的活动轨迹,发现不同学生对不同知识点做出的反应,用时的长短,以及哪些知识点进行了重复和重复的次数等。同时,通过大数据分析,还可以发现学生思想、情感和行为的变化情况,分析出每个学生的心理特点,从而发现优点、规避缺点,及时矫正不良思想行为。利用这些数据,可以对单个学生的擅长以及学习态度和方法进行有效的评价。当对这些数据进行汇总整理、分析的时候,不仅能对这个学生的学业表现进行真正的发展性、多元化的评价,发现其内在的问题,寻找有效解决方法。同时还能够在一定程度上预测该学生未来可能的发展方向以及表现,而这必将成为高一级学校在招生学生时重要的参考指标。

同样,在教师评价方面也是如此。传统教育中仅通过所教班级的成绩对教师的表现进行评价,过于单一,不够全面。基于大数据技术可以实现对教师执教以来的所有教育教学行为的过程性记录,结合教师所教学生的综合评价结果进行统一分析,这将帮助我们更加公正、全面地评价和认识一个教师的教学能力与教学特点。

总体来看,对于整个学习活动来说,通过大数据手段,记录教育教学的过程,实现了从结果评价转向过程性评价。

10.3.3　大数据在智慧教育云下的应用

大数据背景下,随着云计算和移动互联网的快速发展,智慧教育迎来了数字化、网络化和智能化的云时代,智慧学习、智慧教学、互动在线课堂、个性化学习已成为未来教育发展的新趋势。如何有效地利用海量教育资源和云计算,搭建一个大数据环境下的智慧教育云平台,克服学习障碍,实现智慧学习,是当前很多研究者关注的热点问题。智慧云教育平台能为学习者提供很好的智慧学习环境和个性化的学习体验。智慧教育可以培养出智慧型和创新型的人才,智慧教育的核心技术为大数据、云计算、物联网、增强现实、移动通信和定位技术。

智慧教育云平台是基于云计算技术、虚拟化技术、分布式存储等技术架构的一个智能化,且能为不同用户提供租用或免费云服务的操作台。该平台可以实现智慧教学、智慧学习、智慧管理、智慧科研、智慧评价等服务,可以有效地解决教育资源不平等以及教育资源浪费等诸多问题,充分实现了资源的按需使用,实现了资源的有效共享。利用数据挖掘技术和学习分析技术来构建智慧教育云平台,学习分析指的是对学生生成的海量数据进行解释和分析,以评估学生学业进展、预测未来表现并发现潜在问题。智慧教育云平台是一个为师生和家长提供智慧云服务的平台,利用识别技术、情景感知技术、人工智能技术、机器学习以及知识工程等,可以轻松实现用户的终端和状态信息以及环境信息的识别,实现信息的智能化处理,实现智能化的信息检索和可视化的信息检索,实现以师生和家长为主的互联模型,实现信息资源的智能推送,为个性化学习提供了帮助和支持。

2016 年 9 月 8 日,"寻找最美超融合伙人——唯技术·筑生态"发布会在上海隆重举行,超融合产业联盟发起者联想企业云,宣布推出精简易用的 H3000 超融合产品,同时携手行业解决方案提供商发布"联想超融合生态合伙人"计划,希望与合作伙伴一道共同构筑健康、成熟、开放的超融合生态,在这次活动中,联想超融合的部分生态合伙人一同亮相,包括中国信息技术有限公司（CNIT）、叠云（cloudecker）、Mellanox、AppExx Networks、MEMBLAZE、魔泊云（MoPaaS）、Cohesity、Paloalto 等。CNIT 作为联想超融合的生态合伙人之一，在本次发布会携手联想超融合、叠云科技共同发布了教育行业解决方案——智慧教育云。发布会现场，CNIT 产品总监马易也为大家详细介绍了超融合时代下的智慧教育云。

　　凭借可快递、零负担、很包容等优势，超融合可为教育行业企业或机构提供开箱即用的、简单运维的、高扩容性的基础架构。智慧教育云就是在超融合数据中心的基础之上，提供云桌面系统、云教室系统、云办公系统、信息发布系统、招生系统等数字化校园运用平台，并收集和整理运用平台所产生的数据，通过分析与挖掘，为教育行业决策者提供决策依据，也为教学过程中的一些方法提供改进的参考意见。

　　智慧教育云在应用层的最基础平台上构件了一个基础信息库，既有学生的姓名、性别、年龄、身体状态等一系列信息，也有老师所教的学科、所教年级等信息，还有家长的基础信息、身份信息等。通过这样一个基础信息库，根据身份进行数据的收集，并加以整理和有效的分析。例如，将成绩分析系统及作息分析（一卡通系统）进行联合采集分析，A 同学和 B 同学都在同一班上课，A 同学是早晨 7 点来上早自习，B 同学是 8 点来上早自习，然后通过成绩分析系统去看，A 同学成绩是 90 分，B 同学成绩是 70 分。通过这种数据分析结果，去形成一个简单的建议，建议 B 同学早点来上早自习，可能对成绩有所提高，这样可以建议孩子的家长考虑早一些把孩子送到学校来，可能成绩会有所提高。

　　通过数据分析可以从其他角度为学生发展提供一些建议。例如，学校通过一卡通信息，统计出某一个学生一定时间消费了多少瓶碳酸饮料。然后通过大数据分析看到，喝碳酸饮料过多的学生题中状态确实不是很理想，甚至对学习成绩有一定影响，校方希望可以在这方面进行控制，以提升学生的身体健康状况。智慧教育云不仅帮助学校的上线，是助推教育信息化发展必不可少的智能教育装备。智慧教育云平台助力大数据环境下的教育信息化建设，对于建设大数据环境下，教育信息化全新教育教学环境，实现智慧教学，智慧互动课堂提供了很好的条件。随着大数据分析与处理技术、可视化技术的发展，会有越来越多的学者和组织参与到大数据与智慧教育的研究中来，从而实现大数据教育背景下的智慧教学，智慧互动课堂、智慧学习、智慧管理，促进教育信息化的飞速发展。

　　在课堂上，数据不仅可以帮助改善教育教学，在重大教育决策制定和教育改革方面，大数据更有用武之地。近年来，随着大数据成为互联网信息技术行业的流行词汇，教育逐渐被认为是大数据可以大有作为的一个重要应用领域，有人大胆地预测大数据将给教育带来革命性的变化。那么今天，可以从两个层面来具体了解"教育大数据"。首先从应用层面来看，教育行业数据分析实践的过程中会有哪些痛点。主要痛点有以下 4 方面：数据涉及面窄、数据接口不完善、缺乏统一的数据管理平台、项目成本及投入受项目限制。美国利用数据来诊断处在辍学危险期的学生、探索教育开支与学生学习成绩提升的关系、探索学生缺课与成绩的关系。如美国某州公立中小学的数据分析显示，在语文成绩上，教师高考分数和学生成绩呈现显著的正相关。也就是说，教师的高考成绩与他们现在所教语文课上的学生学习成绩有很明显的关系，教师的高考成绩越好，学生的语文成绩也越好。这个关系让我们进一步探讨其背后真正的原因。如果有了充分的数据，便可以发掘更多的教师特征和学生成绩之间的关系，从而为挑选教师提供更好的参考。

10.3.4 大数据在学习分析及干预中的应用

学习分析主要涉及学业分析、行为分析和预测分析的研究和应用。这里采纳了 Johnson 等(2011)对学习分析的定义,指的是对学生学习过程中产生的大量数据进行解释,目的是评估学业进步、预测未来表现、发现潜在问题。数据来自学生的显性行为,如完成作业和参加考试;还有学生的隐性行为,如在线社交,课外活动,论坛发帖,以及其他一些不直接作为学生教育进步评价的活动。学习分析模型处理和显示的数据帮助教师和学校更好地理解教与学。学习分析的目标是使教师和学校创造适合每个学生需要和能力的教育机会。学习分析技术对于学生、教师、管理人员、研究人员以及技术开发人员均具有重要价值。对于学生而言,可以从学习者行为角度了解学习过程的发生机制,并用来优化学习,以基于学习行为数据的分析为学习者推荐学习轨迹,开展适应性学习、自我导向学习。对于教师和管理人员而言,可以用来评估课程和机构,以改善现有的学校考核方式,并提供更为深入的教学分析,以便教师在数据分析基础上为学生提供更有针对性的教学干预。对于研究人员而言,可以作为研究学生个性化学习的工具和研究网络学习过程和效用的工具。对于技术开发人员而言,可以优化学习管理系统。

学习过程预测:如澳大利亚 University of WoHongong 研发的 Snapp(Social, Networks Adapting Ped-agogical Practice)系统。该系统可以记载和分析在线学习者的网络活动情况(如学生在线时间、浏览论坛次数、聊天内容等),使教师能深入了解学习者的行为模式,进而调整教学方式,最大化地为学习者提供适应的教学指导。

绩效评估:如美国 Northern Arizona University 研发的 GPS(Grade Performance Status)系统,可以实现全校在校大学生的课堂学习绩效评估。该系统能为教师提供最新的学生出勤情况、学生的反馈意见,为学生提供教师的最新评价以及重大事项的提醒。学习活动干预:可分为人工干预和自动干预,现在主要集中在人工干预上,借助绩效评估工具和学习活动预测工具,由教师完成学习干预。自动干预是未来学习分析技术发展的方向,大数据将为这一目标的实现提供强大动力。

在教育管理改革方面,学习分析能为高职院校教育管理系统的方方面面提供指导教学管理活动的相关数据。依靠这些数据,高职院校管理部可以有针对性地完善不足之处,修订教育管理方案,优化教学资源配置,并最终评估修订方案及资源配置情况。在教学改革方面,学习分析技术能真正意义上营造信息化的教学环境,保证教师提供的学习服务契合学习者个性化学习、协作学习的需要。传统教学模式中,教师无法保证所提供的学习资源能真正满足学生的学习需求,无法适时调整和分配资源,无法提供个性化的学业指导,无法及时了解学习过程中出现的障碍与疑惑。这些问题限制了高职院校教育改革的深度,而学习分析技术恰恰可以弥补这些缺陷。通过应用学习分析的相关工具和大数据技术,教师可以及时获取学生的学习行为数据,从而支持一种既能体现教师主导作用,又能兼顾学生主体地位的新型教学方式,以最大化地激发学生的潜能,为新世纪培养创新型人才。在学习方式改革方面,学习分析技术的作用在于:自动识别学习情境,能够从大量纷杂的数据中自动分析出学习者的特征信息,根据其需要推送合适的目标资源,并提供学习建议以协助学习者修订自己的学习任务;学习者可以实时调整自己的学习计划,预约辅导以解答学习疑惑;在特定情况下,还可以通过锁定学习者所在的地理区域、学习特点等因素划分学习小组,以满足个别学习者的协作学习需求。此外,学习分析能为在校学生提供个性化的学习指导建议,以帮助学生规划在校学习路径,明确其学业成就的期望。

10.4　大数据在智慧城市中的应用

10.4.1　大数据在智慧城市中应用与管理方面的应用

1. 数据——城市管理智慧化的"军师"

大数据使数据共享成为可能,政府管理层既有数据库可以实现高效互联互通,极大提高政府各部门间协同办公能力,提高为民办事的效率,大幅降低政府管理成本,最重要的是为政府决策提供有力的支撑,它源源不断的"智慧"将推动智慧城市向更加智慧、更加科学、更加高效的目标迈进。

大数据将极大提高智慧城市政府部门的决策效率和服务水平。智慧城市的建设首先需要一个"智慧政府",大数据使数据共享成为可能,政府各个部门的既有数据库可以实现高效互联互通,极大提高政府各部门间协同办公能力,提高为民办事的效率,大幅降低政府管理成本。

2. 大数据——公共服务便捷化的"源头"

大数据的发展,将极大地改变政府的管理模式。其包容性模糊了政府各部门间、政府与市民间的边界,信息孤岛现象大幅消减,数据共享成为可能,从而提高政府各机构的协同办公效率和为民办事效率,提升政府社会治理能力和公共服务能力。具体而言,依托大数据的发展,有利于节约政府投资、加强市场监管,从而提高政府决策能力、提升公共服务能力,实现区域化管理。

利用大数据整合信息,将工商、国税、地税、质监等部门所收集的企业基础信息进行共享和比对,通过分析,可以发现监管漏洞,提高执法水平,达到促进财税增收、提高市场监管水平的目的。建设大数据中心,加强政务数据的获取、组织、分析、决策,通过云计算技术实现大数据对政务信息资源的统一管理,可以提高设备资源利用率、避免重复建设、降低维护成本。

大数据也将进一步提高决策的效率,提高政府决策的科学性和精准性,提高政府预测预警能力以及应急响应能力,节约决策的成本。以财政部门为例,基于云计算、大数据技术,财政部门可以按需掌握各个部门的数据,并对数据进行分析,做出的决策可以更准确、更高效。另外,也可以依据数据推动财政创新,使财政工作更有效率、更加开放、更加透明。借助大数据,还能逐步实现立体化、多层次、全方位的电子政务公共服务体系,推进信息公开,促进网上办事实时受理、部门协同办理、反馈网上统一查询等服务功能,加快推进智能化电子政务服务和移动政务服务新模式的初步应用,不断拓展个性化服务,进一步增强政府与社会、老百姓直接的双向互动、同步交流。

3. 大数据——城市建设人性化的"密钥"

大数据能够提升城市智能水平,让居民享受智慧生活。此外,大数据还能够满足企业发展所需,准确判断未来发展动向,使得企业实现智能决断,提升整个城市的智能水平。以视频监控为例,北京目前用于视频监控的摄像头有 50 万个,一个摄像头一个小时的数据量就是几 GB,每天北京市的视频采集数据量在 3PB 左右,而一个中等城市每年视频监控产生的数据在 300PB 左右,这些摄像头实时回传信息,海量数据对数据存储、并发处理的要求是苛刻的。

实现有效的可视化需要大量数据,每天可能产生 10 亿个事件,每日产生约 24T 数据。所有数据都可以通过分析流程处理,从而实时揭示攻击模式,这一点至关重要,原因是攻击模式通常变幻无常,难以对其进行实时监测。

10.4.2　大数据在智慧城市中环境方面的应用

1. 大数据在环境规划编制中的应用

过去利用环境数据进行规划分析,只能简单地回答"环境发生了什么",并且由于涉及要素有限且以历史的统计数据为主,得到的结论很难精准地反映客观情况。利用大数据系统可以带来研究技术方法的变革,其处理迅速、实时展示、多因素分析、智能决策等作用可促进规划编制的变革。纳入考虑的环境统计数据实时性更强。另外,大量相互关联的自然、经济、社会等数据也纳入分析,得到结论更快、更精准有效。并且,对于"为什么环境会发生这种事情",大数据系统也进行了回答。若进一步进行数据挖掘与数据分析,将环境数据与污染扩散模型、预测模型等结合,模拟复杂的环境过程,预测环境系统演变的发展方向,还可以预言"将来环境发生什么事情"。如通过仿真模拟新建项目会对环境产生怎样的影响来调整新建项目的数量、规模、选址、环保要求等。最终环境大数据可以成为活跃的数据仓库,用来进行"环境想要什么事情发生"。按照这样的思路利用大数据,可以给环境规划提供科学可量化的决策支持,环境质量目标的实现路径清晰可见。

2. 大数据在环境质量管理中的应用

大数据一方面可以应用于环境质量信息的发布。当前城市空气质量信息已基本实现了实时发布,并运用地图进行直观展示,但仍存在监测点布置的科学性不足,密度低等问题。而借助微小传感器以及大数据算法等方式,可以得到各细分区域更精确的大气质量状况。微软公司提出的基于大数据的城市空气质量细粒度计算和预测模型——Urban Air,是这一方面的成功案例。Urban Air 模型利用监测站提供的有限的空气质量数据,结合交通、道路结构、兴趣点分布、气象条件和人们流动规律等大数据,基于机器学习算法建立数据和空气质量的映射关系,从而推断出整个城市细粒度的空气质量。利用少量的环境数据,再结合其他看似与环境数据并不直接相关的异构数据源,就可以建立一个区域的数据分布及空气质量观测值的网络模型,最后得到 1km×1km 范围的细粒度。基于这样的细分区域的高准确度的数据,可以为环境管理者在决策中提供科学依据。水、声、固废、辐射等环境质量信息的发布也可以借鉴空气质量管理经验,提升环境管理的精细化水平。

大数据另一方面可以用于环境质量的预警预报。预测性分析是大数据分析很重要的应用领域,环境预测性分析常用于空气及水环境质量预测。以空气质量预报预警为例,过去主要依靠对历史气象、空气质量监测数据进行统计分析处理,预报的精度及对污染防治的决策支持作用有限。当前,数值预报结合区域地形地貌特征、气象观测数据、空气质量监测数据、污染源数据等,基于大气动力学理论建立大气扩散模型,可以预报大气污染物浓度在空气中的动态分布情况,为区域大气污染联防联控等提供更科学的决策支持。

3. 大数据在污染源生命周期管理中的应用

大数据可以实现污染源的全生命周期管理,切实提高管理效率。利用物联网等新技术,将污染源在线监测系统、视频监控系统、动态管控系统、工况在线监测系统、刷卡排污总量控制系统等进行整合,形成全方位的智能监测网络,实时收集污染源生命周期的全部数据。然后基于每个节点每时的各类数据,利用大数据分析技术,进行"点对点"的数据化、图像化展示。这有利于快速识别排放异常或超标数据,并分析其产生原因,以帮助环境管理者动态管理污染源企业,有针对性地提出对策。

4. 大数据在环境应急管理中的应用

环境应急包括日常管理、事中应急和事后评估 3 个阶段。在日常管理中,主要是环境应急人才建设、大数据感知设备的安装以及相关大数据处理技术的应用能力建设,以建立海量信息的实时收集、高效计算、迅速传递、结果可视化和机器预判的能力。实时监测和机器决策有利于及时发现风险隐患,降低突发污染事件产生概率。环境事件发生后,大数据管理系统可以快速反应,实现各部门信息的融合分析和实时报告,全面感知应急事故的变化过程,并快速集合。

10.4.3　大数据挖掘技术在智能交通中的应用

1. 概述

智慧城市和大数据这两个话题在行业内十分火热。在智慧城市的建设浪潮中,伴随着我国国民经济的持续快速发展及城镇化进程的加快,城市机动车数量与日俱增。交通拥堵和交通污染情况日益严重,交通违章与交通事故频繁发生,这些日益严重的"现代化城市病",逐渐成为阻碍现代化城市发展的瓶颈,这是各大城市急需解决的交通管理问题。因此,智能交通备受公众关注。

交通管理需要大量传感器的介入,因此,势必产生大数据。在交通领域,海量的交通数据主要产生于各类交通的运行监控及服务,高速公路、干线公路的各类流量、气象监测数据,公交、出租车和客运车辆的 GPS 数据等,数据量大且类型繁多,数据量也从 TB 级跃升到 PB 级。在广州,每日新增的城市交通运营数据超过 12 亿条,每天产生的数据量达 $150\sim300GB$。

中国智能交通协会理事长吴忠泽曾说,未来大数据将实现交通管理系统跨区域、跨部门的集成和组合,可以更加合理地配置交通资源,从而极大地提高交通运行效率,提升安全水平和服务能力。大数据将产生正能量,使得交通管理的效率提高数倍。

为此,及时且准确地获取交通数据,并以此构建交通数据处理模型是建设现代智慧交通的前提,而这一难题完全可以通过大数据技术解决。本节将从探索与应用两个方面,阐述备受关注的大数据技术究竟能在多大程度上助力智能交通。

目前,交通的大数据主要应用在两方面,一方面可以利用大数据传感器数据来了解车辆通行密度,合理进行道路规划,包括单行线路规划。另一方面可以利用大数据来实现即时信号灯调度,提高已有线路的运行能力。科学的安排信号灯是一个复杂的系统工程,必须利用大数据计算平台才能计算出一个较为合理的方案。科学的信号灯安排将会提高30％左右已有道路的通行能力。在美国,政府依据某一路段的交通事故信息来增设信号灯,降低了50％以上的交通事故率。机场的航班起降依靠大数据将会提高航班管理的效率,航空公司利用大数据可以提高上座率,降低运行成本。铁路利用大数据可以有效安排客运和货运列车,提高效率、降低成本。高德地图已连续三年发布中国主要城市交通分析报告,不仅有年度、季度分析报告,还有各城市的月报、周报、日报和节假日出行预测报告,涵盖全国100多个城市。此外,高德地图的实时交通信息服务,已经支持全国364个以上城市,是我国首家实时交通信息服务覆盖全国的地图软件。

2.交通大数据中的数据挖掘技术

(1) 智能交通系统中的交通数据。

道路指挥交通系统分为动态系统和静态系统两部分。其中,动态的智能交通子系统包括交通流量监测系统、信息控制系统、高清视频监控系统等,数据来源各种各样;而静态的系统如环境道路数据。交通流式数据作为道路智慧交通管理系统中的主要数据,同时也是交通系统控制和管理的对象。交通流式数据通常按照时间顺序获取,是一种数字型的数据序列。

以电子警察系统为例,智慧交通系统中海量的动态系统数据,所有的交通违法车辆的违法类别、违法过程和图像等数据都会保存在系统内,作为系统的数据支持。例如,车辆的违法时间、地点、违法代码、类型、违法时车速、车牌全景照片、车牌照片等。

静态的道路环境数据包括道路通行能力、车辆数量、行车导向标志信息、限速标志信息、环境因子信息和异常事件等,如果现有的系统无法准确地提供某些道路的环境信息,就需要通过其他系统或人工方式采集。智慧交通系统不是单一的业务系统,它由多种不同类型的交通信息系统构成,包括超高清视频监控系统、高清卡口监控系统、数字信号控制系统、超高清电子警察系统、智能交通诱导系统、车流量采集系统等子系统,其采集的数据信息具有异构的特点。

按照不同的信息采集技术,智能交通系统中,交通流数据分为路段交通数据和地点交通数据。路段交通流获取交通信息主要是通过对移动车辆的移动定位,移动车辆中安装有特定设备,在车辆移动过程中,该设备自动记录车辆的信息,以及一段时间内的车辆移动信息,根据相关方法计算出该路段内的交通信息。如装有移动GPS定位设备的车辆可以获得车辆的速度、方向及经纬信息,并可以通过计算获得车辆的瞬时速度、行车时间和行车速度等交通信息。另外,通过在固定位置安装流量监测器,来监控过往的车辆,可以采集路段的车流量、车道占有率及车辆行驶数据等信息。目前,主流的采集装置,采用基于磁频技术的感应线圈检测器,这种探测器价格低、故障率低、适应性强、测量精准度高,是性价比很高的理想数据采集装置。

智能交通系统中的交通流数据是动态的数据列,按照时间顺序排列,对按照时间顺序排列的数据进行挖掘,时间序列的变化模式最为重要,对此类数据,要通过准确分析,得出数据序列随时间变化的规律,再开始诸如时间序列趋势分析、周期模式匹配模型等的建模。通过这种演变模式建立的交通数据模型,对时间序列中的数值型数据进行理性预测。智能交通系统中的交通流数据与数据采集的时间、地点、路面状况相关联才有价值,而对时空规则数据的分析应用及挖掘处理,在道路智能交通管理系统的预测功能中能体现出更重要的意义。

（2）智慧交通系统中数据挖掘的系统模型。

智慧交通系统采集的交通数据种类很多,且交通数据具有异构多、层次多的特点。在各种智能交通应用系统中,交通数据挖掘来源于不同类型的操作数据库,且获得的数据需要通过清洗、装载、转换等一系列处理(俗称 ETL),整合到智慧交通的数据库。数据挖掘在基于此数据库的大数据平台上,实现众多深度挖掘的功能,常见的有分类、聚类、关联算法等。在多个抽象层上,交互数据维度实现各种粒度的多维数据分析(OLAP)操作集成。

数据挖掘有 3 个主要阶段,分别为数据的准备、模型的发现、结果的表达和解释。

图 10-7 所示为传统交通大数据挖掘的系统模型。

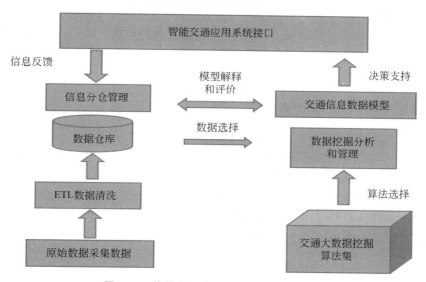

图 10-7　传统交通大数据挖掘的系统模型

数据预处理(ETL)为交通信息的数据挖掘发现提供一个归约的、集成的、一致的、干净的交通信息数据库。在进行数据挖掘算法过程前,选择挖掘算法是首先要完成的任务,挖掘操作在数据库中选择符合挖掘算法的应用数据,通过对这些数据进行分析计算,得到相应的模式记录,并记录到交通信息模式库中。交通信息模式库的模型分析管理作为与其他智能交通系统应用的对接方式,根据接收到的反馈信息,对交通信息模型库的模式进行评价与解释。

10.5　本章小结

本章主要介绍了大数据在几个主要行业领域的应用案例,大数据在人们生活中无处不在,它证明了大数据的重要性。远程医疗和临床的案例可以看出医疗大数据应用的研发和管理已经成为个人和部门及时、高效和经济地获取医疗健康信息和知识、调配公共医疗资源、预警疾病风险因素、获得更加健康的生活方式指导、提升医疗服务水平和增强国家基础研究水平的迫切需求。

通过阿里巴巴集团和民生银行等的案例可以了解大数据技术的进步,使得金融大数据走进人们的生活。它有着传统金融难以比拟的优势。在大数据金融时代,客户已被高度数据化。随着大数据技术的进步,使成千上万的客户都能被精准化细分与定位,真正实现以客户为中心。

通过微课、慕课等新的教学方式可以认识到大数据是推进教育创新发展的科学力量。教育大数据是整个教育活动过程中所产生的以及根据教育需要采集到的一切用于教育发展并可以创造巨大潜在价值的数据集合。与传统教育数据相比,教育大数据的采集具有更强的实时性、连贯性、全面性和自然性,分析处理更加复杂和多样,应用更加多元、深入。

从智慧城市这几个案例可以看出,大数据发展对城市、国家的建设规划起了不可或缺的作用。智慧城市不仅会改变居民的生活方式,也会改变城市生产方式,保障城市可持续发展。当前推进我国智慧城市建设有利于推进我国内涵型城镇化发展;有利于培育和发展战略性新兴产业,创造新的经济增长点;有利于促进传统产业改造升级、社会节能减排,推动经济发展方式转型;有利于我国抢抓新一轮产业革命机遇,抢占未来国际竞争制高点。

习　题

1. 尝试对大数据在现有的医疗条件下的发展趋势提出好的建议。
2. 远程医疗的应用领域有哪些?
3. 总结金融行业在大数据发展下有什么优点和缺点。
4. 近几年,大数据在智慧校园中会做出哪些突破?
5. 微课的未来是否值得期待?或者将会被哪些新的教学模式取代?
6. 总结大数据在智慧城市 3 个大数据案例中带来的好处。

参 考 文 献

［1］ 林子雨.大数据技术原理与应用：概念、存储、处理、分析与应用［M］.北京：人民邮电出版社,2017.

［2］ 全国信息技术标准化技术委员会大数据标准工作组,中国电子技术标准化研究院.大数据标准化白皮书 （2020 版） ［EB/OL］.［2021-04-28］. https://jl. cesi. cn/images/editor/20200921/20200921083434482.pdf.

［3］ 康海燕.网络隐私保护与信息安全［M］.北京：人民邮电出版社,2016.

［4］ 韩燕波,王磊,王桂玲,等.云计算导论从应用视角开启云计算之门［M］.北京：电子工业出版社,2015.

［5］ ERL T,MAHMOOD Z,PUTTIN R.云计算概念、技术与架构［M］.龚奕利,贺莲,胡创,译.北京：机械工业出版社,2014.

［6］ 顾立平,袁慧.数据馆员的 Hadoop 简明手册［M］.北京：科学技术文献出版社,2017.

［7］ 佚名.国外、国内 Hadoop 的应用现状［EB/OL］.（2018-10-16）［2021-04-28］. https://blog.csdn.net/java1856905/article/details/83096250.

［8］ 刘汝焯,戴佳筑,何玉洁.大数据应用分析技术与方法［M］.北京：清华大学出版社,2018.

［9］ 朱晓峰.大数据分析概论［M］.南京：南京大学出版社,2018.

［10］ 刘敏芳,廖志芳,周韵.大数据采集预处理技术［M］.长沙：中南大学出版社,2018.

［11］ 霍夫曼,佩雷拉. Flume 日志收集与 MapReduce 模式［M］.张龙,译.北京：机械工业出版社, 2015.

［12］ 余辉.Hadoop＋Spark 生态系统操作与实践指南［M］.北京：清华大学出版社,2017.

［13］ 王晓华.Spark＋MLlib 机器学习实践［M］.北京：清华大学出版社,2015.

［14］ 陶皖. 云计算与大数据［M］.西安：电子科技大学出版社,2017.

［15］ 赵守香,唐胡鑫,熊海涛.大数据分析与应用［M］.北京：航空工业出版社,2015.

［16］ 李联宁.大数据技术及应用教程［M］.北京：清华大学出版社,2016.

［17］ 薛慧敏.基于 MapReduce 的分布式云计算数据挖掘方法［J］.安阳师范学院学报,2020(05)：24-27.

［18］ 赵健. 浅析 Hadoop 的核心技术［C］.第三十四届中国（天津）2020'IT、网络、信息技术、电子、仪器仪表创新学术会议论文集,2020.

［19］ 葛文双,郑和芳,刘天龙,等.面向数据的云计算研究及应用综述［J］.电子技术应用,2020,46(08)：46-53.

［20］ 任磊.大数据可视分析综述［J］.软件学报.2014,25(9)：1909－1936.

［21］ COLLINS C,CARPENDALE S,PENN G. DocuBurst：Visualizing Document Content Using Language Structure［J］. Computer Graphics Forum,2009,28(3).

［22］ SALLINGS W.密码编码学与网络安全：原理与实践［M］.唐明,等译. 6 版. 北京：电子工业出版社,2015.

［23］ 李军.大数据：从海量到精准［M］.北京：清华大学出版社,2014..

［24］ 李军,张志科.实战大数据：移动互联网时代的商业应用［M］.北京：清华大学出版社,2015.

［25］ 布鲁克斯.商业冒险：华尔街的 12 个经典故事［M］.李晟,陈然,段欤玥,译.北京：北京联合出版公司,2015.

［26］ 黄志凌.大数据思维与数据挖掘能力正成为大型商业银行的核心竞争力［J］.征信,2016(06)：01-02.

［27］ 杨云江.计算机网络基础 ［M］.3 版.北京：清华大学出版社,2016.

［28］ 舍恩伯格,库克耶.大数据时代 生活、工作与思维的大变革［M］.盛杨燕,周涛,译.杭州：浙江人民出版社,2013.

［29］ ERSOY O,HURTER C,PAULOVICH F V,et al. Skeleton-Based Edge Bundling for Graph

Visualization[J].IEEE Trans on Visualization and Computer Graphics，2011，17(12)：2364-2373.

[30]　殷复莲.数据分析与数据挖掘实用教程[M].北京：中国传媒大学出版社,2017.

[31]　TERENCE C，MARY E L. Privacy and Big Data [M]. New York：O'Reilly Media，2011.

[32]　王元卓,范乐君,程学旗.隐私数据泄露行为分析——模型、工具与案例[M].北京：清华大学出版社,2014.

[33]　VIKTOR M S.大数据时代[M]. 盛杨燕,周涛,译.杭州：浙江人民出版社,2013.

[34]　ROEBUCK K. Data Masking：High-impact Strategies—What You Need to Know：Definitions，Adoptions，Impact，Benefits，Maturity，Vendors [M]. Pennsylvania：Emereo Publishing，2012.

[35]　赵伟.大数据在中国[M].北京：清华大学出版社,2014.

[36]　王飞,刘国峰.商业智能深入浅出——大数据时代下的架构规划与案例[M].北京：机械工业出版社,2014

[37]　艾瑞斯.大数据思维与决策[M].北京：人民邮电出版社,2014.

[38]　范欣楠.网络大数据的应用现状与前景[J].科技视界,2016,000(005)：125,131.

[39]　李必文.电商大数据：数据化管理与运营之道[M].北京：电子工业出版社,2015.

[40]　赵伟.大数据在中国[M].南京：江苏文艺出版社,2014.

[41]　谢昌兵,戴成秋,曾勤超.计算机应用基础[M].上海：上海交通大学出版社,2015.

[42]　薛涛.现代计算机应用基础导论[M].上海：上海交通大学出版社,2017.